ANSYS 18.0 机械与结构有限元分析

从入门到精通

三维书屋工作室

胡仁喜　康士廷 等编著

机 械 工 业 出 版 社

本书以 ANSYS18.0 为依据，对 ANSYS 分析的基本思路、操作步骤、应用技巧进行了详细介绍，并结合典型工程应用实例详细讲述了 ANSYS 在机械与结构工程中的应用方法。书中尽量避开了烦琐的理论叙述，从实际应用出发，结合了编者使用该软件的经验，实例部分采用 GUI 方式一步一步地对操作过程进行了讲解。为了帮助用户熟悉 ANSYS 的相关操作命令，在每个实例的后面列出了分析过程的命令流文件。

全书共 10 章：第 1 章为绪论；第 2 章介绍了 ANSYS18.0 图形用户界面；第 3 章介绍了建立实体模型；第 4 章介绍了 ANSYS 分析基本步骤；第 5 章介绍了静力分析；第 6 章介绍了非线性分析；第 7 章介绍了动力学分析；第 8 章介绍了热分析；第 9 章介绍了参数化与自适应网格划分；第 10 章介绍了子模型和单元的生与死。

本书适用于 ANSYS 软件的初中级用户，以及有初步使用经验的技术人员。本书可作为理工科院校相关专业的高年级本科生、研究生及教师学习 ANSYS 软件的培训教材，也可作为从事结构分析相关行业的工程技术人员学习 ANSYS 软件的参考书。

图书在版编目（CIP）数据

ANSYS 18.0 机械与结构有限元分析从入门到精通/胡仁喜等编著. —6 版.
—北京 ：机械工业出版社, 2018.10（2021.6 重印）
ISBN 978-7-111-60702-1

Ⅰ. ①A… Ⅱ. ①胡… Ⅲ. ①机械工程－有限元分析－应用软件
Ⅳ. ①TH-39

中国版本图书馆 CIP 数据核字(2018)第 189810 号

机械工业出版社（北京市百万庄大街 22 号 邮政编码 100037）
责任编辑：曲彩云 责任印制：常天培
固安县铭成印刷有限公司印刷
2021 年 6 月第 6 版第 3 次印刷
184mm×260mm · 27.5 印张 · 675 千字
4001－5000 册
标准书号：ISBN 978-7-111-60702-1
定价：99.00 元

前　　言

现代工业的典型特征是大量使用计算机，无论是产品的开发、设计，还是分析、制造过程中，计算机的应用都极大地提高了其效率和质量。计算机辅助工程(CAE)就是其中必不可少的一个环节，它是计算机技术和现代工程方法的完美结合。

有限单元法作为数值计算方法中在工程分析领域应用较为广泛的一种计算方法，自20世纪中叶以来，以其独有的计算优势得到了广泛的发展和应用，已出现了不同的有限元算法，并由此产生了一批非常成熟的通用和专业有限元商业软件。随着计算机技术的飞速发展，各种工程软件也得以广泛应用。ANSYS软件以它的多物理场耦合分析功能而成为CAE软件的应用主流，在工程分析应用中得到了较为广泛的应用。

ANSYS软件是美国ANSYS公司研制的大型通用有限元分析(FEA)软件，能够进行包括结构、热、声、流体以及电磁场等学科的研究，在核工业、铁道、石油化工、航空航天、机械制造、能源、交通、国防军工、电子、土木工程、造船、生物医药、轻工、地矿、水利、日用家电等领域有着广泛的应用。ANSYS的功能强大，操作简单方便，现在它已成为国际较为流行的有限元分析软件，在历年 FEA 评比中都名列第一。目前，我国有 100多所理工院校采用ANSYS软件进行有限元分析或者作为标准教学软件。

本书以ANSYS18.0为依据，对ANSYS分析的基本思路、操作步骤、应用技巧进行了详细介绍，并结合典型工程应用实例详细讲述了ANSYS在机械与结构工程中的应用方法。

书中尽量避开了烦琐的理论描述，从实际应用出发，结合编者使用该软件的经验，实例部分采用GUI方式一步一步地对操作过程进行了讲解。为了帮助用户熟悉ANSYS的相关操作命令，在每个实例的后面列出了分析过程的命令流文件。

全书共10章：第1章为绪论；第2章介绍了ANSYS18.0图形用户界面；第3章介绍了建立实体模型；第4章介绍了ANSYS分析基本步骤；第5章介绍了静力分析；第6章介绍了非线性分析；第7章介绍了动力学分析；第8章介绍了热分析；第9章介绍了参数化与自适应网格划分；第10章介绍了子模型和单元的生与死。

本书附有电子资料包，资料包中除了有每一个实例GUI实际操作步骤的视频以外，还以文本文件的格式给出了每个实例的命令流文件，读者可以直接调用。读者还可以登录百度网盘下载，链接：http://pan.baidu.com/s/1c28OqrA 密码：bq38，网址失效备用链接：http://pan.baidu.com/s/1boSSG39 密码：qkq4（读者如果没有百度网盘，需要先注册一个才能下载）。

本书由三维书屋工作室总策划，胡仁喜、康士廷、刘昌丽、闫聪聪、杨雪静、宫鹏涵、孟培、李亚莉、解江坤、秦志霞、张亭、毛瑢、吴秋彦、甘勤涛、李兵、王敏、孙立明、王玮、王培合、王艳池、王义发、王玉秋、朱玉莲、徐声杰、张俊生、王兵学等具体执笔编写。由于时间仓促，加之编者的水平有限，缺点和错误在所难免，欢迎读者加入学习交流QQ群（180284277）或者登录网站 www.sjzswsw.com 或联系 win760520@126.com 提出宝贵的批评意见。

编　者

目 录

第 1 章

绪 论

本章简要介绍有限元分析方法的有关理论基础知识，并由此引申出有限元分析软件 ANSYS18.0。讲述了 ANSYS 的功能模块与新增功能，以及 ANSYS 的启动、配置与程序结构。

学 习 要 点

- 有限单元法简介
- ANSYS 简介
- ANSYS18.0 的启动和配置
- ANSYS 程序结构

1.1 有限单元法简介

📖 1.1.1 有限单元法的基本思想

1. 物体离散化

将某个工程结构离散为由各种连接单元组成的计算模型，这一步称为单元剖分。离散后单元与单元之间利用单元的节点相互连接起来。单元节点的设置、性质、数目等应视问题的性质，描述变形形态要根据需要和计算精度而定（一般情况，单元划分越细描述变形情况越精确，即越接近实际变形，但计算量越大）。所以有限元法中分析的结构已不是原有的物体或结构物，而是同样的材料由众多单元以一定方式连接成的离散物体。这样，用有限元分析计算所获得的结果只是近似的。如果划分单元数目非常多而又合理，则所获得的结果就与实际情况符合。

2. 单元特性分析

（1）选择未知量模式　在有限单元法中，选择节点位移作为基本未知量时称为位移法；选择节点力作为基本未知量时称为力法；取一部分节点力和一部分节点位移作为基本未知量时称为混合法。位移法易于实现计算自动化，所以在有限单元法中位移法应用范围最广。

当采用位移法时，物体或结构物离散化后，就可把单元中的一些物理量如位移、应变和应力等由节点位移表示。这时可以对单元中位移的分布采用一些能逼近原函数的近似函数予以描述。通常，有限元法中将位移表示为坐标变量的简单函数，这种函数称为位移模式或位移函数，如 $y = \sum\limits_{i}^{n} a_i \varphi_i$，其中 a_i 是待定系数，ϕ_i 是与坐标有关的某种函数。

（2）分析单元的力学性质　根据单元的材料性质、形状、尺寸、节点数目、位置及其含义等，找出单元节点力和节点位移的关系式，这是单元分析中的关键一步。此时需要应用弹性力学中的几何方程和物理方程来建立力和位移的方程式，从而导出单元刚度矩阵，这是有限元法的基本步骤之一。

（3）计算等效节点力　物体离散化后，假定力是通过节点从一个单元传递到另一个单元。但是，对于实际的连续体，力是从单元的公共边界传递到另一个单元中去的。因而，这种作用在单元边界上的表面力、体积力或集中力都需要等效地移到节点上去，也就是用等效的节点力来替代所有作用在单元上的力。

3. 单元组集

利用结构力的平衡条件和边界条件把各个单元按原来的结构重新连接起来，形成整体的有限元方程

$$Kq = f$$

式中　K ——整体结构的刚度矩阵；

　　　q ——节点位移列阵；

f ——载荷列阵。

4．求解未知节点位移

求解有限元方程式（上式）得出位移。这里，可以根据方程组的具体特点来选择合适的计算方法。

通过上述分析，可以看出，有限单元法的基本思想是"一分一合"，分是为了进行单元分析，合则是为了对整体结构进行综合分析。

1.1.2　有限单元法的基本概型

1．有限元分析

有限元分析是利用数学近似的方法对真实物理系统（几何和载荷工况）进行模拟。利用简单而又相互作用的元素，即单元，就可以用有限数量的未知量去逼近无限未知量的真实系统。

2．有限元模型

有限元模型如图 1-1 所示，图中左边的是真实的结构，右边是对应的有限元模型，有限元模型可以看作是真实结构的一种分格，即把真实结构看作是由一个个小的分块部分构成的或者在真实结构上划线，通过这些线真实结构被分离成一个个的部分。

3．自由度

自由度（DOFs）用于描述一个物理场的响应特性，如图 1-2 所示。不同的物理场需要描述的自由度不同，见表 1-1。

真实　　　　　　　有限元模

图1-1　有限元模型

图1-2　结构自由度

表1-1　学科方向与自由度

学科方向	自由度
结构	位移
热	温度
电	电位
流体	压力
磁	磁位

4．节点和单元

节点和单元如图 1-3 所示。

每个单元的特性是通过一些线性方程式来描述的。作为一个整体，单元形成了整体结构的数学模型。

整体结构的数学模型的规模与结构的大小有关，尽管图1-1中梯子的有限元模型低于 100 个方程（即"自由度"），然而在今天一个小的 ANSYS 分析就可能有 5000 个未知量，矩阵可能有 25 000 000 个刚度系数。

节点：空间中的坐标位置，具有一定自由度和 存在相互物理作用

单元：一组节点自由度间相互作用的数值、矩阵描述（称为刚度或 面或实体以及二维和三维的单元等种类。

有限元模型由一些简单形状的单元组成，单元之间通过节点连接，并承受一定载荷

载荷

载荷

图1-3 节点和单元

单元之间的信息是通过单元之间的公共节点传递的，但是分离节点重叠的单元和 B 之间没有信息传递（需进行节点合并处理），具有公共节点的单元之间存在信息传递，单元传递的内容是节点自由度，不同单元之间传递不同的信息。以下列出常用单元之间传递的自由度信息：

三维杆单元（铰接）UX，UY，UZ。

二维或轴对称实体单元 UX，UY 。

三维实体结构单元 UX，UY，UZ。

三维梁单元 UX，UY，UZ,ROTX，ROTY，ROTZ。

三维四边形壳单元 UX，UY，UZ；ROTX，ROTY，ROTZ。

三维实体热单元 TEMP。

5. 单元形函数

FEA（有限单元法）仅仅求解节点处的 DOF 值。单元形函数是一种数学函数，规定了从节点 DOF 值到单元内所有点处 DOF 值的计算方法。因此，单元形函数提供出一种描述单元内部结果的"形状"。单元形函数描述的是给定单元的一种假定的特性。单元形函数与真实工作特性吻合得好坏程度直接影响求解精度。

DOF 值可以精确或不太精确地等于在节点处的真实解，但单元内的平均值与实际情况吻合得很好。这些平均意义上的典型解是从单元 DOFs 推导出来的（如结构应力，热梯

度）。如果单元形函数不能精确描述单元内部的 DOFs，就不能很好地得到导出数据，因为这些导出数据是通过单元形函数推导出来的。

当选择了某种单元类型时，也就十分确定地选择并接受该种单元类型所假定的单元形函数。在选定单元类型并随之确定了单元形函数的情况下，必须确保分析时有足够数量的单元和节点来精确描述所要求解的问题。

1.1.3 有限单元法的分析步骤

有限元分析是物理现象（几何及载荷工况）的模拟，是对真实情况的数值近似。通过对分析对象划分网格，求解有限个数值来近似模拟真实环境的无限个未知量。

ANSYS 分析过程中包含 3 个主要的步骤：

1. 创建有限元模型
（1）创建或读入几何模型。
（2）定义材料属性。
（3）划分网格（节点及单元）。
2. 施加载荷并求解
（1）施加载荷及载荷选项、设定约束条件。
（2）求解。
3. 查看结果
（1）查看分析结果。
（2）检验结果（分析是否正确）。

1.2 ANSYS 简介

ANSYS 软件可在大多数计算机及操作系统中运行，从 PC 到工作站直到巨型计算机，ANSYS 文件在其所有的产品系列和工作平台上均兼容。ANSYS 多物理场耦合的功能，允许在同一模型上进行各式各样的耦合计算成本，如：热-结构耦合、磁-结构耦合以及电-磁-流体-热耦合，在 PC 上生成的模型同样可运行于巨型机上，这样就确保了 ANSYS 对多领域多变工程问题的求解。

1.2.1 ANSYS 的发展

ANSYS 能与多数 CAD 软件结合使用，实现数据共享和交换，如 AutoCAD、I-DEAS、NASTRAN、Alogor 等，是现代产品设计中的高级 CAD 工具之一。

ANSYS 软件提供了一个不断改进的功能清单，具体包括：结构高度非线性分析、电磁分析、计算流体力学分析、设计优化、接触分析、自适应网格划分、大应变/有限转动功能以及利用 ANSYS 参数设计语言（APDL）的扩展宏命令功能。基于 Motif 的菜单系统使用户能够通过对话框、下拉式菜单和子菜单进行数据输入和功能选择，为用户使用 ANSYS 提供"导航"。

1.2.2 ANSYS 的功能

1. 结构分析

◆ 静力分析——用于静态载荷。可以考虑结构的线性及非线性行为，如大变形、大应变、应力刚化、接触、塑性、超弹性及蠕变等。

◆ 模态分析——计算线性结构的自振频率及振型，谱分析是模态分析的扩展，用于计算由随机振动引起的结构应力和应变（也叫作响应谱或 PSD）。

◆ 谐响应分析——确定线性结构对随时间按正弦曲线变化的载荷的响应。

◆ 瞬态动力学分析——确定结构对随时间任意变化的载荷的响应。可以考虑与静力分析相同的结构非线性行为。

◆ 特征屈曲分析——用于计算线性屈曲载荷并确定屈曲模态形状（结合瞬态动力学分析可以实现非线性屈曲分析）。

◆ 专项分析——断裂分析、复合材料分析、疲劳分析。

专项分析用于模拟非常大的变形，惯性力占支配地位，并考虑所有的非线性行为。它的显式方程求解冲击、碰撞、快速成型等问题，是目前求解这类问题最有效的方法。

2. ANSYS 热分析

热分析一般不是单独的，其后往往进行结构分析，计算由于热膨胀或收缩不均匀引起的应力。热分析包括以下类型：

◆ 相变（熔化及凝固）——金属合金在温度变化时的相变，如铁合金中马氏体与奥氏体的转变。

◆ 内热源（如电阻发热等）——存在热源问题，如加热炉中对试件进行加热。

◆ 热传导——热传递的一种方式，当相接触的两物体存在温度差时发生。

◆ 热对流——热传递的一种方式，当存在流体、气体和温度差时发生。

◆ 热辐射——热传递的一种方式，只要存在温度差时就会发生，可以在真空中进行。

3. ANSYS 电磁分析

电磁分析中考虑的物理量是磁通量密度、磁场密度、磁力、磁力矩、阻抗、电感、涡流、耗能及磁通量泄漏等。磁场可由电流、永磁体、外加磁场等产生。磁场分析包括以下类型：

◆ 静磁场分析——计算由于直流电（DC）或永磁体产生的磁场。

◆ 交变磁场分析——计算由于交流电（AC）产生的磁场。

◆ 瞬态磁场分析——计算随时间随机变化的电流或外界引起的磁场。

◆ 电场分析——用于计算电阻或电容系统的电场。典型的物理量有电流密度、电荷密度、电场及电阻热等。

◆ 高频电磁场分析——用于微波及 RF 无源组件，波导、雷达系统、同轴连接器等。

4. ANSYS 流体分析

流体分析主要用于确定流体的流动及热行为。流体分析包括以下类型：

◆ CFD（Coupling Fluid Dynamic 耦合流体动力）——ANSYS/FLOTRAN 提供强大的

计算流体动力学分析功能，包括不可压缩或可压缩流体、层流及湍流以及多组分流等。

◆ 声学分析——考虑流体介质与周围固体的相互作用，进行声波传递或水下结构的动力学分析等。

◆ 容器内流体分析——考虑容器内的非流动流体的影响。可以确定由于晃动引起的静力压力。

◆ 流体动力学耦合分析——在考虑流体约束质量的动力响应基础上，在结构动力学分析中使用流体耦合单元。

5. ANSYS 耦合场分析

耦合场分析主要考虑两个或多个物理场之间的相互作用。如果两个物理场之间相互影响，单独求解一个物理场是不可能得到正确结果的，因此需要一个能够将两个物理场组合到一起求解的分析软件。例如：在压电力分析中，需要同时求解电压分布（电场分析）和应变（结构分析）。

1.3 ANSYS18.0 的启动和配置

1.3.1 ANSYS 18.0 的启动

用交互式方式启动 ANSYS：选择"开始" > "所有程序" > "ANSYS 18.0" > "Mechanical APDL 18.0"即可启动，界面如图 1-4 所示，或者选择"开始" > "程序" > "ANSYS 18.0" > "Mechanical APDL Product Launcher 18.0"进入运行环境设置，如图 1-5 所示，设置完成之后单击"Run"按钮，也可以启动 ANSYS 18.0。

图1-4　启动ANSYS用户界面

图1-5　ANSYS运行环境设置（1）

📖 1.3.2　ANSYS 18.0 运行环境配置

ANSYS 18.0 运行环境配置主要是在启动界面设置以下选项：

1．选择 ANSYS 产品

ANSYS 软件是融合结构、热、流体、电磁、声学于一体的大型通用有限元软件，需要针对不同的分析项目选择不同的 ANSYS 产品。

2．选择 ANSYS 的工作目录

ANSYS 所有生成的文件都将写在此目录下。默认为上次定义的目录。

3．选择图形设备名称

一般默认为 win32 选项，如果配置了 3D 显卡则选择 3D，如图 1-6 所示。

图1-6　ANSYS运行环境设置（2）

4．设定初始工作文件名

默认为上次运行定义的工作文件名，第一次运行默认为file。

5．设定ANSYS工作空间及数据库大小

一般选择默认值即可，如图1-6所示。

1.4 程序结构

ANSYS系统把各个分析过程分为一些模块进行操作，一个问题的分析主要可以经过这些模块的分步操作实现，各个模块组成了程序的结构。

1.4.1 处理器

- ◆ 前处理器
- ◆ 求解器
- ◆ 通用后处理器
- ◆ 时间历程后处理器
- ◆ 优化设计等

以上5个模块基本是按照操作顺序排列的，在分析一个问题时，大致是按照以上模块从上到下的顺序操作的。

1.4.2 文件格式

ANSYS中涉及的主要文件的类型及格式见表1-2。

表1-2 文件的类型及格式

文件的类型	文件的名称	文件的格式
日志文件	Jobname.LOG	文本
错误文件	Jobname.ERR	文本
输出文件	Jobname.OUT	文本
数据文件	Jobname.DB	二进制
结果文件： 结构或其耦合 热 磁场 流体	Jobname.xxx Jobname.RST Jobname.RTH Jobname.RMG Jobname.RFL	二进制
载荷步文件	Jobname.Sn	文本
图形文件	Jobname.GRPH	文本（特殊格式）
单元矩阵文件	Jobname.EMAT	二进制

1.4.3 输入方式

1．交互方式运行ANSYS

交互方式运行 ANSYS，可以通过菜单和对话框来运行 ANSYS 程序，在该方式下，可以很容易地运行 ANSYS 的图形功能、在线帮助和其他工具。也可以根据喜好来改变交互方式的布局。ANSYS 图形交互界面的构成有：应用菜单、工具条、图形窗口、输出窗口、输入窗口和主菜单。

2. 命令方式运行 ANSYS

命令方式运行 ANSYS，是在命令的输入窗口输入命令来运行 ANSYS 程序，该方式比交互式运行要方便和快捷，但对操作人员的要求较高。

1.4.4　输出文件类型

一般来说不同的分析类型有不同的文件类型，除了上面列出的文件外，表 1-3 列出了 ANSYS 分析时产生的临时文件类型。

表1-3　临时文件类型

文件名称	文件格式	文件内容
ANO	文本	图形窗口的命令
BAT	文本	从 batch 文件中输入的数据
DOn	文本	Do-loop 命令中的计数值
DSCR	二进制	模态分析中的 Scratch 文件
EROT	二进制	单元旋转矩阵
LSCR	二进制	高级模态分析中的 Scratch 文件
LV	二进制	在子结构中产生并随多个载荷矢量传递的 Scratch 文件
LNxx	二进制	从 sparse 求解器产生的 Scratch 文件
MASS	二进制	模态分析中的压缩质量矩阵（子空间方法）
MMX	二进制	模态分析中的工作矩阵（子空间方法）
PAGE	二进制	ANSYS 虚拟内存的页面文件（数据库空间）
PCS	文本	从 PCG 求解器产生的 Scratch 文件
PCn	二进制	从 PCG 求解器产生的 Scratch 文件（n=1 到 10）
SCR	二进制	从雅可比梯度求解器产生的 Scratch 文件
SSCR	二进制	从子结构求解器产生的 Scratch 文件

第 2 章

ANSYS18.0 图形用户界面

ANSYS 功能强大，操作复杂，对一个新手来说，图形用户界面（GUI）是最常用的界面，几乎所有的操作都是在图形用户界面上进行的。它提供用户和 ANSYS 程序之间的交互。所以，首先熟悉图形用户界面是很有必要的。

- 图形用户界面的组成
- 通用菜单
- 主菜单
- 设置个性化的界面

2.1 ANSYS18.0 图形用户界面的组成

图形用户界面使用命令的内部驱动机制，使每一个 GUI（图形用户界面）操作对应了一个或若干个命令。操作对应的命令保存在输入日志文件（Jobname.log）中。所以，图形用户界面可以使用户在对命令了解很少或几乎不了解的情况下完成 ANSYS 分析。ANSYS 提供的图形用户界面还具有直观、分类科学的优点，方便用户的学习和应用。

标准的图形用户界面如图 2-1 所示，包括下面几部分：

图2-1　标准图形用户界面

1. 菜单栏

包括文件操作（File）、选择功能（Select）、数据列表（List）、图形显示（Plot）、视图环境控制（PlotCtrls）、工作平面（Workplane）、参数（Parameters）、宏命令（Macro）、菜单控制（MenuCtrls）和帮助（Help）等 10 个下拉菜单，囊括了 ANSYS 的绝大部分系统环境配置功能。在 ANSYS 运行的任何时候均可以访问该菜单。

2. 快捷工具条

对于常用的新建、打开、保存数据文件、视图旋转、抓图软件、报告生成器和帮助操作，提供了方便快捷方式。

3. 输入窗口

ANSYS 提供了 4 种输入方式：常用的 GUI（图形用户界面）输入、命令输入、使用工具条和调用批处理文件。在这个窗口可以输入 ANSYS 的各种命令，在输入命令过程中，ANSYS 自动匹配待选命令的输入格式。

4. 显示隐藏对话框

在对 ANSYS 进行操作过程中，会弹出很多对话框，重叠的对话框会隐藏，单击输入栏右侧第一个按钮，便可以迅速显示隐藏的对话框。

5. 工具条

包括一些常用的 ANSYS 命令和函数，是执行命令的快捷方式。用户可以根据需要对该窗口中的快捷命令进行编辑、修改和删除等操作，最多可设置 100 个命令按钮。

6. 图形窗口

该窗口显示 ANSYS 的分析模型、网格、求解收敛过程、计算结果云图、等值线、动画等图形信息。

7. 菜单栏

菜单栏几乎涵盖了 ANSYS 分析过程的全部菜单命令，按照 ANSYS 分析过程进行排列，依次是个性设置（Preference）、前处理（Preprocessor）、求解器（Solution）、通用后处理器（General Postproc）、时间历程后处理（TimeHist Postproc）、ROM 工具（ROM Tool）、优化设计（Design Xplprer）、概率设计（Prob Design）、辐射选项（Radiation Opt）、进程编辑（Session Editor）和完成（Finish）。

8. 视图控制栏

用户可以利用这些快捷方式方便地进行视图操作，如前视、后视、俯视、旋转任意角度看、放大或缩小、移动图形等，调整到用户最佳视图角度。

9. 输出窗口

该窗口的主要功能在于同步显示 ANSYS 对已进行的菜单操作或已输入命令的反馈信息，用户输入命令或菜单操作的出错信息和警告信息等，关闭此窗口，ANSYS 将强行退出。

10. 状态栏

这个位置显示 ANSYS 的一些当前信息，如当前所在的模块、材料属性、单元实常数及系统坐标等。

2.2 启动图形用户界面

有两种启动 ANSYS 的方式：命令方式和菜单方式。由于命令方式复杂且不直观，所以不予以介绍。

有两种 ANSYS 菜单运行方式：交互方式和批处理方式。

选择"开始" > "所有程序" > "ANSYS18.0"，可以看到如下一些选项：

◆ANSYS Client Licensing：ANSYS 客户许可。里面包括 Client ANSLIC_ADMIN Utility（客户端认证管理）和 User License Preferences（使用者参数认证）。

◆AQWA：水动力学有限元分析模块。

◆Animate Utility：播放视频剪辑。

◆ANS_ADMIN Utility：运行 ANSYS 的设置信息。可以在这里配置 ANSYS 程序，添加或者删除某些许可证号。也可以 ANSYS Client Licensing 查看许可证信息。

◆DISPLAY Utility：开始显示程序。

◆Help System：显示在线帮助和手册。

◆Site Information：显示系统管理者的支持信息。

◆ANSYS：以图形用户界面方式运行 ANSYS。

◆Configure Ansys Products：运行 ANSYS 的附加产品。

2.3 对话框及其组件

单击 ANSYS 通用菜单或主菜单，可以看到存在 4 种不同的后缀符号，分别代表不同的含义：

◆ ▶表示可以打开级联菜单。

◆ + 表示将打开一个图形选取对话框。

◆ …表示将打开一个输入对话框。

◆ 无后缀时表示直接执行一个功能，而不能进一步操作。通常它代表不带参数的命令。

可以看出，对话框提供了数据输入的基本形式，根据不同的用途，对话框内有不同的组件。如文本框、检查按钮、选择按钮、单选列表、多选列表等。另外，还有 OK、Apply 和 Cancel 等按钮。在 ANSYS 菜单方式下进行分析时，最经常遇到的就是对话框。通常，理解对话框的操作并不困难，重要的是要理解这些对话框操作代表的意义。

2.3.1 文本框

在文本框中，可以输入数字或者字符串。注意到在文本框前的提示，就可以方便准确地输入了。ANSYS 软件遵循通用界面规则，所以，可以用 Tab 键和 Shift+Tab 键在各文本框间进行切换，也可以用 Enter 键代替单击"OK"按钮。

改变单元材料编号的对话框如图 2-2 所示，用户需要输入单元的编号和材料的编号。这些都应当是数字方式。

确定当前材料库路径的对话框如图 2-3 所示，可以在其中输入字符串。

在文本框中，双击可以高亮显示一个词。

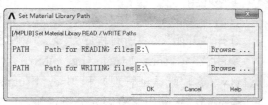

图2-2　输入数字的文本框　　　　　图2-3　输入文本的对话框

2.3.2 单选列表

单选列表允许用户从一个流动列表中选择一个选项。单击想要的条目，高亮显示它，就把它复制到了编辑框中，然后可以进行修改。

实常数项的单选列表如图 2-4 所示，单击"Set 2"按钮，就选择了第二组实常数

Set2，单击"Edit"按钮表示对该组实常数进行编辑，单击 Delete 键将删除该组实常数。

2.3.3 双列选择列表

双列选择列表允许从多个选择中选取一个。左边一列是类，右边是类的子项目，根据左边选择的不同，右边将出现不同的选项。采用这种方式可以将所选项目进行分类，以方便选择。

最典型的双列选择列表莫过于单元选取对话框，如图 2-5 所示。左列是单元类，右列是该类的子项目。必须在左右列中都进行选取才能得到想要的项目。图 2-5 中左列选择了 Stuctural Beam 选项，右列选择了 2 node 188 选项。

图2-4　实常数单选列框　　　　　图2-5　双列选择列表框

2.3.4 标签对话框

标签对话框提供了一组命令集合。通过选择不同的标签，可以打开不同的选项卡。每个选项卡中可能包含文本框、单选列表、多选列表等。求解控制的标签对话框如图 2-6 所示，其中包括基本选项、瞬态选项、求解选项、非线性和高级非线性选项。

2.3.5 选取框

ANSYS 中除输入和选择框外，另一重要的对话框是选取框，出现该对话框后，可以在工作平面或全局或局部坐标系上选取点、线、面、体等。该对话框也有不同类型，有的只允许选择一个点，而有的则允许拖出一个方框或圆来选取多个图元。

创建直线的选取对话框如图 2-7 所示。出现该对话框后，可以在工作平面上选取两个点并以这两个点为端点连成一条直线。在选取对话框中，Pick 和 Unpick 指示选取状态，当选中 Pick 单选按钮时，表示进行选取操作；当选中 Unpick 单选按钮时，表示撤销选取操作。

选取对话框中显示当前选取的结果。如 Count 表示当前的选取次数；Maximum、

Minimum 和 KepP No. 表示必须选取的最大量、必须选取的最小量和当前选取的点的编号。

图2-6　求解控制标签对话框　　　　　　图2-7　创建直线对话框

有时，在图中选取并不准确，即使打开了网格捕捉也是一样，这时，从输入窗口中输入点的编号比较方便。

典型的对话框一般包含如下的按钮：

◆ OK：应用对话框内的改变并退出该对话框。

◆ Apply：应用对话框内的改变然而不退出该对话框。

◆ Reset：重置对话框内的内容，恢复其默认值。当输入有误时，可能要用到该按钮。

◆ Cancel：不应用对话框内的改变就关闭对话框。Cancel 和 Reset 的不同在于Reset 不关闭对话框。

◆ Help：使用命令的帮助信息。

对特殊对话框，可能还有其他一些作用按钮。快速、准确地在对话框中进行输入是提高分析效率的重要环节。而更重要的是，要知道如何从菜单中打开想要的对话框。

2.4　通用菜单

通用菜单（Utility Menu）包含了 ANSYS 全部的公用函数，如文件控制、选取、图形控制、参数设置等。它采用下拉菜单结构。该菜单具有非模态性质（也就是以非独占形式存在的），允许在任何时刻（即在任何处理器下）进行访问，这使得它使用起来更为方便和友好。

每一个菜单都是一个下拉菜单，在下拉菜单中，要么包含了折叠子菜单（以"＞"符号表示），要么执行某个动作，有如下 3 种动作：

◆ 立刻执行一个函数或者命令。

◆ 打开一个对话框（以"…"指示）。

◆ 打开一个选取菜单（以"+"指示）。

可以利用快捷键打开通用菜单，如可以按 Alt+F 键打开 File 菜单。

通用菜单有如下 10 个内容，下面对其中的重要部分做简要说明（按 ANSYS 本身的顺序排列）。

2.4.1　文件菜单

File（文件）菜单包含了与文件和数据库有关的操作，如清空数据库、存盘、恢复等。有些菜单只能在 ANSYS 开始时才能使用，如果在后面使用，会清除已经进行的操作，所以，要小心使用它们。除非确有把握，否则不要使用 Clear & Start New 菜单操作。

1．设置工程名和标题

通常，工程名都是在启动对话框中定义，但也可以在文件菜单中重新定义。

◆ File＞Clear & Start New 命令用于清除当前的分析过程，并开始一个新的分析。新的分析以当前工程名进行。它相当于退出 ANSYS 后，再以 Run Interactive 方式重新进入 ANSYS 图形用户界面。

◆ File＞Change Jobname 命令用于设置新的工程名，后续操作将以新设置的工程名作为文件名。打开的对话框如图 2-8 所示，在打开对话框中，输入新的工程名。

◆ New log and error files 选项用于设置是否使用新的记录和错误信息文件，如果选中 Yes 复选框，则原来的记录和错误信息文件将关闭，但并不删除，相当于退出 ANSYS 并重新开始一个工程。取消选中 Yes 复选框时，表示不追加记录和错误信息到先前的文件中。尽管是使用先前的记录文件，但数据库文件已经改变了名字。

◆ File＞Change Directory 命令用于设置新的工作目录，后续操作将以新设置的工作目录内进行。打开的对话框如图 2-9 所示，在打开的"浏览文件夹"对话框中，选择工作目录。ANSYS 不支持中文，这里目录要选择英文目录。

图2-8　改变工程名　　　　　图2-9　"浏览文件夹"对话框

当完成了实体模型建立操作，但不敢确定分网操作是否正确时，就可以在建模完成后保存数据库，并设置新的工程名，这样，即使分网过程中出现不可恢复或恢复很复杂的操作，也可以用原来保存的数据库重新分网。对这种情况，也可以用保存文件来获得。

◆ File＞Change Title 命令用于在图形窗口中定义主标题。可以用"%"号来强制进行参数替换。

例如，首先定义一个时间字符串参量 TM，然后在定义主标题中强制替换：

TM='3:05'

/TITLE,TEMPERATURE CONTOURS AT TIME=%TM%

其中/TITLE 是该菜单操作的对应命令。

这样在图形窗口中显示的将是：

TEMPERATURE CONTOURS AT TIME=3:05。

2. 保存文件

要养成经常保存文件的习惯。

◆ File > Save as Jobname.db 命令用于将数据库保存为当前工程名。对应的命令是 SAVE，对应的工具条快捷按钮为 Toolbar > SAVE_DB。

◆ File > Save as 另存为，打开"Save DataBase"对话框，可以选择路径或更改名称，另存文件。

◆ File > Write db log file 命令用于把数据库内的输入数据写到一个记录文件中，从数据库写入的记录文件和操作过程的记录可能并不一致。

3. 读入文件

有多种方式可以读入文件，包括读入数据库、读入命令记录和输入其他软件生成的模型文件。

◆ File > Resume Jobname.db 和 Resume from 命令用于恢复一个工程。前者恢复的是当前正在使用的工程，而后者恢复用户选择的工程。但是，只有那些存在数据库文件（.db）的工程才能恢复，这种恢复也就是把数据库读入并在 ANSYS 中解释执行。

◆ File > Read Input From 命令用于读入并执行整个命令序列，如记录文件。当只有记录文件（LOG）而没有数据库文件时（由于数据库文件通常很大，而命令记录文件很小，所以通常用记录文件进行交流），就有必要用到该命令。如果对命令很熟悉，甚至可以选择喜欢的编辑器来编辑输入文件，然后用该函数读入。它相当于用批处理方式执行某个记录文件。

◆ File > Import 和 File > Export 命令用于提供与其他软件的接口，如从 Pro/E 中输入几何模型。如果对这些软件很熟悉，在其中创建几何模型可能会比在 ANSYS 中建模方便一些。ANSYS 支持的输入接口有 IGES、CATIA、SAT、Pro/E、UG、PARA 等。其输出接口为 IGES。但是，它们需要 License 支持，而且，需要保证其输入输出版本之间的兼容。否则，可能不会识别，文件传输错误。

◆ File > Report Generator 命令用于生成文件的报告，可以是图像形式的报告，也可以是文件形式的，这大大提高了 ANSYS 分析之间的信息交流。

4. 退出 ANSYS

File > Exit 命令用于退出 ANSYS，选择该命令将打开退出对话框，询问在退出前是否保存文件，或者保存哪些文件。但是使用 Exit 命令前，应当先保存那些以后需要的文件，因为该命令不会给你提示。在工具条上，QUIT 按钮也是用于退出 ANSYS 的快捷按钮，如图 2-10 所示。

2.4.2 选取菜单

Select（选取）菜单包含了选取数据子集和创建组件部件的命令。

1. 选择图元

Select＞Entities命令用于在图形窗口上选择图元。选择该命令时，打开如图2-11所示的选择对话框。该对话框是经常使用的，所以详细介绍。

图2-10 用QUIT退出ANSYS   图2-11 选择对话框

其中，选取类型表示要选取的图元，包括节点、单元、体、面、线和关键点。每次只能选择一种图元类型。

选取标准表示通过什么方式来选取，包括如下一些选取标准：

◆ By Num/Pick：通过在输入窗口中输入图元号或者在图形窗口中直接选取。

◆ Attached to：通过与其他类型图元相关联来选取，而其他类型图元应该是已选取好的。

◆ By Location：通过定义笛卡儿坐标系的 X、Y、Z 轴来构成一个选择区域，并选取其中的图元，可以一次定义一个坐标，单击"Apply"按钮后，再定义其他坐标内的区域。

◆ By Attribute：通过属性选取图元。可以通过图元或与图元相连的单元的材料号、单元类型号、实常数号、单元坐标系号、分割数目、分割间距比等属性来选取图元。需要设置这些号的最小值、最大值以及增量。

◆ Exterior：选取已选图元的边界。如单元的边界为节点、面的边界为线。如果已经选择了某个面，那么执行该命令就能选取该面边界上的线。

◆ By Result：选取结果值在一定范围内的节点或单元。执行该命令前，必须把所要的结果保存在单元中。

对单元而言，还可以通过单元名称（By Elem Name）选取，或者选取生单元（Live Elem's），或者选取与指定单元相邻的单元。对单元图元类型，除了上述基本方式外，有的还有其独有的选取标准。

选取设置选项用于设置选取的方式，有如下几种方式：

◆ From Full：从整个模型中选取一个新的图元集合。

◆ Reselect：从已选取好的图元集合中再次选取。

◆ Also Sele：把新选取的图元加到已存在的图元集合中。

◆ Unselect：从当前选取的图元中去掉一部分图元。

选取函数按钮是一个即时作用按钮，也就是说，一旦单击该按钮，选取已经发生。也许在图形窗口中看不出来，用 Replot 命令来重画，这时就可以看出其发生了作用。有 4 个按钮：

◆ Sele All：全选该类型下的所有图元。

◆ Sele None：撤销该类型下的所有图元的选取。

◆ Invert：反向选择。不选择当前已选取的图元集合，而选取当前没有选取的图元集合。

◆ Sele Belo：选取已选取图元以下的所有图元。例如，如果当前已经选取了某个面，则单击该按钮后，将选取所有属于该面的点和线。

选取函数按钮的说明见表 2-1。

表2-1　图元选择模式的图示

作用按钮与多数对话框中的按钮意义一样。不过在该对话框中，多了 Plot 和 Replot 按钮很方便地显示选择结果，只有那些选取的图元才出现在图形窗口中。使用这项功能时，通常需要单击"Apply"按钮而不是"OK"按钮。

要注意的是，尽管一个图元可能属于另一个项目的图元，但这并不影响选择。例如，当选择了线集合 SL，这些线可能不包含关键点 K1，如果执行线的显示，则看不到关键点 K1，但执行关键点的显示时，K1 依然会出现，表示它仍在关键点的选择集合之中。

2. 组件和部件

Select > Comp/Assembly 菜单用于对组件和部件进行操作。简单地说，组件就是选取的某类图元的集合，部件则是组件的集合。部件可以包含部件和组件，而组件只能包含某类图元。可以创建、编辑、列表和选择组件和部件。通过该子菜单，就可以定义某些选取集合，以后直接通过名字对该集合进行选取，或者进行其他操作。

3. 全部选择

Select > Everything 子菜单用于选择模型的所有项目下的所有图元，对应的命令是 ALLSEL,ALL。若要选择某个项目的所有图元，选择 Select > Entities 命令，在打开的对话框中单击"Sele All"按钮。

Select > Everything Below 命令用于选择某种类型以及包含于该类型下的所有图元，对应的命令为 ALLSEL、BELOW。

例如，ALLSEL、BELOW、LINE 命令用于选择所有线及所有关键点，而 ALLSEL、BELOW、NODE 命令选取所有节点及其下的体、面、线和关键点。

要注意的是，在许多情况下，需要在整个模型中进行选取或其他操作，而程序仍保留着上次选取的集合。所以，要时刻明白当前操作的对象是整个模型或其中的子集。当用户不是很清楚时，一个好的但稍嫌麻烦的方法是：每次选取子集并完成对应的操作后，使用 Select > Everything 命令恢复全选。

2.4.3 列表菜单

List（列表）菜单用于列出存在于数据库的所有数据，还可以列出程序不同区域的状态信息和存在于系统中的文件内容。它将打开一个新的文本窗口，其中显示想要查看的内容。许多情况下，需要用列表菜单来查看信息。图 2-12 所示为列表显示记录文件的结果。

图 2-12　列表显示记录文件的结果

1. 文件和状态列表

List > File > Log File 命令用于查看记录文件的内容。当然，也可以用其他编辑器打开文件。

List ＞ File ＞ Error File 命令用于列出错误信息文件的内容。

List ＞ Status 命令用于列出各个处理器下的状态。可以获得与模型有关的所有信息。这是一个很有用的操作，对应的命令为*STATUS，可以列表的内容包括：

◆ Global Status：列出系统信息。

◆ Graphics：列出窗口设置信息。

◆ Working Plane：列出工作平面信息。如工作平面类型，捕捉设置等。

◆ Parameters：列出参量信息。可以列出所有参量的类型和维数，但对数组参量，要查看其元素值时，则需要指定参量名列表。

◆ P-Method：列出 p 方法的设置选项，包括阶数、收敛设置等。该操作只能在预处理器/PREP7 或求解器/SOLU 下才能使用。

◆ Preprocessor：列出预处理器下的某些信息。该菜单操作只有在预处理器下才能使用。

◆ Solution：列出求解器下的某些信息。该操作只有进入求解器后才能使用。

◆ General Postproc：列出后处理器下的某些信息。该操作只有进入通用后处理器后才能使用。

◆ TimeHist Postproc：列出时间历程后处理器下的某些信息。该操作只有进入时间历程后处理器后才能使用。

◆ Design Opt：列出优化设计的设置选项。该操作只有进入优化处理器/OPT 才能使用。

◆ Run-Time Stats：列出运行状态信息。包括运用时间、文件大小的估计信息。只有在运行时间状态处理器下才能使用该菜单操作。

◆ Radiation Matrix：列出辐射矩阵信息。

◆ Configuration：列出整体的配置信息。它只能在开始级下使用。

2. 图元列表

List ＞ Keypoints：命令用于列出关键点的详细信息，可以只列出关键点的位置，也可以列出坐标位置和属性，但它只列出当前选择的关键点，所以，为了查看某些关键点的信息，首先需要用 Utility ＞ Select 命令选择好关键点，然后再应用该命令操作（特别是关键点很多时）。列表显示的关键点的信息如图 2-13 所示。

List ＞ Lines：用于列出线的信息，如组成线的关键点、线段长度等。

List ＞ Areas：用于列出面的信息。

List ＞ Volumes：用于列出体的信息。

List ＞ Elements：用于列出单元的信息。

List ＞ Nodes：用于列出节点信息，在打开的对话框中，可以选择是否列出节点在柱坐标中的位置，选择列表的排序方式，如以节点号排序、以 X 坐标值排序等。

List ＞ Components：用于列出部件或者组件的内容。对组件，将列出其包含的图元；对部件，将列出其包含的组件或其他部件。

3. 模型查询选取器

List ＞ Lines：用于列出线的信息，如组成线的关键点、线段长度等。

List ＞ Areas：用于列出面的信息。

List ＞ Volumes：用于列出体的信息。

List ＞ Elements：用于列出单元的信息。

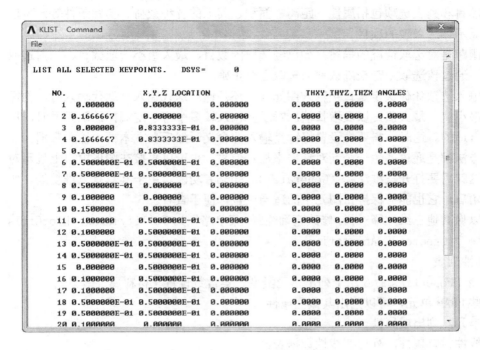

图 2-13　列表显示关键点信息

List ＞ Nodes：用于列出节点信息，在打开的对话框中，可以选择是否列出节点在柱坐标中的位置，选择列表的排序方式，如以节点号排序、以 X 坐标值排序等。

List ＞ Components：用于列出部件或者组件的内容。对组件，将列出其包含的图元；对部件，将列出其包含的组件或其他部件。

List ＞ Picked Entities 是一个非常有用的命令，选择该命令将打开一个选取对话框，称为模型查询选取器。可以从模型上直接选取感兴趣的图元，并查看相关信息，也能够提供简单的集合/载荷信息。当用户在一个已存在的模型上操作，或者想要施加与模型数据相关的力和载荷时，该功能特别有用。

模型查询选取器的对话框如图 2-14 所示，在该选取器中，选取指示包括 Pick（选取）和 Unpick（撤销选取），可以在图形窗口中单击鼠标右键在选取和撤销之间进行切换。

通过选取模式，可以设置是单选图元，可以

图2-14　模型查询选取器

是矩形框、圆形或其他区域来选取包含于其中的图元。当只选取极为少量图元时，建议采用单选。当图元较多并具有一定规则时，就应当采用区域包含方式来选取。

查询项目和列表选项包括属性、距离、面积、其上的各种载荷、初始条件等，可以通过它来显示你感兴趣的项目。

选取跟踪是对选取情况的描述，如已经选取的数目、最大最小选取数目、当前选取的图元号。通过该选取跟踪来确认你的选取是否正确。

键盘输入选项让你决定是直接输入图元号，还是通过迭代输入。迭代输入时，你需要输入其最小值、最大值，以及增长值。对于要输入较多个有一定规律的图元号时，用该方法是合适的。这时，需要先设置好键盘输入的含义，然后在文本框中输入数据。

以上方法都是通过产生一个新对话框来显示信息。也可以直接在图形窗口上显示对应信息，这就需要打开三维注释（Generate 3D Anno）功能。由于其具有三维功能，所以旋转视角后，它也能够保持在图元中的适当位置，便于查看。

也可以像其他三维注释一样，修改查询注释。菜单路径为 Utility Menu：PlotCtrls > Annotate > Create 3D Annotation。

4. 属性列表

List > Properties 命令用于列出单元类型、实常数设置、材料属性等。

对某些 BEAM 单元，可以列出其截面属性。

对层单元，列出层属性。

对非线性材料属性，列出非线性数据表。

可以对所有项目都进行列表，也可以只对某些项目的属性列表。

5. 载荷列表

List > Loads 命令用于列出施加到模型的载荷方向、大小。这些载荷包括：

◆ DOF Constraints：自由度约束，可以列出全部或者指定节点、关键点、线、面上的自由度约束。

◆ Force：集中力，可以列出全部或者指定节点或者关键点上的集中力。

◆ Surface Loads：列出节点、单元、线、面上的表面载荷。

◆ Body Surface：列出节点、单元、线、面、体、关键点上的体载荷。可以列出所有图元上的体载荷，也可以列出指定图元上的体载荷。

◆ Inertia Loads：列出惯性载荷。

◆ Solid Model Loads：列出所有实体模型的边界条件。

◆ Initial Conditions：列出节点上的初始条件。

◆ Elem Init Condt's：列出单元上定义的初始条件。

需要注意的是：上面提到的"所有"，是依赖于当前的选取状态的。这种列表有助于查看载荷施加是否正确。

6. 结果列表

List > Results 命令用于列出求解所得的结果（如节点位移、单元变形等）、求解状态（如残差、载荷步）、定义的单元表、轨线数据等。

通过对感兴趣区域的列表，来确定求解是否正确。

该列表操作只有在通用后处理器中把结果数据读入到数据库后，才能进行。

7. 其他列表

List > Others 命令用于对其他不便于归类的选项进行列表显示，但这并不意味着这些列表选项不重要。可以对如下项目进行列表，这些列表后面都将用到，这里不详细叙述其含义。

◆ Local Coord Sys：显示定义的所有坐标系。

◆ Master DOF：主自由度。在缩减分析时，需要用它来列出主自由度。

◆ Gap Conditions：缝隙条件。

◆ Coupled Sets：列出耦合自由度设置。

◆ Constraints Eqns：列出约束方程的设置。

◆ Parameters 和 Named Parameters：列出所有参量或者某个参量的定义及值。

◆ Components：列出部件或者组件的内容。

◆ Database Summary：列出数据库的摘要信息。

◆ Superelem Data：列出超单元的数据信息。

2.4.4 绘图菜单

Plot（绘图）菜单用于绘制关键点、线、面、体、节点、单元和其他可以以图形显示的数据。绘图操作与列表操作有很多对应之处，所以这里简要叙述。

◆ Plot > Replot 命令用于更新图形窗口，许多命令执行之后，并不能自动更新显示，所以需要该操作来更新图形显示。由于其经常使用，所以用命令方式也许更快捷。可以在任何时候输入"/Repl"命令重新绘制。

◆ Keypoint、Lines、Areas、Volumes、Nodes、Elements 命令用于绘制单独的关键点、线、面、体、节点和单元。

◆ Specified Entites 命令用于绘制指定图元号的范围内的单元，这有利于对模型进行局部观察。也可以首先用"Select"选取，然后用上面的方法绘制。不过用 Specified Entites 命令更为简单。

◆ Materials 命令用于以图形方式显示材料属性随温度的变化。这种图形显示是曲线图，在设置材料的温度特性时，也有必要利用该功能来显示设置是否正确。

◆ Data Tables 命令用于对非线性材料属性进行图示化显示。

◆ Array Parameters 命令用于对数组参量进行图形显示，这时，需要设置图形显示的纵横坐标。对 Array 数组，用直方图显示；对 Table 形数组，则用曲线图显示。

◆ Result 命令用于绘制结果图。可以绘制变形图、等值线图、矢量图、轨线图、流线图、通量图、三维动画等。

◆ Multi-plots 命令是一个多窗口绘图指令。在建模或者其他图形显示操作中，多窗口显示有很多好处。

例如，在建模中，一个窗口显示主视图，一个窗口显示俯视图，一个窗口显示左视图，这样就能够方便观察建模的结果。在使用该菜单操作前，需要用绘图控制设置好窗口及每个窗口的显示内容。

◆ Components 命令用于绘制组件或部件，当设置好组件或部件后，用该操作可以方便地显示模型的某个部分。

2.4.5 绘图控制菜单

PlotCtrls（绘图控制）菜单包含了对视图、格式和其他图形显示特征的控制。许多情况下，绘图控制对于输出正确、合理、美观的图形具有重要作用。

1. 观察设置

选择 PlotCtrls > Pan, Zoom, Rotate 命令，打开一个移动、缩放和旋转对话框，如图 2-15 所示。Window 表示要控制的窗口。多窗口时，需要用该下拉列表框设置控制哪一个窗口。

视角方向代表查看模型的方向，通常，查看的模型是以其质心为焦点的。可以从模型的上（Top）、下（Bot）、前（Front）后（Back）、左（Left）右（Right）方向查看模型，Iso 代表从较近的右上方查看，坐标为（1，1，1，）；Obliq 代表从较远的右上方看，坐标为（1，2，3）；WP 代表从当前工作平面上查看。只需要单击对应按钮就可以切换到某个观察方向了。对三维绘图来说，选择适当的观察方向，与选取适当的工作平面具有同等重要的意义。

为了对视角进行更多控制，可以用 PlotCtrl > View Settings 命令进行设置。

缩放选项通过定义一个方框来确定显示的区域，其中，"Zoom"按钮用于通过中心及其边缘来确定显示区域；"Box Zoom"按钮用于通过两个方框的两个角来确定方框大小，而不是通过中心；"Win Zoom"按钮也是通过方框的中心及其边缘来确定显示区域的大小，但与"Box Zoom"不同，它只能按当前窗口的宽高比进行缩放；"Back Up"按钮用于返回上一个显示区域。

移动、缩放按钮中，点号代表缩放，三角代表移动。

旋转按钮代表了围绕某个坐标旋转，正号表示以坐标的正向为转轴。

速率滑动条代表了操作的程度。速率越大，每次操作缩放、移动或旋转的程度越大，速率的大小依赖于当前显示需要的精度。

动态模式表示可以在图形窗口中动态地移动、缩放和旋转模型。其中有两个选项：

◆ Model：在 2D 图形设置下，只能使用这种模式。在图形窗口中，按下左键并拖动就可以移动模型，按下右键并拖动就可以旋转模型，按下中键（对鼠标两键，用 Shift+右键）左右拖动表示旋转，按下中键上下拖动表示缩放。

◆ Lights：该模式只能在三维设备下使用。它可以控制光源的位置、强度以及模型的反光率；按下左键并拖动鼠标沿 X 方向移动时，可以增加或减少模型的反光率；按下左键并拖动鼠标沿 Y 方向移动时，将改变入射光源的强度。按下右键并拖动鼠标沿 X 方向移动时，将使得入射光源在 X 方向旋转。按下右键并拖动鼠标沿 X 方向移动时，将使得入射光源在 Y 方向旋转。按下右键 并拖动鼠标沿 Y 方向移动时，将使得入射光源在 X 方向旋转。按下中键并拖动鼠标沿 X 方向移动时，将使得入射光源在 Z 方向旋转。按下中键并拖动鼠标沿 Y 方向移动时，将改变背景光的强度。

可以使用动态模式方便地得到需要的视角和大小，但可能不够精确。

可以不打开 Pan、Zoom、Rotate 对话框直接进行动态缩放、移动和旋转。操作方法是：按住 Ctrl 键不放，图形窗口上将出现动态图标，然后，就可以拖动鼠标左键、中键、右键进行缩放、移动或者旋转了。

2. 数字显示控制

PlotCtrls > Numbering 命令用于设置在图形窗口上显示的数字信息。它也是经常使用的一个命令，选择该命令打开的对话框如图 2-16 所示。

该对话框设置是否在图形窗口中显示图元号，包括关键点号（KP）、线号（LINE）、面号（AREA）、体号（VOLU）、节点号（NODE）。

图2-15　移动、缩放和旋转对话框　　　　图2-16　数字显示控制对话框

对单元，可以设置显示的多项数字信息，如单元号、材料号、单元类型号、实常数号、单元坐标系号等，依据需要在"Elem/Attrib numbering"选项下进行选择。

TABN 选项用于显示表格边界条件。当设置了表格边界条件，并打开该选项时，则表格名将显示在图形上。

SVAL 选项用于在后处理中显示应力值或者表面载荷值。

/NUM 选项控制是否显示颜色和数字，有 4 种方式：

◆ Colors & numbers：既用颜色又用数字标识不同的图元。

◆ Colors Only：只用颜色标识不同图元。

◆ Numbers Only：只用数字标识不同图元。

◆ No Color/numbers：不标识不同图元，在这种情况下，即使设置了要显示图元号，图形中也不会显示。

通常，当需要对某些具体图元进行操作时，打开该图元数字显示，便于通过图元号进行选取。例如，想对某个面加表面载荷，但又不知道该面的面号时，就打开面（AREA）号的显示。但要注意：不要打开过多的图元数字显示，否则图形窗口会很凌乱。

3. 符号控制

PlotCtrls > Symbols 菜单用于决定在图形窗口中是否出现某些符号。包括边界条

件符号（/PBC）、表面载荷符号（/PSF）、体载荷符号（/PBF）以及坐标系、线和面的方向线等符号（/PSYMB）。这些符号在需要的时候能提供明确的指示，但当不需要时，它们可能使图形窗口看起来很凌乱，所以在不需要时最好关闭它们。

符号控制对话框如图 2-17 所示。

该对话框对应了多个命令，每个命令都有丰富的含义，对于更好地建模和显示输出具有重要意义。

4. 样式控制

PlotCtrls > Style 子菜单用于控制绘图样式。它包含的命令如图 2-18 所示，在每个样式控制中都可以指定这种控制所适用的窗口号。

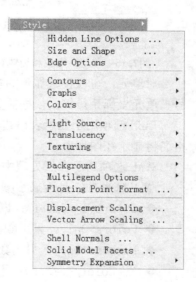

图2-17　符号控制对话框　　　　　　　　图2-18　绘图样式子菜单

Hidden-Line Options 命令用于设置隐藏线选项，其中有 3 个主要选项：显示类型、表面阴影类型和是否使用增强图形功能（PowerGraphics）。显示类型包括了如下几种：

◆ BASIC 型(Non-Hidden)：没有隐藏，也就是说，可以透过截面看到实体内部的线或面。

◆ SECT 型(Section)：平面视图，只显示截面。截面要么垂直于视线，要么位于工作平面上。

◆ HIDC 型(Centroid Hidden)：基于图元质心类别的质心隐藏显示，在这种显示模式下，物体不存在透视，只能看到物体表面。

◆ HIDD 型(Face Hidden)：面隐藏显示。与 HIDC 类似，但它是基于面质心的。

◆ HIDP 型(Precise Hidden)：精确显示不可见部分。与 HIDD 相同，只是其显示计算更为精确。

◆ CAP 型(Capped Hidden)：SECT 和 HIDD 的组合，也就是说，在截面之前，存在透视，在截面之后，则不存在。

◆ ZBUF 型(Z-buffered)：类似于 HIDD，但是截面后物体的边线还能看得出来。

◆ ZCAP 型(Capped Z-buffered)：ZBUF 和 SECT 的组合。

◆ ZQSL 型(Q-Slice Z-buffered)：类似于 SECT，但是截面后物体的边线不能看得出来。

◆ HQSL 型(Q-Slice precise)：类似于 ZQSL，但是计算更精确。

Size and Shape 命令用于控制图形显示的尺寸和形状，如图 2-19 所示。主要控制收缩（Shrink）和扭曲（Distortion），通常情况下，不需要设置收缩和扭曲，但对细长体结构（如流管等），用该选项能够更好地观察模型。此外，还可以控制每个单元边上的显示，例如，设置/EFACET 为 2，当在单元显示时，如果通过 Utility Menu：PlotCtrls > Numbering 命令设置显示单元号，则在每个单元边上显示两个面号。

Contours 命令用来控制等值线显示。包括控制等值线的数目、所用值的范围及间隔、非均匀等值线设置、矢量模式下等值线标号的样式等。

Graphs 命令用于控制曲线图。当绘制轨线图或者其他二维曲线图时，这是很有用的，它可以用来设置曲线的粗细、修改曲线图上的网格、设置坐标和图上的文字等。

Colors 命令用来设置图形显示的颜色。可以设置整个图形窗口的显示颜色，曲线图、等值线图、边界、实体、组件等颜色。在这里，还可以自定义颜色表。但通常情况下，用系统默认的颜色设置就可以了。还可以选择 Utility Menu：PlotCtrls > Style > Color > Reverse Video 命令反白显示，当要对屏幕做硬复制时，并且打印输出并非彩色时，原来的黑底并不适合，这时需要首先把背景设置为黑色，然后用该命令使其变成白底。

Light Source 命令用于光源控制，Tanslucency 命令用于半透明控制，Texturing 命令用于纹理控制，都是为了增强显示效果的。

Background 命令用于设置背景。通常用彩色或者带有纹理的背景能够增加图形的表现力，但是在某些情况下，则需要使图形变得更为简单朴素，这依赖于用户的需要。

MultiLegend Options 命令用于设置当存在多个图例时，这些图例的位置和内容。文本图例设置的对话框如图 2-20 所示，其中 WN 代表图例应用于哪一个窗口，Class 代表图例的类型，Log 用于设置图例在整个图形中的相对位置。

Displacement Scaling 命令用于设置位移显示时的缩放因子。对绝大多数分析而言，物体的位移（特别是形变）都不大，与原始尺寸相比，形变通常在 0.1%以下，如果真实显示形变的话，根本看不出来，该选项就是用来设置形变缩放的。它在后处理的 Main Menu > General Postproc > Plot Results > Deformed Shape 命令中尤其有用。

Floating Point Format 命令用于设置浮点数的图形显示格式，该格式只影响浮点数的显示，而不会影响其内在的值。可以选择 3 种格式的浮点数：G 格式、F 格式和 E 格式。可以为显示浮点数设置字长和小数点的位数，如图 2-21 所示。Vector Arrow Scaling 命令用于画矢量图时，设置矢量箭头的长度是依赖于值的大小，还是使用统一的长度。

图2-19　图形显示的形状和尺寸控制

图2-20　文本图例的设置

图2-21　浮点数格式设置

5. 字体控制

Font Controls 命令用于控制显示的文字形式。包括图例上的字体、图元上的字体、曲线图和注释字体。不但可以控制字体类型，还可以控制字体的大小和样式。

遗憾的是 ANSYS 目前还不支持中文字体，支持的字号大小也为数较少。

6. 窗口控制

Windows Controls 命令用于控制窗口显示，包括如下一些内容：

Windows Layout 用于设置窗口布局，主要是设置某个窗口的位置，可以设置为 ANSYS 预先定义好的位置，如上半部分、右下部分等；也可以将其放置在指定位置，只需要在打开的对话框的 Window geometry 下拉列表框中选中"Picked"单选按钮，单击"OK"按钮后，再在图形窗口上单击两个点作为矩形框的两个角点，这两个角点决定的矩形框就是当前窗口。

Window Options 用于控制窗口的显示内容，包括是否显示图例、如何显示图例、是否显示标题、是否显示 Windows 边框、是否自动调整窗口尺寸、是否显示坐标指示，以及 ANSYS 产品标志如何显示等。

Window On 或 Off 用于打开或者关闭某个图形窗口。

还可以创建、显示和删除图形窗口，可以把一个窗口的内容复制到另一个窗口中。

7. 动画显示

PlotCtrls＞Annimate 命令控制或者创建动画。可以创建的动画包括：形状和变形、物理量随时间或频率的变化显示、Q 切片的等值线图或者矢量图、等值面显示、粒子轨迹等。但是，不是所有的动画显示都能在任何情况下运行，如物理量随时间变化就只能对瞬态分析时可用，随频率变化只能在谐波分析时可用，粒子轨迹图只能在流体和电磁场分析中可用。

8. 注释

PlotCtrls＞Annotate 命令用于控制、创建、显示和删除注释。可以创建二维注释，也可以创建三维注释。三维注释使其在各个方向上都可以看见。

注释有多种，包括文字、箭头、符号、图形等。创建三维符号注释创建对话框如图 2-22 所示。

注释类型包括 Text（文本）、Lines（线）、Areas（面）、Symbols（符号）、Arrows（箭头）和 Options（选项）。可以只应用一种，也可以综合应用各种注释方式，来对同一位置或者同一项目进行注释。

位置方式设置注释定位于什么图元上。可以定位注释在节点、单元、关键点、线、面和体图元上，也可以通过坐标位置来定位注释的位置，或者锁定注释在当前视图上。如果选定的位置方式是坐标方式，就要求从输入窗口输入注释符号放置的坐标，当使用 On Node 时，就可以通过选取节点或者输入节点来设置注释位置。

符号样式用来选取想要的符号。包括线、空心箭头、实心圆、实心箭头和星号。当在注释类型中选择其他类型时，该符号样式中的选项是不同的。

符号尺寸用来设置符号的大小拖动滑动条到想要的大小。这是相对大小，可以尝试变化来获得想要的值。

宽度指的是线宽，只对线和空心箭头有效。

作用按钮控制是否撤销当前注释（Undo），是否刷新显示（Refresh），或者关闭该对话框（Close），或者寻求帮助（Help）。

当在注释类型中选择"Options"选项时对话框如图 2-23 所示。在该选项中，可以复制（Copy）、移动（Move）、尺寸重设（Resize）、删除（Delete 和 Box Delete）注释，Delete All 用于删除所有注释。"Save" 和 "Restore" 按钮用于保存或者恢复注释的设置及注释内容。

9. 设备选项

PlotCtrls ＞ Device Options 子菜单中，有一个重要选项/DEVI，它控制是否打开矢量模式，当矢量模式打开时，物体只以线框方式显示；当矢量模式关闭光栅模式打开时，物体将以光照样式显示。

10. 图形输出

ANSYS 提供了 3 种图形输出功能：重定向输出、硬复制、输出图元文件。

PlotCtrls＞Redirect Plots 命令用于重定向输出。当在 GUI 方式时，默认情况下，图形输出到屏幕上。可以利用重定向功能使其输出到文件中。输出的文件类型有很多种，如 JPEG、TIFF、GRPH、PSCR 和 HPGL 等。在批处理方式下运行时，多采用该方式。

图2-22　三维符号注释创建对话框　　　图2-23　注释选项对话框

PlotCtrls＞Hard Copy＞To Printer 命令用于把图形硬复制输出到打印机。它提供了图形打印功能。

PlotCtrls＞Hard Copy＞To File 命令用于把图形硬复制输出到文件，在 GUI 方式下，用该方式能够方便地把图形输出到文件，并且能够控制输出图形的格式和模式。这种方式下，支持的文件格式有 BMP、Postscript、TIFF 和 JPEG。

PlotCtrls＞Captrue Image 命令用于获取当前窗口的快照，然后保存或打印；PlotCtrls＞Restore Image 命令用于恢复图像，结合使用这两个命令，可以把不同结果同时显示，以方便比较。

PlotCtrls＞Write Metatile 命令用于把当前窗体内容作为图元文件输出，它只能在 Win32 图形设备下使用。

2.4.6　工作平面菜单

WorkPlane（工作平面）菜单用于打开、关闭、移动、旋转工作平面或者对工作平面进行其他操作，还可以对坐标系进行操作。图形窗口上的所有操作都是基于工作平面的，对三维模型来说，工作平面相当于一个截面，用户的操作可以只是在该截面上（面命令、线命令等），也可以针对该截面及其纵深。

1. 工作平面属性

WorkPlane＞WP Settings 命令用于设置工作平面的属性，选择该命令，打开"WP Settings"对话框，这是经常使用的一个对话框，如图 2-24 所示。

坐标形式代表了工作平面所用的坐标系，可以选择 Cartesian(直角坐标系)或 Polar（极坐标系）。

显示选项用于确定工作平面的显示方式。可以显示栅格和坐标三元素（坐标原点、

X、Y 轴方向），也可以只显示栅格（GridOnly）或者坐标三元素（Triad Only）。

捕捉模式决定是否打开捕捉。当打开时，可以设置捕捉的精度（即捕捉增量 Snap Incr 或 Snap Arg），这时，只能在坐标平面上选取从原点开始的，坐标值为捕捉增量倍数的点。要注意的是，捕捉增量只对选取有效，对键盘输入是没有意义的。

当在显示选项中设置要显示栅格时，可以用栅格设置来设置栅格密度。通过设置栅格最小值（Minimum）、最大值（Maximum）和栅格间隙（Spacing）来决定栅格密度。通常情况下，不需要把栅格设置到整个模型，只要在感兴趣的区域产生栅格就可以了。

容差（Tolerances）的意义是如果选取的点并不正好在工作平面上，但是在工作平面附近。为了在工作平面上选取到该点，必须要移动工作平面。但是通过设置适当的容差，就可以在工作平面附近选取。当设置容差为 δ 时，容差平面就是工作平面向两个方向的偏移。从而所有容差平面间的点都被看成是在工作平面上，可以被选取到，如图 2-25 所示。

图2-24　设置工作平面　　　　　图2-25　容差的意义

WorkPlane > Show WP Status 命令用于显示工作平面的设置情况。

WorkPlane > Display Working Plane 是一个开关命令，用来打开或者关闭工作平面的显示。

2. 工作平面的定位

使用 Workplane > Offset WP by Increment 或 Offset WP to 或 Align WP With 命令，可以把工作平面设置到某个方向和位置。

Offset WP by Increment 命令直接设置工作平面原点相对于当前平面原点的偏移，方向相对于当前平面方向的旋转。可以直接输入偏移和旋转的大小，也可以通过其按钮进行。

Offset WP to 命令用于偏移工作平面原点到某个指定的位置，可以把原点移动到全局坐标系或当前坐标原点，也可以设置工作平面原点到指定的坐标点、关键点或节点。当指定多个点时，原点将位于这些点的中心位置。

Align WP With 命令可以通过 3 个点构成的平面来确定工作平面，其中第一个点为工作平面的原点。也可以让工作平面垂直于某条线，也可以设置工作平面与某坐标系一致。此时，不但其原点在坐标原点，平面方向也与坐标方向一致，而 Offset WP to 命令则只改变原点，不改变方向。

3. 坐标系

坐标系在 ANSYS 建模、加载、求解和结果处理中有重要作用。ANSYS 区分了很多坐标系，如结果坐标系、显示坐标系、节点坐标系、单元坐标系等。这些坐标系可以使用全局坐标系，也可以使用局部坐标系。

WorkPlane > Local Coordinate Systems 命令提供了对局部坐标系的创建和删除。局部坐标系是用户自己定义的坐标系，能够方便用户建模。可以创建直角坐标系、柱坐标系、球坐标系、椭球坐标系和环面坐标系。局部坐标号一定要大于 10，一旦创建了一个坐标系，它立刻成为活动坐标系。

可以设置某个坐标系为活动坐标系（选择 Utility Menu ： WorkPlane > Change Active CS to 命令）；也可以设置某个坐标系也显示坐标系（选择 Utility Menu ： WorkPlane > Change Display CS to 命令）；还可以显示所有定义的坐标系状态（选择 Utility Menu ： List > Other > Lacal Coord Sys 命令）。

不管位于什么处理器中，除非做出明确改变，否则当前坐标系将一直保持为活动。

2.4.7 参量菜单

Parameters（参量）菜单用于定义、编辑或者删除标量、矢量和数组参量。对那些经常要用到的数据或者符号以及从 ANSYS 中要获取的数据，都需要定义参量，参量是 ANSYS 参数设计语言（APDL）的基础。

如果已经大量采用 Parameters 菜单来创建模型、获取数据或输入数据了。那么你的 ANSYS 水平应该不错了，这时，使用命令输入方式也许能更快速有效地建模。

1. 标量参量

选择 Parameters > Scalar Parameters 命令将打开一个标量参数的定义、修改和删除对话框，如图 2-26 所示。

图2-26　标量参量对话框

用户只需要在 Selection 文本框中输入要定义的参量名及其值就可以定义一个参量。重新输入该变量及其值就可以修改它，也可以在 Items 下拉列表框中选择参量，然后在 Selection 文本框中修改值。要删除一个标量有两种方法，一是单击"Delete"按钮，二是输入某个参量名，但不对其赋值。如果在 Selection 文本框中输入"GRAV="，按 Enter 键之后，将删除 GRAV 参量。

Parameters > Get Scalar Data 命令用于获取 ANSYS 内部的数据，如节点号、面积、程序设置值、计算结果等。要对程序运行过程控制或者进行优化等操作时，就需要从 ANSYS 程序内部获取值，以进行与程序内部过程的交互。

2. 数组参量

Parameters > Array Parameters 命令用于对数组参量进行定义、修改或删除，与标量参量的操作相似。但是，标量参量可以不事先定义而直接使用，数组参量则必须事先定义，包括定义其维数。

ANSYS 除了提供通常的数组 ARRAY 外，还提供了一种称为表数组的参量 TABLE。表数组包含整数或者实数元素。它们以表格方式排列，基本上与 ARRAY 数组相同。但有以下 3 点重要区别：

◆ 表数组能够通过线性插值方式，计算出两个元素值之间的任何值。

◆ 一个表包含了 0 行和 0 列，作为索引值；与 ARRAY 不同的是，该索引参量可以为实数。但这些实数必须定义，如果不定义，则默认对其赋予极小值（7.888609052e-31），并且要以增长方式排列。

◆ 一个页的索引值位于每页的（0，0）位置。

简单地说，表数组就是在 0 行 0 列加入了索引的普通数组。其元素的定义也像普通数组一样，通过整数的行列下标值可以在任何一页中修改，但该修改将应用到所有页。

ANSYS 提供了大量对数组元素赋值的命令，包括直接对元素赋值（Parameters > Array Parameters > Define/Edit）、把矢量赋给数组（Parameters > Array Parameters > Fill）、从文件数据（Parameters > Array Parameters > Get Array Data）。

Parameters > Array Operations 命令能够对数组进行数学操作，包括矢量和矩阵的数学运算、一些通用函数操作和矩阵的傅立叶变换等。

3. 函数定义和载入

Parameters > Functions > Define/Edit…命令用于定义和编辑函数，并将其保存到文件中。

Parameters > Functions > Read from file 命令用于将函数文件读入到 ANSYS 中，与上面的命令配合使用，在加载方面具有特别简化的作用，因为该方式允许定义复杂的载荷函数。

例如，当某个平面载荷是距离的函数，而所有坐标系为直角坐标系时，就需要得到任何一点到原点的距离，如果不作用自定义函数，就会有很多重复输入，但是函数定义则能够相对简化，其步骤为：

（1）选择 Parameters > Functions > Define/Edit…命令，打开"Function Editor"对话框，输入或者通过单击界面上的按钮，使得 Result=文本框中的内容为：SQRT（{X}^2+{Y}^2)*PCONST，如图 2-27 所示。需要注意的是，尽管可以用输入的方法得到表达式，但是，当不确定基本自变量时，建议还是采用单击按钮和选择变量的方式来输入。例如，对结构分析来说，基本自变量为时间 TIME、位置（X、Y、Z）和温度 TEMP，所以，在定义一个压力载荷时，就只能使用以上 5 个基本自变量，尽管在定义函数时也可以定义其他的方程自变量（Equation Variable），但在实际使用时，这些自变量必须事先赋值，如图 2-27 所示中的 PCONST 变量。也可以定义分段函数，这时，需要定义每一段函数的分段变量及范围。用于分段的变量必须在整个分段范围内是连续的。

（2）选择 File > Save 命令，在打开的对话框中设置自定义函数的文件名。假设本函数保存的文件名为 PLANEPRE.FUNC。

（3）选择 Parameters > Functions > Read from file 命令从文件中读入函数，作为载荷边界条件读入到程序中。在打开的对话框中输入如图 2-28 所示的内容。

（4）单击"OK"按钮，就可以把函数所表达的压力载荷施加到选定的区域上了。

图2-27 函数定义

图2-28 函数载入

4. 参量存储和恢复

为了在多个工程中共享参量，需要保存或者读取参量。

Parameters > Save Parameters 命令用于保存参量。参量文件是一个 ASCII 文件，其扩展名默认为 parm。参量文件中包含了大量 APDL 命令*SET。所以，也可以用文本编辑器对其进行编辑。以下是一个参量文件：

```
/NOPR
*SET,A              ,   10.00000000000
*SET,B              ,   254.0000000000
*SET, C             ,   'string    '
```

```
*SET,_RETURN          ,   0.000000000000E+00
*SET,_STATUS          ,   1.000000000000
*SET,_ZX              ,      '        '
/GO
```

其中，/NOPR 用于禁止随后命令的输出，/GO 用于打开随后命令的输出。在 GUI 方式下，使用/NOPR 指令，后续输入的操作就不会在输出窗口上显示。

Parameters ＞ Restore Parameters 命令用于读取参量文件到数据库中。

2.4.8 宏菜单

Macro（宏）菜单用于创建、编辑、删除或者运行宏或数据块。也可以缩略词（对应于工具条上的快捷按钮）进行修改。

宏是包含一系列命令集合的文件，这些命令序列通常能完成特定功能。可以把多个宏包含在一个文件中，该文件称为宏库文件，这时，每个宏就称为数据块。

一旦创建了宏，该宏事实上相当于一个新的 ANSYS 命令。如果使用默认的宏扩展名，并且宏文件在 ANSYS 宏搜索路径之内，则可以像使用其他 ANSYS 命令一样直接使用宏。

1．创建宏

Macro ＞ Create Macro 命令用于创建宏。使用这种方式时，可以创建最多包含 18 条命令的宏。如果宏比较简短，采用这种方式创建是方便的；但如果宏很长，则使用其他文本编辑器更好一些。这时，只需要把命令序列加入到文件中即可。

宏文件名可以是任意与 ANSYS 不冲突的文件，扩展名也可以是任意合法的扩展名。但使用 MAC 作为扩展名时，就可以像其他 ANSYS 命令一样执行。

宏库文件可以使用任何合法的扩展名。

2．执行宏

Macro ＞ Execute Macro 命令用于执行宏文件。

Macro ＞ Execute Data Block 命令用于执行宏文件中的数据块。

为了执行一个不在宏搜索路径内的宏文件或者库文件，需要选择 Macro ＞ Macro Search Path 命令以使 ANSYS 能搜索到它。

3．缩略词

Macro ＞ Edit Abbreviations 命令用于编辑缩略词，以修改工具条。默认的缩略词（即工具条上的按钮）有 5 个：SAVE_DB、RESUM_DB、QUIT、POWERGRF 和 E_CAE，如图 2-29 所示。

可以在输入窗口中直接输入缩略词定义，也可以在如图 2-29 所示的对话框的 Selection 文本框中输入。但是要注意，使用命令方式输入时，需要更新才能添加缩略词到工具条上（更新命令为 Utility Menu： MenuCtrl ＞ Update Toolbar）。输入缩略词的语法为：

```
*ABBR,abbr,string
```

其中，abbr 是缩略词名，也就是显示在工具条按钮上的名称，abbr 是超不过 8 位的字符串。string 是想要执行的命令或宏，如果 string 是宏，则该宏一定要位于宏搜索路径之中，如果 string 是选取菜单或者对话框，则需要加入"Fnc_"标志，表示其代表的是菜单函数，例如：

　　　*ABBR, QUIT, Fnc_/EXIT

图2-29　工具条编辑对话框

string 可以包含多达 60 个字符，但是，它不能包含字符 "$" 和如下命令：C**、/COM、/GOPR、/NOPR、/QUIT、/UI 或者*END。

　　工具条可以嵌套，也就是说，某个按钮可能对应了一个打开工具条的命令，这样，尽管每个工具条上最多可以有 100 个按钮，但理论上可以定义无限多个按钮（缩略词）。

　　需要注意的是，缩略词不能自动保存，必须选择 Macro > Save Abbr 命令来保存缩略词。并且退出 ANSYS 后重新进入时，需要选择 Macro > Restore Abbr 命令对其重新加载。

2.4.9　菜单控制菜单

　　MenuCtrls（菜单控制）决定哪些菜单成为可见的，是否使用机械工具条（Mechanical Toolbar），也可以创建、编辑或者删除工具条上的快捷按钮，决定输出哪些信息。

　　可以创建自己喜欢的界面布局，然后选择 MenuCtrls > Save Menu Layout 命令保存它，下次启动时，将显示保存的布局。

　　MenuCtrls > Message Controls 命令用于控制显示和程序运行，选择该命令打开的对话框如图 2-30 所示。

图2-30　信息控制对话框

其中，NMERR 文本框用于设置每个命令的最大显示警告和错误信息个数。当某个命令的警告和错误个数超过 NMABT 值时，程序将退出。

2.4.10 帮助菜单

ANSYS 提供了功能强大、内容完备的帮助，包括大量关于 GUI、命令、基本概念、单元等的帮助。熟练使用帮助是 ANSYS 进步的必要条件。这些帮助以 Web 页方式存在，可以很容易地访问。

有 3 种方式可以打开帮助：

1. 通过 Help 菜单

Utility Menu：Help > Help Topics 命令使用目录表方式提供帮助。选择该命令，将打开如图 2-31 所示的帮助文档，这些文档以 Web 方式组织。从图 2-31 中可以看出，可以通过 3 种方式来得到项目的帮助。

图2-31　ANSYS帮助主题

◆ 目录方式：使用此方式需要对所查项目的属性有所了解。

◆ 索引方式：以字母顺序排序。

◆ 搜索方式：这种方式简便快捷，缺点是可能搜索到大量条目。

在浏览某页时，可能注意到一些有下划线的不同颜色的词，这就是超文本链接。单击该词，就能得到关于该项目的帮助。出现超文本链接的典型项目是命令名、单元类型、用户手册的章节等。

当单击某个超文本链接之后，它将显示不同的颜色。一般情况下，未单击时为蓝色，单击之后为红褐色。

2. Help 按钮

很多对话框上都有 Help 按钮，单击它就可以得到与该对话框或对应命令的帮助信息。例如，定义单元 LINK180 实常数对话框如图 2-32 所示。其中有两个实常数项 AREA 和 ADDMAS，如果不知道这两个实常数在单元中的具体含义，只要单击"Help"按钮，就将打开 LINK180 的帮助信息。通过阅读帮助，就可以知道其含义了。

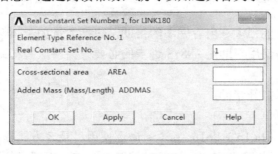

图2-32　定义LINK180实常数

3．输入 HELP 命令

也可以在命令窗口中输入"Help"命令，以获得关于某个命令或者单元的帮助信息。如上例中，输入"Help,LINK180"或者"Help,180"就可以得到 LINE180 单元的帮助。

ANSYS 在命令输入上采用了联想功能，这能够避免一些错误，也能带来很大的方便。

例如，输入"Help,PLN"时，就可以看到文本框的提示栏中出现了"Help,PLNSOL"的提示。在这种情况下，直接按 Enter 键就可以了。

使用菜单方式时，并不总能得到某些菜单项的确切含义。这时，通过执行该菜单操作，将在记录编辑器（Session Editor）中记录该菜单对应的命令，然后在命令窗口中输入"Help"命令，就能得到详细的关于该命令对应菜单的帮助了。

对新手而言，查看 Help > ANSYS Tutorials 中的内容很有好处，它能一步一步地教会用户如何完成某个分析任务。

2.5　输入窗口

输入窗口（Input Window）主要用于直接输入命令或者其他数据，输入窗口包含了 4 个部分，如图 2-33 所示。

图2-33　命令输入窗口

◆ 文本框 ：用于输入命令。

◆ 提示区：在文本框与历史记录框之间，提示当前需要进行的操作，要经常注意提示区的内容，以便能够按顺序正确输入或者进行其他操作（如选取）。

◆ 历史记录框：包含所有以前输入的命令。在该框中单击某选项就会把该命令复制到文本框，双击则会自动执行该命令。ANSYS 提供了用键盘上的上下箭头来选择历史记录的功能，用上下箭头可以选择命令。

◆ 垂直滚动条：方便选取历史记录框内的内容。

2.6　主菜单

主菜单（Main Menu）包含了不同处理器下的基本 ANSYS 操作。它基于操作的顺序排列，同样，应该在完成一个处理器下的操作后再进入下一个处理器。当然，也可以随时进入任何一个处理器，然后退出再进入，但这不是一个好习惯，应该是做好详细规划，然后按部就班地进行。这样才能使程序具有可读性，并降低程序运行的代价。

主菜单中的所有函数都是模态的，完成一个函数之后才能进行另外的操作，而通用菜单则是非模态的。例如，如果在工作平面上创建关键点，那么不能同时创建线、面或者体，但是可以利用通用菜单定义标量参数。

主菜单的每个命令都有一个子菜单（用 " ＞ " 号指示），或者执行一项操作。主菜单不支持快捷键。默认主菜单提供了 11 类菜单主题，这里介绍最主要的几种，如图 2-34 所示。

◆ Preferences（优选项）：打开一个对话框，可以选择某个学科的有限元方法。默认为所有的学科，这不是一个好的默认，因为通常分析学科是一个或几个，所以，尽管这一步稍微有点麻烦，但它为以后的操作带来了较大方便。

◆ Preprocessor（预处理器）：包含 PREP7 操作，如建模、分网和加载等，但是在本书中，把加载作为求解器中的内容。求解器中的加载菜单与预处理器中的加载菜单相同，两者都对应了相同的命令，并无差别。以后涉及加载时，将只列出求解器中的菜单路径。

◆ Solution（求解器）：包含 SOLUTION 操作，如分析类型选项、加载、载荷步选项、求解控制和求解等。

◆ General Postproc（通用后处理器）：包含了 POST1 后处理操作，如结果的图形显示和列表。

◆ TimeHist Postproc（时间历程处理器）：包含了 POST26 的操作，如对结果变量的定义、列表或者图形显示。

◆ Session Editor（记录编辑器）：用于查看在保存或者恢复之后的所有操作记录。

◆ Finish（结束）：退出当前处理器，回到开始级。

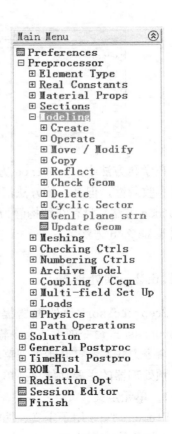

图2-34　主菜单

2.6.1 优选项

Preferences 优选项选择分析任务涉及的学科，以及在该学科中所用的方法，如图2-35 所示。该步骤不是必须的，可以不选，但会导致在以后分析中，面临一大堆选择项目。所以，让优选项过滤掉你不需要的选项是明智的办法。尽管默认的是所有学科，但这些学科并不是都能现时使用。例如，不可以把流体动力学（FLOTRAN）单元和其他某些单元同时使用。

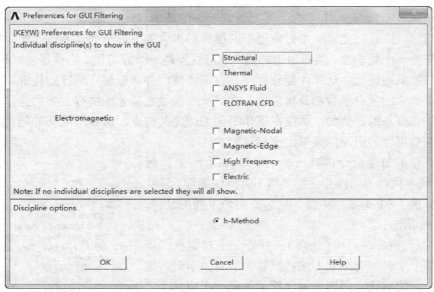

图2-35　优选对话框

在学科方法中，p-Method 方法是高阶计算方法，通常比 h-Method 方法具有更高的精度和收敛性，但是，该方法消耗的计算时间比后者大大增加。且不是所有学科都适用p-Method 方法，只有在结构静力分析、热稳态分析、电磁场分析中可用。其他场合下都采用 h-Method 方法。

2.6.2 预处理器

Preprocessor 预处理器提供了建模、分网和加载的函数。选择 Main Menu ＞ Preprocessor 命令或者在命令输入窗口中输入 "/PREP7"，都将进入预处理器，不同的是，命令方式并不打开预处理菜单。

预处理器的主要功能包括单元定义、实体建模、分网。

1. 单元定义

Element Type 用于定义、编辑或删除单元。如果单元需要设置选项，用该方法比用命令方法更为直观方便。

不可以把单元从一种类型转换到另一种类型，或者为单元添加或删除自由度。单元的转换可以在如下情况下进行：隐式单元和显式单元之间、热单元和结构单元之间、磁单元转换到热单元、电单元转换到结构单元、流体单元转换到结构单元。其他形式的转换都是不合法的。

ANSYS 单元库中包含了 100 多种不同单元,单元是根据不同的号和前缀来识别的。不同前缀代表不同单元种类,不同的号代表该种类中的具体单元形式。如 BEAM4、PLANE7、SOLID96 等。ANSYS 中有如下一些种类的单元:BEAM、COMBIN、CONTAC、FLUID、HYPER、INFIN、LINK、MASS、MATRIX、PIPE、PLANE、SHELL、SOLID、SOURC、SURF、TARGE、USER、INTER 和 VISCO。

具体选择何种单元,由以下一些因素决定:

◆ 分析学科:如结构、流体、电磁等。

◆ 分析物体的几何性质:是不可以近似为二维。

◆ 分析的精度:是否线性。

举例来说,MASS21 是一个点单元,有 3 个平移自由度和 3 个转动自由度,能够模拟 3D 空间。而 FLUID79 用于器皿内的流体运动,它只有两个自由度 UX、UY,所以它只能模拟 2D 运动。

可以通过 Help > HelpTopic > Elements 命令来查看哪种单元适合当前的分析。但是,这种适合并不是绝对的,可能有多种单元都适合分析任务。

必须定义单元类型。一但定义了某个单元,就定义了其单元类型号,后续操作将通过单元类型号来引用该单元。这种类型号与单元之间的对应关系称为单元类型表,单元类型表可以通过菜单命令来显示和指定:Main Menu > Preprocessor > Modeling > Create > Elements > Elem Attributes。

单元只包含了基本的几何信息和自由度信息。而在分析中单元事实上代表了物体,所以还可能具有其他一些几何和物理信息。这种单元本身不能描述的信息用实常数(Real Constants)来描述。如 Beam 单元的截面积(AREA),Mass 单元的质量(MASSX、MASSY、MASSZ)等。但不是所有的单元都需要实常数,如 PLANE42 单元在默认选项下就不需要实常数。某些单元只有在某些选项设置下才需要实常数,如 PLANE42 单元,设置其 Keyopt(3)=3,就需要平面单元的厚度信息。

Material Props 用于定义单元的材料属性。每个分析任务都针对具体的实体,这些实体都具有物理特性,所以,大部分单元类型都需要材料属性。材料属性可以分为:

◆ 线性材料和非线性材料。

◆ 各向同性、正交各向异性和非弹性材料。

◆ 温度相关和温度无关材料。

2. 实体建模

Main Menu > Preprocessor > Modeling > Create 命令用于创建模型(可以创建实体模型,也可以直接创建有限元模型,这里只介绍创建实体模型)。ANSYS 中有两种基本的实体建模方法:

自底向上建模:首先创建关键点,它是实体建模的顶点。然后把关键点连接成线、面和体。所有关键点都以笛卡儿直角坐标系上的坐标值定义的。但是,不是必须按顺序创建。例如,可以直接连接关键点为面。

自顶向下建模:利用 ANSYS 提供的几何原形创建模型,这些原型是完全定义好了的面或体。创建原型时,程序自动创建较低级的实体。

使用自底向上还是自顶向下的建模方法取决于习惯和问题的复杂程度，通常情况是同时使用两种方式才能高效建模。

Preprocessor > Modeling > Operate 命令用于模型操作，包括拉伸、缩放和布尔操作。布尔操作对于创建复杂形体很有用，可用的布尔操作包括相加（add）、相减（subtract）、相交（intersect）、分解（divide）、粘接（glue）、搭接（overlap）等，不仅适用于简单原型的图元，也适用于从 CAD 系统输入的其他复杂几何模型。在默认情况下，布尔操作完成后输入的图元将被删除，被删除的图元编号变成空号，这些空号将被赋给新创建的图元。

尽管布尔操作很方便，但很耗机时，也可以直接对模型进行拖动和旋转。例如，拉伸（Extrude）或旋转一个面，就能创建一个体。对存在相同部分的复杂模型，可以使用复制（copy）和镜像（reflect）。

Preprocessor > Modeling > Move/Modify 命令用于移动或修改实体模型图元。

Preprocessor > Modeling > Copy 命令用于复制实体模型图元。

Preprocessor > Modeling > Reflect 命令用于镜像实体模型图元。

Preprocessor > Modeling > Delete 命令用于删除实体模型图元。

Preprocessor > Modeling > Check Geom 命令用于检查实体模型图元，如选取短线段、检查退化、检查节点或者关键点之间的距离。

在修改和删除模型之前，如果较低级的实体与较高级的实体相关联（如点与线相关联），那么，除非删除高级实体，否则不能删除低级实体。所以，如果不能删除单元和单元载荷，那么，不能删除与其相关联的体；如果不能删除面，则不能删除与其相关联的线。模型图元的级别见表 2-2。

表2-2　图元级别

级别	单元和单元载荷
最高级	节点和节点载荷
	体和实体模型体载荷
↓	面和实体模型表面载荷
	线和实体模型线载荷
最低级	关键点和实体模型点载荷

3. 分网

一般情况下，由于形体的复杂性和材料的多样性，需要多种单元，所以，在分网前，定义单元属性是很有必要的。

Preprocessor > MeshTool 命令是分网工具。它将常用分网选项集中到一个对话框中，如图 2-36 所示。该对话框能够帮助完成几乎所有的分网工作。但是，如果要用到更高级的分网操作，则需要使用-Mexhing-子菜单。单元属性用于设置整个的或某个图元的单元属性，首先在下拉列表框中选择想设置的图元，单击"Set"按钮；然后在选取对话框中选取该图元的全部（单击"Pick All"按钮）或部分，设置其单元类型、实常数、材料属性、单元坐标系。

使用智能网格选项，可以方便地由程序自动分网，省去分网控制的麻烦。只需要拖动滑块控制分网的精度，其中 1 为最精细，10 为最粗糙，默认精度为 6。

但是，智能分网只适用于自由网格，而不宜映射网格中采用。自由网格和映射网格的区别如图 2-37 所示。

图2-36　网格工具对话框　　　　　　　　图2-37　自由网格和映射网格

局部网格控制提供了更多更细致的单元尺寸设置。可以设置全部（Global）、面（Areas）、线（Lines）、层（Layer）、关键点（Keypts）的网格密度。对面而言，需要设置单元边长；对线来说，可以设置线上的单元数，也可以用 Clear 按钮来清除设置；对线单元，可以把一条线的网格设置复制到另外几条线上，把线上的间隔比进行转换（Flip）；对层单元来说，还可以设置层网格。在某些需要特别注意的关键点上，可以直接设置其网格尺寸（Keypts），来设置关键点附近网格单元的边长。

一旦完成了网格属性和网格尺寸设置，就可以进行分网操作了，其步骤是：

（1）选择对什么图元分网，可以对线、面、体和关键点分网。

（2）选择网格单元的形状（如图 2-36 所示的 Shape 选项：对面而言，为三角形或四边形；对体而言，为四面体或六面体；对线和关键点，该选择是不可选的）。

（3）确定是自由网格（Free）、映射网格（Mapped）还是扫掠分网（Sweep）。对面用映射分网时，如果形体是三面体或四面体，则在下拉列表框中选择"3 or 4 sided"选项；如果形体是其他不规则图形，则在下拉列表框中选择"pick corners"选项。对体分网时，四面体网格只能是自由网格，六面体网格则既可以为映射网格，也可以为扫掠网格。当为扫掠时，在下拉列表框中选择"Auto Src/Trg"选项将自动决定扫掠的起点和终点位置，否则，需要用户指定。

（4）选择好上述选项之后，单击"Mesh"或"Sweep"（对 Sweep 体分网）按钮，选择要分网的图元，就可以完成分网了。注意根据输入窗口的指示来选取面、体或关键点。

对某些网格要求较高的地方，如应力集中区，需要用"Refine"按钮来细化网格。首先选择想要细化的部分，然后确定细化的程度，1 细化程度最小，10 细化程度最大。

要对分网进行更多控制，可以使用-Meshing-级联菜单。该菜单中主要包括如下一些命令：

◆ Size Cntrls：网格尺寸控制。

◆ Mesher Opts：分网器选项。

◆ Concatenate：线面的连接。

◆ Mesh：分网操作。

◆ Modify Mesh：修改网格。

◆ Check Mesh：网格检查。

◆ Clear：清除网格。

4．其他预处理操作

Preprocessor > Checking Ctrls 命令用于对模型和形状进行检查，用该菜单可以控制实体模型（关键点、线、面和体）和有限元模型（节点和面）之间的联系，控制后续操作中的单元形状和参数等。

Preprocessor > Numbering Ctrls 命令用于对图元号和实常数号等进行操作。包括号的压缩和合并、号的起始值设置、偏移值设置等。例如，当对面 1 和面 6 进行了操作，形成一个新面,而面号 1 和面号 6 则空出来了。这时,用压缩面号操作(Compress Numbers)能够把面进行重新编号，原来的 2 号变为 1 号，3 号变为 2 号，依次类推。

Preprocessor > Archive Model 命令用于输入输出模型的几何形状、材料属性、载荷或者其他数据。也可以只输入输出其中的某一部分。实体模型和载荷的文件扩展名为 IGES，其他数据则是命令序列，文件格式为文本。

Preprocessor > Coupling/Ceqn 命令用于添加、修改或删除耦合约束，设置约束方程。

Preprocessor > FLOTRAN Set Up 命令用于设置流体力学选项。包括流体属性、流动环境、湍流和多组分运输、求解控制等选项。由于计算流体力学，特别是对高带流体，存在数值发散困难，所以，选择适当的求解控制非常关键。在 Solution 求解器中也有相同菜单。

Preprocessor > Loads 命令用于载荷的施加、修改和删除。将在 Main Menu > Solution 菜单中介绍。

Preprocessor > Physics 命令用于对单元信息进行读出、写入、删除或者列表操作。当对同一个模型进行多学科分析而又不同时对其分析（如对管路模型分析其结构和 CFD 时），就需要用到该操作。

2.6.3　求解器

Solution 求解器包含了与求解器相关的命令，包括分析选项、加载、载荷步设置、求解控制和求解。启动后，选择 Main Menu > Solution 命令打开求解器菜单如图 2-38 所示。这是一个缩略菜单，用于静态或者完全瞬态分析。可以选择最下面的 Unabridged Menu 命令打开完整的求解器菜单，在完整求解器菜单中选择 Abridged Menu 命令又可以使其恢复为缩略方式。

图2-38　缩略求解器菜单

在完整求解菜单中，大致有如下几类操作：

1. 分析类型和分析选项

Main Menu > Solution > Analysis Type > New Analysis 命令用于开始一次新的分析。在此用户需要决定分析类型。ANSYS 提供了静态分析、模态分析、谐分析、瞬态分析、功率谱分析、屈曲分析和子结构分析。选择何种分析类型要根据所研究的内容、载荷条件和要计算的响应来决定。例如，要计算固有频率，就必须使用模态分析。一旦选定分析类型后，应当设置分析选项，其菜单路径为 Main Menu > Solution > Analysis Type > Analysis Option，不同的分析类型有不同分析选项。

Solution > Restart 命令用于进行重启动分析。有两种重启动分析：单点和多点。绝大多数情况下，都应当开始一个新的分析。对静态、谐波、子结构和瞬态分析可使用一般重启动分析，以在结束点或者中断点继续求解。多点重启动分析可以在任何点处开始分析，只适用于静态或完全瞬态结构分析。重启动分析不能改变分析类型和分析选项。

选择 Solution > Analysis Type > Sol's Control 命令打开一个求解控制对话框，这是一个标签对话框，包含 5 个选项卡。该对话框只适用于静态和全瞬态分析，它把大多数求解控制选项集成在一起。其中包括 Basic 选项卡中的分析类型、时间设置、输出项目，Transient 选项卡的完全瞬态选项、载荷形式、积分参数，Sol's Option 选项卡的求解方法和重启动控制，Nonlinear 选项卡中的非线性选项、平衡迭代、蠕变，Advanced NL 选项卡中的终止条件准则和弧长法选项等。当做静态和全瞬态分析时，使用该对话框很方便。

对某些分析类型，还可能有如下一些分析选项：

◆ ExpasionPass：模态扩展分析。只能用于模态分析、子结构分析、屈曲分析、使用模态叠加法的瞬态和谐分析。

◆ Model Cyclic Sym：进行模态循环对称分析。在分析类型为模态分析时才能使用。

◆ Master DOFs：主自由度的定义、修改和删除，只能用于缩减谐分析、缩减瞬态分析、缩减敢曲分析和子结构分析。

◆ Dynamic Gap Cond：间隙条件设置。它只能用于缩减或模态叠加法的瞬态分析中。

2. 载荷和载荷步选项

DOF 约束（Constraints）：用于固定自由度为确定值。如在结构分析中指定位移或者对称边条，在热分析中指定温度和热能量的平行边条。

集中载荷（Forces）：用在模型的节点或者关键点上。如结构分析中的力和力矩、热分析中的热流率、磁场分析中的电流段。

表面载荷（Surface Loads）：是应用于表面的分布载荷，如结构分析中的压强、热分析中的对流和热能量。

体载荷（Body Loads）：是一个体积或场载荷。如结构分析中的温度、热分析中的热生成率、磁场分析中的电流密度。

惯性载荷（Inertia Loads）：是与惯性（质量矩阵）有关的载荷，如重力加速度、角速度和角加速度，主要用于结构分析中。

耦合场载荷（Coupled-field Loads）：是上面载荷的特殊情况。从一个学科分析的结果成为另一个学科分析中的载荷。如磁场分析中产生的磁力能够成为结构中的载荷。

这 6 种载荷包括了边界条件、外部或内部的广义函数。在不同的学科中，载荷有不同的含义。

◆ 在结构（Structural）中为位移、力压强、温度等。

◆ 在热（Thermal）中为温度、热流率、对流、热生成率、无限远面等。

◆ 在磁（Magnetic）中为磁动势、磁通量、磁电流段、流源密度、无限远面等。

◆ 在电（Electric）中为电位、电流、电荷、电荷密度、无限远面等。

◆ 在流体（Fluid）中为速度、压强等。

Solution > Settings 命令用于设置载荷的施加选项，如表面载荷的梯度和节点函数设置，新施加载荷的方式，如图 2-39 所示。其中，最重要的是设置载荷的添加方式，有 3 种方式：改写、叠加和忽略。当在同一位置施加载荷时，如果该位置存在同类型载荷，则其要么重新设置载荷，要么与以前的载荷相加，要么忽略它。默认情况下是改写。

在该菜单中，还有 Smooth Data（数据平滑）命令，用于对噪声数据进行预定阶数的平滑，并用图形方式显示结果，这时，首先需要用*Dim 定义两个数组矢量，对其赋值后才能平滑。

Solution > Apply 命令用于施加载荷。其中包括结构、热、磁、电、流体学科的载荷选项以及初始条件。只有选择了单元后，这些选项才能成为活动的。

初始条件用来定义节点处各个自由度的初始值，对结构分析而言，还可以定义其初始的速度。初始条件只对稳态和全瞬态分析有效。在定义初始自由度值时，要注意避免这些值发生冲突。例如，当在刚性结构分析中，对一些节点定义了速度，而另外节点定义了初始条件。

Solution > Delete 命令用于删除载荷和载荷步（LS）文件。

Solution > Operate 命令用于载荷操作，包括有限元载荷的缩放、实体模型载荷与有限元载荷的转换、载荷步文件的删除等。

Solution > Load Step Opts 命令用于设置载荷步选项。

一个载荷步就是载荷的一个布局，包括空间和时间上的布局，两个不同布局之间用载荷步来区分。一个载荷步只可能有两种时间状况：阶跃方式和斜坡方式。如果有其他形式的载荷，则需要离散为这两种形式，并以不同载荷步近似表达。

- ◆ 子步是一个载荷步内的计算点，在不同分析中有不同用途。
- ◆ 在非线性静态或稳态分析中，使用子步以获得精确解。
- ◆ 在瞬态分析中，使用子步以得到较小的积分步长。
- ◆ 在谐分析中，使用子步来得到不同频率下的解。

平衡迭代用于非线性分析，是在一个给定的子步上进行的额外计算，其目的是为了收敛。在非线性分析中，平衡迭代作为一种迭代校正，具有重要作用。

载荷步、子步和平衡迭代之间的区别如图 2-40 所示。

图2-39　载荷设置选项　　　　　图2-40　载荷步、子步

在载荷步选项菜单中，包含输出控制（Output Ctrls）、求解控制（Solution Ctrls）、时间/频率设置（Time/Frequency）、非线性设置（Nonlinear）、频谱设置（Spectrm）等。

有 3 种方式进行载荷设置：多步直接设置、利用载荷文件、使用载荷数组参量。其中，Solution > Load Step Opts > From LS File 命令用于读出载荷文件，Solution > Load Step Opts > Write LS File 命令用于写入载荷文件。在 ANSYS 中，载荷文件是以 Jobname.snn 来定义的，其中 nn 代表载荷步号。

3. 求解

Solution > Solve > Current LS 命令用于指示 ANSYS 求解当前载荷步。

Solution > Solve > From LS File 命令用于指示 ANSYS 读取载荷文件中的载荷和载荷选项来求解，可以指定多个载荷步文件。

Solution > Solve > Partial Sou 命令用于指示 ANSYS 只进行分析序列中的某一步，如果只需要组集刚度矩阵或三角化矩阵。当只需要对某一步重复分析，而不需要重复整个分析过程时，使用该命令效率很高。

多数情况下，使用"Current LS"命令就可以了。

Solution > Flotran Setup 和 Run Flotran 命令用于设置流体动力学选项和运行流体动力学计算程序。

2.6.4 通用后处理器

当一个分析运行完成后，需要检查分析是否正确、获得并输出有用结果，这就是后处理器的功能。

后处理器分为通用后处理器和时间历程后处理器，前者用于查看一载荷步和子步的结果。也就是说，它是在某一时间点或频率点上，对整个模型显示或列表；后者则用于查看某一空间点上的值随时间的变化情况。为了查看整个模型在时间上的变化，可以使用动画技术。

在命令窗口中，输入"/POST1"进入通用后处理器，输入"/POST26"进入时间历程后处理器。

求解阶段计算的两类结果数据是基本数据和导出数据。基本数据是节点解数据的一部分，指节点上的自由度解。导出数据是由基本数据计算得到的，包括节点上除基本数据外解数据。不同学科分析中的基本数据和导出数据见表 2-3。在后处理操作中，需要确定要处理的数据是节点解数据还是单元解数据。

表2-3　基本数据和导出数据

学科	基本数据	导出数据
结构分析	位移	应力、应变、反作用力等
热分析	温度	热流量、热流梯度等
流场分析	速度、压强	压强梯度、热流量等
电场分析	标量电势	电场、电流密度等
磁场分析	磁势	磁能量、磁流密度等

通用后处理器包含了以下一些功能：结果读取、结果显示、结果计算、解的定义和修改等。

1. 结果读取

General Postproc > Data & File Opts 命令用于定义从哪个结果文件中读取数据和读入哪些数据。如果不指定，则从当前分析结果文件中读入所有数据。其文件名为当前工程名，扩展名以 R 开头，不同学科有不同扩展名。结构分析的扩展名为 RST，流体动力学分析的扩展名为 RFL，热力分析的扩展名为 RTH，电磁场分析的扩展名为 RMG。

General Postproc > Read Results 子菜单用于从结果文件中读取结果数据到数据库，如图 2-41 所示。ANSYS 求解后，结果并不自动读入到数据库，然后对其进行操作和后处理。正如前面提到的，通用后处理器只能处理某个载荷步或载荷子步的结果，所以，只能读入某个载荷步或子步的数据。

◆ First Set：读第一子步数据。
◆ Next Set：读下一子步数据。
◆ Previous Set：读前一子步数据。
◆ Last Set：读最后一子步数据。
◆ By Load Step：通过指定载荷步及其子步来读入数据。
◆ By Time/Freq：通过指定时间或频率点读取数据，具体读入时间或频率的值由所进行的分析决定。当指定的时间或频率点位于分析序列的中间某点时，程序自动用内插法设置该时间点或频率点的值。

◆ By Set Number：直接读取指定步的结果数据。

General Postproc > Options for Outp 命令用于控制输出选项。

```
⊟ General Postproc
   ▣ Data & File Opts
   ▣ Results Summary
   ⊟ Read Results
      ▣ First Set
      ▣ Next Set
      ▣ Previous Set
      ▣ Last Set
      ▣ By Pick
      ▣ By Load Step
      ▣ By Time/Freq
      ▣ By Set Number
   ⊞ Failure Criteria
   ▣ Options for Outp
   ▣ Results Viewer
   ⊞ Load Case
   ⊞ Check Elem Shape
   ▣ Write Results
   ⊞ ROM Operations
   ⊞ Fatigue
   ⊞ Define/Modify
   ⊞ Manual Rezoning
```

图2-41　结果读取选项

2．结果显示

在通用后处理器中，有3种结果显示：图形显示、列表显示和查询显示。

General Postproc > Plot Result 命令用于以显示图形结果。ANSYS 提供了丰富的图形显示功能。包括：变形显示（Deformed Shape）、等值线图（Contour Plot）、矢量图（Vector Plot）、轨线图（Plot Path Item）、流动轨迹图（Flow Trace）以及浇混图（Concrete Plot）。

绘制这些图形之前，必须先定义好所要绘制的内容，如是角节上的值、中节点的值，还是单元上的值。

确定对什么结果项目感兴趣，是压强、应力、速度还是变形等。有的图形能够显示整个模型的值，如等值线图。而有的只能显示其中某个或某些点处的值，如流动轨线图。

在 Utility Menu：Plot > Result 菜单中，也有相应的图形绘制功能。

General Postproc > List Results 命令用于对结果进行列表显示，可以显示节点解数据（Nodal Solution）、单元解数据（Element Solution）；也可以列出反作用力（Reaction Sou）或者节点载荷（Nodal Loads）值；还可以列出单元表数据（Elem Table Data）、矢量数据（Vector Data）、轨线上的项目值（Path Items）等。

列表结果也可以以某一解的升序或降序排列（Sorted Node 和 Sorted Elems）。

在 Utility Menu：List > Results 菜单中，也有响应有列表功能。但用菜单的列表命令显得按部就班一些，也更符合习惯用法。

Query Results 命令显示结果查询，可直接在模型上显示结果数据。例如，为了显示某点的速度，选取 Query Result > Subgrid Solu 命令，在打开对话框中选择速度选项，然后在模型中选取要查看的点，解数据即出现在模型上。也可以使用三维注释功能，使得在三维模型的各个方向都能看到结果数据，要使用该功能，只要选中查询选取对话框中的 generate 3D Anno 复选框即可。

3．结果计算

General Postproc > Nodal Calcs 命令用于计算选定单元的合力、总的惯性力矩或者对其他一些变量做选定单元的表面积分。可以指定力矩的主轴，如果不指定，则默认的以结果坐标系(RSYS)轴为主轴。

General Postproc > Element Table命令用于单元表的定义、修改、删除和其他一些数学运算。

在ANSYS中，单元表有两个功能：

它是在结果数据中进行数学运算的工作空间。

可以通过它得到一些不能直接得到的与单元相关的数据，如某些导出数据。

事实上，单元表相当于一个电子表格，每一行代表了单元，每一列代表了该单元的项目，如单元体积、重心、平均应力等。定义单元表时，要注意以下几项：

General Postproc > Element Table > Define Table命令只用于对选定单元进行列表。也就是说，只有那些选定单元的数据才能复制到单元表中。通过选定不同单元，可以填充不同的表格行。

相同的顺序号组合可以代表不同单元形式的不同数据。所以，如果模型有单元形式的组合，注意选择同种形式的单元。

读入结果文件后，或改变数据后，ANSYS程序不会自动更新单元表。

用"Define Table"命令来选择单元上要定义的数据项，如压强、应力等。然后使用"Plot Elem Table"命令来显示该数据项的结果，也可以用"List Elem Table"命令对数据项进行列表。

ANSYS提供了如下一些单元表运算操作，这些运算是对单元上的数据项进行操作。

◆ Sum of Each Item：列求和。对单元表中的某一列或几列求和，并显示结果。

◆ Add Items：行相加。两列中，对应行相加，可以指定加权因子及其相加常数。

◆ Multiply：行相乘。两列中，对应行相乘，可以指定乘数因子。

◆ Find Maximum和Find Minimum：两列中，对应行各乘以一个因子，然后比较并列出其最大或最小值。

◆ Exponentiate：对两列先指数化后相乘。

◆ Cross Product：对两个列矢量取叉积。

◆ Dot Product：对两个列矢量取点积。

◆ Abs Value Option：设置操作单元表时，在加、减、乘和求极值操作之前，是否先对列取绝对值。

◆ Erase Table：删除整个单元表。

General Postproc > Path Operation命令用于轨线操作。所谓轨线，就是模型上的一系列点，这些点上的某个结果项及其变化是用户关心的。而轨线操作就是对轨线定义、修改和删除，并把关心的数据项（称为"轨线变量"）映射到轨线上来。然后就可以对轨线标量进行列表或图形显示了。这种显示通常是以到第一个点的距离为横坐标。

General Postproc > Fatigue命令用于对结构进行疲劳计算。

General Postproc > Safety Factor命令用于计算结构的安全系数，它把计算的应力结果转换为安全系数或者安全裕度，然后进行图形或者列表显示。

4. 解的定义和修改

General Postproc > Submodeling命令用于对子模型数据进行修改和显示。

General Postproc > Nodal Results命令用于定义和修改节点解。

General Postproc ＞ Elem Results 命令用于定义和修改单元解。

General Postproc ＞ Elem Tabl Data 命令用于定义或修改单元表格数据。

首先选取想修改的节点或单元，然后选取要修改的数据项，如应力、压强等，然后输入其值，对某些项（如应力项），存在 3 个方向的值，则可能需要输入 3 个方向的数据。即使不进行求解（Solution）运算，也可以定义或修改解结果，并像运算得到结果一样进行显示操作。

General Postproc ＞ Reset 命令用于重要通用后处理器的默认设置。该函数将删除所有单元表、轨线、疲劳数据和载荷组指针。所以要小心使用该函数。

2.6.5　时间历程后处理器

时间历程后处理器可以用来观察某点结果随时间或频率的变化，如图 2-42 所示。包含图形显示、列表、微积分操作、响应频谐等功能。一个典型的应用是在瞬态分析中会制结果项与时间的关系，或者在非线性结构中画出力与变形的关系。在 ANSYS 中，该处理器为 POST26。

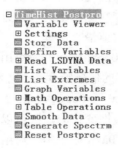

图2-42　时间历程后处理器

所有的 POST26 操作都是基于变量的，此时，变量代表了与时间（或频率）相对应的结果项数据。每个变量都被赋予一个参考号，该参考号大于等于 2，参考号 1 赋给了时间（或频率）。显示、列表或者数学运算都是通过变量参考号进行的。

TimeHist Postpro ＞ Settings 命令用于设置文件和读取的数据范围。默认情况下，最多可以定义 10 个变量，但可以通过 Settings ＞Files 命令来设置多达 200 个的变量。默认情况下，POST26 使用 POST1 中的结果文件，但可以使用 Settings ＞ Files 命令来指定新的时间历程处理结果文件。

Settings ＞ Data 命令用于设置读取的数据范围及其增量。默认情况下，读取所有数据。

HimeHist Postpro ＞ Define Variable 命令用来定义 POST26 变量，可以定义节点解数据、单元解数据和节点反作用力数据。

HimeHist Postpro ＞ Store Data 命令用于存储变量，定义变量时，就建立了指向结果文件中某个数据指针，但并不意味着已经把数据提取到了数据库中。存储变量则是把数据从结果文件复制到数据库中。有 3 种存储变量的方式。

◆ MERGE：添加新定义的变量到以前的存储的变量中。也就是说，数据库中将增加更多列。

◆ NEW：替代以前存储的变量，删除以前计算的变量，存储新定义的变量。当改变了时间范围或其增量时，应当用此方式。因为以前存储的变量与当前的时间范围不致了，也就是说，以前定义的变量与当前的时间点并不存在对应关系了，显然这些变量也就没有意义了。

◆ APPEND：追加数据到以前存储的变量。当要从两个文件中连接同一个变量时，这种方式是很有用的。当然，首先需要选择 Main Menu > TimeHist Postpro > Settings > Files 命令来设置结果文件名。

TimeHist Postpro > List Variables 命令用于列表方式显示变量值。

TimeHist Postpro > List Extremes 命令用于列出变量的极大极小值及对应的时间点，对复数而言，它只考虑其实部。

TimeHist Postpro > Graph Variables 命令用于以图形显示变量随时间/频率的变化。对复数而言，默认情况下显示负值，可以通过 HimeHist Postpro > Setting > Graph 命令进行修改，以显示实部、虚部或者相位角。

TimeHist Postpro > Math Operations 命令用于定义的变量进行数学运算。例如，在瞬态分析时定义了位移变量，将其对时间求导就得到速度变量，再次求导就得到加速度。其他一些数学运算包括加、乘、除、绝对值、方根、指数、常用对数、自然对数、微分、积分、复数的变换和求最大值最小值等。

TimeHist Postpro > Table Operations 命令用于变量和数组和数组之间的赋值。首先设置一个矢量数组，然后把它的值赋给变量，也可以把 POST26 变量值赋给该矢量值数组，还可以直接对变量赋值（Table Operations > Fill Data），此时，可以对变量的元素逐个赋值，如果要赋的值是线性变化的，则可以设置其初始值及变化增量。

TimeHist Postpro > Smooth Data 命令用于对结果数据进行平滑处理。要设置数据平滑的点和阶数，以及如何绘制平滑后的数据。

TimeHist Postpro > Generate Spectrm 命令允许在给定的位移时间历程中生成位移、速度、加速度响应谱，频谱分析中的响应谱可用于计算整个结构的响应。该菜单操作通常用于单自由度系统的瞬态分析。它需要两个变量，一个是含有响应谱的频率值，另一个是含有位移的时间历程。频率值不仅代表响应谱曲线的横坐标，也代表用于产生响应谱的单自由度激励的频率。

TimeHist Postpro > Reset PostProc 命令重置后处理器。这将删除所有定义的变量及设置的选项。

退出 POST26 时，将删除其中的变量、设置选项和操作结果。由于这些不是数据库的内容，故不能保存。然而，这些命令保存在 LOG 文件中。所以，当退出 POST26 后，再重新进入时，要重新定义变量。

2.6.6 记录编辑器

记录编辑器（Session Editor）记录了在保存或者恢复操作之后的所有命令。单击该命令后将打开一个编辑器窗口，可以查看其中的操作或者编辑命令，如图 2-43 所示。

窗口上方的菜单具有如下功能：

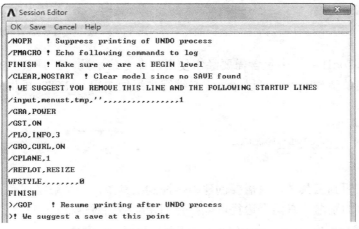

图2-43　记录编辑器

◆ OK：输入显示在窗口中的操作序列，此菜单用于输入修改后的命令。

◆ Save：将显示在窗口中的命令保存为分开的文件。其文件名为"jobname???. cmds"，其中序号依次递增。可以用/INPUT命令输入已经存盘的文件。

◆ Cancel：放弃当前窗口的内容，回到ANSYS主界面中。

◆ Help：显示帮助。

2.7　输出窗口

输出窗口（Output Window）接受所有从程序来的文本输出：命令响应、注解、警告、错误以及其他信息。初始时，该窗口可能位于其他窗口之下。

输出窗口的信息能够指导用户进行正确操作。典型的输出窗口如图2-44所示。

图2-44　输出窗口

2.8 工具条

工具条（Toolbar）中包含需要经常使用的命令或函数。工具条上的每个按钮对应一个命令或菜单函数或宏。可以通过定义缩写来添加按钮。ANSYS 提供的默认工具条如图 2-45 所示。

图2-45 工具条

要添加按钮到工具条，只需要创建缩略词到工具条，一个缩略词是一个 ANSYS 命令或者 GUI 函数的别名。有两个途径可以打开创建缩略词对话框。

选择 Utility Menu ： MenuCtrls > Edit Toolbar 命令。

选择 Utility Menu ： Macro > Edit Abbreviations 命令。

工具条上能够立即反映出在该对话框中所做的修改。

在输入窗口中输入"*ABBR"也可以创建缩略词，但使用该方法时，需要选择 Utility Menu ： MenuCtrls > Update Toolbar 命令更新工具条。

缩略词在工具条上的放置顺序由缩略词的定义顺序决定，不能在 GUI 中修改。但可以把缩略词集保存为一个文件，编辑这个文件，就可以改变其次序。其菜单路径为 Utility Menu ： MenuCtrls > Save Toolbar 或 Utility Menu ： Macro > Save Abbr。

由于有的命令或者菜单函数对应不同处理器，所以在一个处理器下单击其他处理器的缩略词按钮时，会打开"无法识别的命令"警告。

2.9 图形窗口

图形窗口（Graphics Window）是图形用户界面操作的主窗口，用于显示绘制的图形，包括实体模型、有限元网格和分析结果，它也是图形选取的场所。

ANSYS 能够利用图形和图片描述模型的细节，这些图形可以在显示器上查看、存入文件，或者打印输出。

ANSYS 提供了两种图形模式：交互式图形和外部图形。前者指能够直接在屏幕终端查看的图形，后者指输出到文件中的图形，可以控制一个图形或者图片是输出到屏幕还是到文件。通常，在批处理命令中，是将图形输出到文件。

本节主要介绍图形窗口，并简单介绍如何把图形输出到外部文件。

可以改变图形窗口的大小，但保持其宽高比为 4:3 在视觉上会显得好一些。

图形窗口的标题显示刚完成的命令。当打开多个图形窗口时，这一点很有用。

在 PREP7 模块中时，标题中还将显示如下信息：

◆ 当前有限元类型属性指示（type）。

◆ 当前材料属性指示（mat）。

◆ 当前实常数设置属性指示（real）。

◆ 当前坐标系参考号（csys）。

2.9.1 图形显示

通常，显示一个图形需要两个步骤：

（1）选择 Utility Menu：PlotCtrls 命令设置图形控制选项。

（2）选择 Utility Menu：Plot 命令绘图。可以绘制的图形有很多，包括几何显示，如节点、关键点、线和面等；结果显示，如变形图、等值线图和结果动画等；曲线图显示，如应力应变曲线、时间历程曲线和轨线图等。

在显示之前，或者在绘图建模之前，有必要理解图形的显示模式。在图形窗口中，有两种显示模式：直接模式和 XOR 模式。只能在预处理器中才能切换这两种模式，在其他处理器中，直接模式是无效的。如图 2-46 所示为用于计算无限长圆柱体的模型，可以通过纹理等控制来使模型更真实美观。

图2-46 ANSYS图形窗口

1. 直接模式

GUI 在默认情况下，一旦创建了新图元，模型会立即显示到图形窗口中，这就叫直接模式。然而，如果在图形窗口中有菜单或者对话框的话，移动菜单或对话框将把图形上的显示破坏掉，而且，改变了图形窗口大小。例如，将图形窗口缩小为图标，然后再恢复时，直接模式显示的图将不会显示，除非进行其他绘图操作，如用"/REPLOT"命令重新绘制。

直接模式自动对用户的图形绘制和修改命令进行显示。要注意的是，它只是一个临时性显示，所以当图形窗口被其他窗口覆盖，或者图形最小化之后，图形将被毁坏。

窗口的缩放依赖于最近的绘图命令，如果新的实体位于窗口之外，将不能完全显示新的实体。为了显示完整的新的实体，需要一个绘图指令。

数字或者符号（如关键点的序号或者边界符号）以直接模式绘制。所以它们符合上面两条规则，除非在 PlotCtrls 中明确指出要打开这些数字或符号。

当定义了一个模型但是又不需要立即显示时，可以用下面的操作关闭直接显示模式。

选择 Utility Menu：PlotCtrls ＞ Erase Options ＞ Immediate Disply 命令。

在输入窗口中输入"IMMED"命令。

当不用 GUI 而交互运行 ANSYS 时，默认情况下，直接模式是关闭的。

2．XOR 模式

该模式用来在不改变当前已存在的显示的情况下，迅速绘制或擦除图形，也用来显示工作平面。

使用 XOR 模式的好处是它产生一个即时显示，该显示不会影响窗口中的已有图形，缺点是当在同一个位置两次创建图形时，它将擦除原来的显示。例如，当在已有面上再画一个面时，即使用"/Replot"命令重画图形，也不能得到该面的显示。但是在直接模式下时，当打开了面号（Utility Menu： PlotCtrls ＞ Numbering）时，可以立刻看到新绘制的图形。

3．矢量模式和光栅模式

矢量模式和光栅模式对图形显示有较大影响。矢量模式只显示图形的线框，光栅模式则显示图形实体；矢量模式用于透视，光栅模式用于立体显示。一般情况下都采用光栅模式，但是，在图形查询选取等情况下，用矢量模式是很方便的。

选择 Utility Menu：PlotCtrls ＞ Device Options 命令，然后选中"vector mode"复选框，使其变为"On"或者"Off"。可以在矢量模式和光栅模式间切换。

2.9.2　多窗口绘图

ANSYS 提供了多窗口绘图，使得在建模时能够从各个角度观察图形，在后处理时能够方便地比较结果。进行多窗口操作的步骤如下：

（1）定义窗口布局。

（2）选择想要在窗口中显示的内容。

（3）如果要显示单元和图形，选择用于绘图的单元和图形显示类型。

（4）执行多窗口绘图操作，显示图形。

1．定义窗口布局

所谓窗口布局，即窗口外观，包括窗口的数目、每个窗口的位置及大小。

Utility Menu： PlotCtrls ＞ Multiwindow Layout 命令用于定义窗口布局，对应的命令是/WINDOW。

在打开的对话框中，包括如下一些窗口布局设置：

◆ One Window：单窗口。

◆ Two(Left-Right)：两个窗口，左右排列。

◆ Two(Top-Bottom)： 两个窗口，上下排列。

◆ Three(2Top/Bot)：三个窗口，两个上面，一个下面。

◆ Three(Top/2Bot) ：三个窗口，两个下面，一个上面。

◆ Four(2Top/2Bot) ：四个窗口，两个上面，两个下面。

在该对话框中，Display upon OK/Apply 选项的设置比较重要。有如下一些选项：

◆ No Redisplay：单击"OK"按钮或者"Apply"按钮后，并不更新图形窗口。

◆ Replot：重新绘制所有图形窗口的图形。

◆ Multi-Plots：多重绘图，实现窗口之间的不同绘图模式时，通常使用该选项，例如，

在一个窗口内绘制矢量图，在另一个窗口内绘制等值线图。

还可以选择 Utility Menu ： PlotCtrls > Windows Ctrls > Window Layout 命令定义窗口布局，打开的对话框如图 2-47 所示。

图2-47　窗口布局

首先选择想要设置的窗口号 WN，然后设置其位置和大小 Window geometry，对应的命令是/WINDOW。这种设置将覆盖 Multiwindow Layout 设置。具体地说，如果定义了 3 个窗口，两个在上，一个在下，则在上的窗口为 1 和 2，在下的窗口为 3。如果用/WINDOW 命令设置窗口 3 在右半部分，则它将覆盖窗口 2。

在该对话框中，如果在 Window geometry 下拉列表框中选择 Picked 选项，则可以用鼠标选取窗口的位置和大小，也可以从输入窗口中输入其位置，在输入时，以整个图形窗口的中心作为原点。例如，对原始尺寸来说，设置（-1.0，1.67，1.1）表示原始窗口的全屏幕。Utility Menu：PlotCtrls > Style > Colors > Window Colors 命令用于设置每个窗口的背景色。

2．设置显示类型

一旦完成了窗口布局设置，就要选择每个窗口要显示的类型。每个窗口可以显示模型图元、曲线图或其他图形。

Utility Menu：PlotCtrls > Multi-Plot Controls 命令用来设置每个窗口显示的内容。

在打开的对话框中，首先选择要设置的窗口号（Edit Window），但绘制曲线图时，不用设置该选项。因为程序默认情况是绘制模型（实体模型和有限元模型）的所有项目，包括关键点、线、面、体、节点和单元。在单元选项中，可以设置当前的绘图是单元，还是 POST1 中的变形、节点解、单元解，或者单元表数据的等值线图、矢量图。

这些绘图设置与单个窗口的绘图设置相同，例如，绘制等值线图或者矢量图打开的对话框与在通用后处理中打开的对话框是一样的。

为了绘制曲线图，应当将"Display Type"设置为"Graph Plots"，这样就可以绘制所有的曲线图，包括材料属性图、轨线图、线性应力和数组变量的列矢量图等。对应的命令为/GCMD。

完成这些设置后，还可以对所有窗口进行通用设置，菜单路径为 Utility Menu：PlotCtrls > Style，关于图形的通用设置，也就是设置颜色、字体、样式等。

尽管多窗口绘图可以绘制不同类型的图，但是，其最主要的用途是在三维建模过程中。在图形用户交互建模过程中，可以设置 4 个窗口，其中一个显示前视图，一个显示顶视图，一个显示左视图，另一个则显示 Iso 立体视图。这样，就可以很方便地理解图形并建模。

3. 绘图显示

设置好窗口后，选择 Utility Menu：Plot > Multi-Plot 命令，就可以进行多窗口绘图操作了，对应的命令是 GPLOT。

以下是一个多窗口绘图的命令及结果（假设已经进行了计算）完整的命令序列（可以在命令窗口内逐行输入）：

```
/POST1
SET, LAST                    ! 读入数据到数据库
/WIND, 1, LEFT               ! 创建两个窗口，左右排列
/WIND, 2, RIGHT
/TRIAD, OFF                  ! 关闭全局坐标显示
/PLOPTS, INFO, 0             ! 关闭图例
/GTYPE, ALL, KEYP, 0         ! 关闭关键点、线、面、体和节点的显示
/GTYPE, ALL, LINE, 0
/GTYPE, ALL, AREA, 0
/GTYPE, ALL, VOLU, 0
/GTYPE, ALL, NODE, 0
/GTYPE, ALL,  ELEM, 1        ! 在所有窗口中都使用单元显示
/GCMD, 1, PLDI, 2            ! 在窗口 1 中绘制变形图，2 代表了绘制未变形边界
/GCMD, 2, PLVE, U            ! 在窗口 2 中绘制位移矢量图
GPLOT                        ! 执行绘制命令
```

所得结果如图 2-48 所示。

图2-48　多窗口绘图

4. 图形窗口的操作

定义了图形窗口，在完成绘图操作之前或之后，可以对窗口及其内容进行复制、删除、激活或者关闭窗口。

Utility Menu：PlotCtrls ＞ Window Controls ＞ Window On or Off 命令用于激活或者关闭窗口，对应的命令是/WINDOW,wn,ON 或者/WINDOW,wn,OFF。其中 wn 是窗口号。

Utility Menu：PlotCtrls ＞ Window Controls ＞ Delete Window 命令用于删除窗口，对应的命令是/WINDOW,wn,DELE。

Utility Menu：PlotCtrls ＞ Window Controls ＞ Copy Windows 命令用于把一个窗口的显示设置复制到另一个窗口中。

Utility Menu：PlotCtrls ＞ Erase Options ＞ Erase between Plots 命令是一个开关操作。如果不选中该选项，则在屏幕显示之间不会进行屏幕擦除。这使得新的显示在原有显示上重叠，有时，这种重叠是有意义的，但多数情况下，它只能使屏幕看起来很乱。其对应的命令是/NOERASET 和/ERASE。

5．捕获图像

捕获图像能够得到一个图像快照，用户通过对该图像存身盘或恢复，来比较不同视角、不同结果或者其他有明显差异的图像。其菜单路径为 Utility Menu：PlotCtrls ＞ Capture Image。

2.9.3 增强图形显示

ANSYS 提供有两种图形显示方式。

全模式显示方式：菜单路径为 Toolbar ＞ POWRGRPH，在打开的对话框中，选择 OFF，对应的命令为 GRAPHICS,FULL。

增强图形显示方式：菜单路径为 Toolbar ＞ POWRGRPH，在打开的对话框中，选择 ON，对应的命令为 GRAPHICS,POWER。

默认情况下，除存在电路单元外，所有其他分析都使用增强图形显示方式。通常情况下，能用增强图形显示时，尽量使用它，因为它的显示速度比全模式显示方式快很多，但是，有一些操作只支持增强图形显示方式，有一些绘图操作只支持全模式方式。除了显示速度快这个优点外，增强图形显示方式还有很多优点：

对具有中节点的单元绘制二次表面。当设置多个显示小平面（Utility Menu：PlotCtrls ＞ Style ＞ Size and Shape）时，用该方法能够绘制有各种曲率的图形，指定的小平面越多（1～4），绘制的单元表面就越光滑。

对材料类型和实常数不连续的单元，它能够显示不连续结果。

壳单元的结果可同时在顶层和底层显示。

可用 QUERY 命令在图形用户界面方式下查询结果。

使用增强图形显示方式的缺点如下：

◆ 不支持电路单元。

◆ 当被绘制的结果数据不能被增强图形显示方式支持时，结果将用全模式绘制出来。

◆ 在绘制结果数据时，它只支持结果坐标系下的结果，而不支持基于单元坐标系的绘制。

◆ 当结果数据要求平均时，增强图形显示方式只用于绘制或者列表模型的外表面，

61

而全模型方法则对整个外表面和内表面的结果都进行平均。

◆ 使用增强图形显示方式时，图形显示的最大值可能和列表输出的最大值不同，因为图形显示非连续处是不进行结果平均，而列表输出则是在非连续处进行了结果平均。

POWERGRAPHIC 还有其他一些使用上的限制，它不能支持如下命令：/CTYPE、DSYS、/EDGE、/ESHAPE、*GET、/PNUM、/PSYMB、RSYS、SHELL 和*VGET。另外有些命令，不管增强图形显示方式是否打开，都使用全模式方式显示，如/PBF、PRETAB、PRSECT 等。

2.10　个性化界面

图形用户界面可以根据用户的需要和喜好来定制，以获得个性化的界面。存在不同的定制水平，由低到高依次为：

◆ 改变 GUI 布局。

◆ 改变颜色和字体。

◆ 改变 GUI 的启动菜单。

◆ 菜单链接和对话框设计。

2.10.1　改变字体和颜色

可能通过 Windows 控制面板改变 GUI 组件的颜色、字体。对于 UNIX 系统，通过编辑 X-资源文件来改变字体和颜色。要注意的是，在 Windows 系统下，如果把字体设为大字体，可能会使屏幕不能显示某些大对话框和菜单的完整组件。

在 ANSYS 程序内，可以改变出现在图形窗口的数字和文字的属性，如颜色、字体和大小。其菜单路径为 Utility Menu：Plot Controls > Font Controls 和 Utility Menu：PlotCtrls > Style > Colors。

可以改变 ANSYS 的背景显示，使其显示带有颜色或纹理，以更富有表现力。对应的菜单路径为 Utility Menu：PlotCtrls > Style > Background。

2.10.2　改变 GUI 的启动菜单显示

默认情况下，启动时 6 个主要菜单（通用菜单、主菜单、工具条、输入窗口、输出窗口和图形窗口）都将出现。但可以用/MSTART 命令来选择哪些菜单在启动时出现。

首先在 ANSYS Inc\v180\ansys\apdl 文件中找到并打开文件"start180.ans"，然后添加/MSTART 命令。例如，为了在启动时不显示主菜单，而显示移动—缩放—旋转菜单，添加的命令为：

◆ /MSTART, MAIN, OFF

◆ /MSTART, ZOOM, ON

用这种方式，在 ANSYS 启动时要选择读取"start180.ans"文件。

2.10.3　改变菜单链接和对话框

这是高级的 GUI 配置方式，为了分析更为方便，可以改变菜单链接、改变对话框的设计、添加链接于菜单的对话框（其内部形式是宏）。

ANSYS 程序在启动时读入"menulist180.ans"文件，该文件列出了包含在 ANSYS 菜单中所有文件名。通常，该文件存在于 ANSYS Inc\v180\ansys\gui\en-us\UIDL 子目录下。但是，工作目录和根目录下的"menulist180.ans"文件也将被 ANSYS 搜索，从而允许用户设置自己的菜单系统。

如果要修改 ANSYS 菜单和对话框，需要学习 ANSYS 高级 GUI 编程语言 UIDL(User Interface Design Language)。

另一种修改菜单链接和对话框的方法是使用工具命令语言和工具箱 Tcl/Tk(Tool Command Language and Toolkit)。

第 **3** 章

建立实体模型

本章介绍建立有限元模型的两种方法，输入法和创建法。其中创建法分为从上而下和从下而上。

- 几何模型的输入
- 对输入模型修改
- 自主建模

3.1 实例导航——几何模型的输入

建立有限元模型有两种方法：输入法和创建法。输入法是直接输入由其他 CAD 软件创建好的实体模型，创建法是在 ANSYS 中从无到有地创建实体模型。两者并不是完全分开的。

3.1.1 输入 IGES 单一实体

1. 清除 ANSYS 的数据库

（1）选择实用菜单 Utility Menu：File ＞ Clear & Start New…。

（2）在打开的"Clear Database and Start New"对话框中，选择"Read file"，单击"OK"按钮，如图 3-1 所示。

（3）打开确认对话框，单击"Yes"按钮，如图 3-2 所示。

图3-1　建立新的文件

图3-2　建立新文件的确认对话框

2. 改作业名为"actuator"

（1）选择实用菜单 Utility Menu：File ＞ Change Jobname…

（2）打开"Change Jobname"对话框，在文本框中输入"actuator"作为新的作业名，然后单击"OK"按钮，如图 3-3 所示。

图3-3　设置新的工作名

3. 用默认的设置输入"actuator.iges"IGES 文件

（1）选择实用菜单 Utility Menu：File ＞ Import ＞ Iges…。

（2）在打开的"Import IGES File"对话框中，选择导入的参数，然后单击"OK"按钮，如图3-4所示。

（3）打开"Import IGES File"对话框，选择"Browse…"按钮，如图3-5所示。

图3-4　选择导入参数

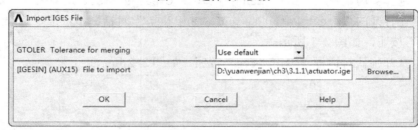

图3-5　选择"Browse…"按钮

（4）在浏览对话框"File to import"中，选择"actuator.iges"，然后单击"打开"按钮，如图3-6所示。

图3-6　选择actuator.iges

（5）这样会得到输入模型后的结果，如图3-7所示。

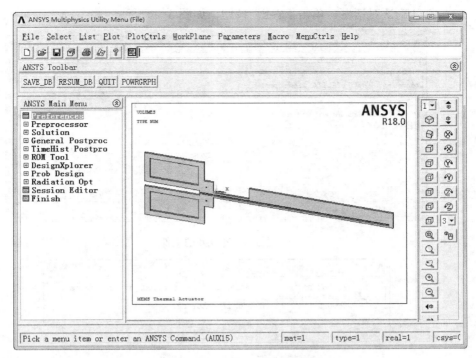

图3-7　输入IGES文件后的结果

4. 保存数据库

在工具条上单击"SAVE_DB"按钮。

本例操作的命令流如下：

```
/CLEAR
! 清除 ANSYS 的数据库
/FILNAME, actuator, 0
! 改作业名为"actuator"
/AUX15
!进入导入"IGES"模式
IGESIN,'actuator','iges',' '
!假设该模型位置在 ANSYS 的默认目录。
VPLOT
SAVE
! 保存数据库
FINISH
```

3.1.2　输入 SAT 单一实体

1. 清除 ANSYS 的数据库

（1）选择实用菜单 Utility Menu：File ＞ Clear & Start New…。

（2）在打开的"Clear Database and Start New" 对话框中，选择"Read file"单选项，单击"OK"按钮，如图 3-8 所示。

（3）打开确认对话框，单击"Yes"按钮，如图3-9所示。

图3-8 建立新的文件

图3-9 建立新文件的确认对话框

2．改作业名为"bracket"

（1）选择实用菜单 Utility Menu：File ＞ Change Jobname…。

（2）打开"Change Jobname"对话框，在文本框中输入"bracket" 作为新的作业名，然后单击"OK"按钮，如图3-10所示。

图3-10 设置新的工作名

3．输入"bracket.sat" SAT 文件

（1）选择实用菜单 Utility Menu：File ＞ Import ＞ ACIS…，如图3-11 所示。

（2）在打开的文件对话框中选择"bracket.sat" SAT 文件，然后单击"OK"按钮，如图 3-12 所示。

4．打开"Normal Faceting"。

（1）选择实用菜单 Utility Menu：PlotCtrls ＞ Style ＞ Solid Model Facets…

（2）在打开的对话框中，在下拉列表中选择"Normal Faceting"，然后单击"OK"按钮，如图 3-13 所示。

（3）选择实用菜单 Utility Menu：Plot ＞ Replot。

5．保存数据库

在工具条上单击"SAVE_DB"按钮。得到如图 3-14 所示的结果。

图3-11 输入SAT文件

图3-12 选择SAT文件

图3-13 打开Normal Faceting

本例操作的命令流如下：

```
/CLEAR
! 清除 ANSYS 的数据库
/FILNAME, bracket, 0
! 改作业名为 "bracket"
~SATIN,'E:\ANSYS\yuanwenjian\bracket','sat',,SOLIDS,0
!假设该模型文件的路径为 "E:\ANSYS\yuanwenjian\bracket"
/FACET, NORML
! 打开 "Normal Faceting"
/REPLOT
SAVE
! 保存数据库
FINISH
```

图3-14 输入SAT文件后的结果

3.1.3 输入 SAT 实体集合

在 ANSYS 中输入 SAT 集合存在两种方式，直接输入 SAT 集合和分别输入集合中的部件以在 ANSYS 中形成集合。

1. 在 ANSYS 程序中直接输入 SAT 集合

（1）清除 ANSYS 的数据库。

1）选择实用菜单 Utility Menu：File > Clear & Start New…。

2）在打开的"Clear Database and Start New"对话框中，选择"Read file"，单击"OK"按钮。

3）这里会打开确认对话框，单击"Yes"按钮。

（2）改作业名为"bracket-assy"。

1）选择实用菜单 Utility Menu：File > Change Jobname…。

2）打开"Change Jobname"对话框，在文本框中输入"bracket-assy"作为新的作业名，然后单击"OK"按钮。

（3）输入"bracket-assy.sat"SAT 文件。

1）选择实用菜单 Utility Menu：File > Import > ACIS…，如图 3-15 所示。

2）在打开文件对话框中选择"bracket-assy.sat"SAT 文件，然后单击"OK"按钮，如图 3-16 所示。

（4）打开"Normal Faceting"。

1）选择实用菜单 Utility Menu：PlotCtrls > Style > Solid Model Facets…

2）在打开的对话框中，在下拉列表中选择"Normal Faceting"，然后单击"OK"按钮，如图3-17所示。

图3-15　输入SAT文件　　　　　　　　图3-16　选择SAT文件

图3-17　打开Normal Faceting　　　　图3-18　打开实体编号开关

3）选择实用菜单 Utility Menu：Plot > Replot。

（5）打开实体编号开关。

1）选择实用菜单 Utility Menu：PlotCtrls > Numbering…。

2）在打开的对话框中，将实体编号开关设为"On"，然后单击"OK"按钮，如图3-18所示。

3）选择实用菜单 Utility Menu：Plot > Volumes。

（6）保存数据库。在工具条上单击"SAVE_DB"按钮，得到如图3-19所示的结果。

本例操作的命令流如下：

```
/CLEAR, START
! 清除 ANSYS 的数据库
```

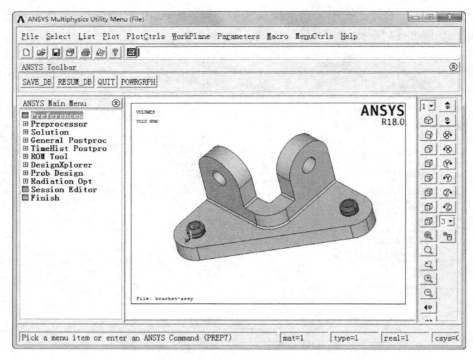

图3-19 输入SAT文件后的结果

```
/FILNAME, bracket-assy, 0
! 改作业名为 "bracket-assy"
~SATIN, 'bracket-assy', 'SAT', , SOLIDS, 0
/NOPR
/GO
! 输入 "bracket-assy.sat" SAT 文件
/FACET, NORML
!打开 "Normal Faceting"
/REPLOT
/PNUM, KP, 0
/PNUM, LINE, 0
/PNUM, AREA, 0
/PNUM, VOLU, 1
/PNUM, NODE, 0
/PNUM, TABN, 0
/PNUM, SVAL, 0
/NUMBER, 0
! 打开实体编号开关
/PNUM, ELEM, 0
/REPLOT
!*
APLOT
/USER,   1
/VIEW,   1,   0.325584783540    ,   0.427291295398    ,  -0.843455213751
```

```
/ANG,    1,    28.6630259312
/REPLO
/VIEW,   1,  -0.471868259238    ,   0.773098564555    ,  -0.423861953243
/ANG,    1,    63.6877547685
/REPLO
/VIEW,   1,  -0.233241627568E-01,   0.684391826561    ,  -0.728741251178
/ANG,    1,    28.9946859905
/REPLO
/VIEW,   1,   0.245150571720    ,   0.800288431897    ,  -0.547210766485
/ANG,    1,     8.86560730138
/REPLO
VPLOT
/REPLOT,RESIZE
SAVE
!  保存数据库
FINISH
```

2. 在 ANSYS 程序中输入单个 SAT 文件来组成 SAT 集合

（1）清除 ANSYS 的数据库。

1）选择实用菜单 Utility Menu：File > Clear & Start New…。

2）在打开的 "Clear Database and Start New" 对话框中，选择 "read file"，单击 "OK" 按钮。

3）打开确认对话框，单击 "Yes" 按钮。

（2）改作业名为 "bracket-2"。

1）选择实用菜单 Utility Menu：File > Change Jobname…。

2）打开 "Change Jobname" 对话框，在文本框中输入 "bracket-2" 作为新的作业名，然后单击 "OK" 按钮。

（3）输入单个的 SAT 文件来组成 SAT 集合。

1）选择实用菜单 Utility Menu：File > Import > SAT…。

2）在打开的文件对话框中选择 "bracket.sat" SAT 文件，然后单击 "OK" 按钮。

3）选择实用菜单 Utility Menu：File > Import > SAT…。

4）在打开的文件对话框中选择 "axi1.sat" SAT 文件，然后单击 "OK" 按钮。

5）选择实用菜单 Utility Menu：File > Import > SAT…。

6）在打开的文件对话框中选择 "axi2.sat" SAT 文件，然后单击 "OK" 按钮。

（4）打开 "Normal Faceting"。

1）选择实用菜单 Utility Menu：PlotCtrls > Style > Solid Model Facets…。

2）在打开的对话框中，在下拉列表中选择 "Normal Faceting"，然后单击 "OK" 按钮。

3）选择实用菜单 Utility Menu：Plot > Replot。

（5）打开实体编号开关。

1）选择实用菜单 Utility Menu：PlotCtrls > Numbering…。

2）在打开的对话框中，将实体编号开关设为"On"，然后单击"OK"按钮。

3）选择实用菜单 Utility Menu：Plot > Volumes。

（6）保存数据库。在工具条上单击"SAVE_DB"按钮，得到如图 3-20 所示的结果。

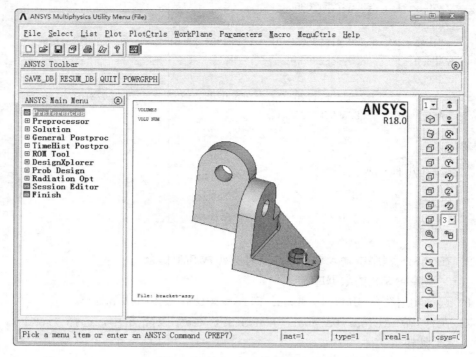

图3-20　输入SAT文件后的结果

3.1.4　输入 Parasolid 单一实体

1. 清除 ANSYS 的数据库

（1）选择实用菜单 Utility Menu：File > Clear & Start New…。

（2）在打开的"Clear Database and Start New"对话框中，选择"Read file"，单击"OK"按钮。

（3）打开确认对话框，单击"Yes"按钮。

2. 改作业名为"replace"

（1）选择实用菜单 Utility Menu：File > Change Jobname…。

（2）打开"Change Jobname"对话框，在文本框中输入"replace"作为新的作业名，然后单击"OK"按钮。

3. 输入"replace.x_t"实体参数文件

（1）选择实用菜单 Utility Menu：File > Import > PARA…，如图 3-21 所示。

（2）在打开的文件对话框中选择"replace.x_t"文件，然后单击"OK"按钮，如图 3-22 所示。

4. 打开"Normal Faceting"

（1）选择实用菜单 Utility Menu：PlotCtrls > Style > Solid Model Facets…。

（2）在打开的对话框中的下拉列表中选择"Normal Faceting"，然后单击"OK"按钮，如图 3-23 所示。

（3）选择实用菜单 Utility Menu：Plot > Replot。

图3-21 输入PARA文件

图3-22 选择文件

图3-23 打开"Normal Faceting"

5．保存数据库

在工具条上单击"SAVE_DB"按钮，得到如图 3-24 所示的结果。

本例操作的命令流如下：

```
/CLEAR, START
! 清除 ANSYS 的数据库
/FILNAME, replace, 0
! 改作业名为"replace"
~PARAIN,'replace','x_t',,SOLIDS, 0, 0
! 输入"replace.x_t"实体参数文件
/NOPR
/GO
/FACET, NORML
! 打开"Normal Faceting"
/REPLOT
/USER,  1
```

```
/VIEW,   1,   0.839796772209   ,  -0.234843988588   ,  -0.489478990776
/ANG,    1,   -24.4882476303
/REPLO
/REPLOT,RESIZE
SAVE
FINISH
！保存数据库
```

图3-24　输入SAT文件后的结果

3.2　实例导航——对输入模型修改

　　本节的内容是通过实例来介绍对输入的实体进行修改，这一操作是非常重要的。首先按照上节介绍的方法输入 IGES 文件：h_latch.iges。并用"h_latch"作为作业名。

　　1．偏移工作平面到给定位置

　　（1）从实用菜单中选择 Utility Menu：WorkPlane > Offset WP to > Keypoints +

　　（2）在 ANSYS 输入窗口选择底板的右边的内角点，单击"OK"按钮，如图 3-25 所示。

　　2．旋转工作平面

　　（1）从实用菜单中选择 Utility Menu：WorkPlane > Offset WP by Increments

　　（2）在旋转对话中，在"XY,YZ,ZXAngles"文本框中输入"0,90,0"，单击"OK"按钮，如图 3-26 所示，结果如图 3-27 所示。

　　3．将激活的坐标系设置为工作平面坐标系

从实用菜单中选择 Utility Menu：WorkPlane ＞ Change Active CS to ＞ Working Plane。

4．创建圆柱体

（1）从主菜单中选择 Main Menu：Preprocessor ＞ Modeling ＞ Create ＞ Volumes ＞ Cylinder ＞ Solid Cylinder。

（2）在创建圆柱体对话框中的文本"WP X"输入"0.55"，"WP Y"输入"0.55"，"Radius"输入"0.15"，"Depth"输入"0.3"，单击"OK"按钮，生成一个圆柱体。输入过程如图 3-28 所示，得到圆柱体，结果如图 3-29 所示。

图3-25　平移工作平面

图3-26　旋转工作平面

图3-27　旋转工作平面的结果

图3-28　创建圆柱体

图3-29　创建圆柱体的结果

5．从总体中"减"去圆柱体形成轴孔

（1）从主菜单中选择 Main Menu：Preprocessor ＞ Modeling ＞ Operate ＞ Booleans ＞ Subtract ＞ Volumes。

（2）在图形窗口中拾取总体，作为布尔"减"操作的母体，单击"Apply"按钮。

（3）拾取刚刚建立的圆柱体作为"减"去的对象，单击"OK"按钮，结果如图 3-30 所示。

图3-30　体相减的结果

6．创建倒角面

（1）从主菜单中选择 Main Menu：Preprocessor ＞ Modeling ＞ Create ＞ Areas ＞ Area Fillet。

（2）打开图形选择对话框，如图 3-31 所示。

（3）在图形窗口中，选取如图 3-32 所示加强肋的两个面，单击"OK"按钮。

图3-31 选择创建倒角的面　　　　　　图3-32 要选择的创建倒角的面

（4）在倒角设置对话框中"Fillet radius"文本框输入"0.1"，单击"OK"按钮，如图 3-33 所示。

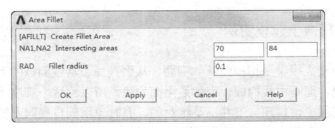

图3-33 输入倒角半径

修改后的实体如图 3-34 所示。

图3-34 创建的倒角

本例操作的命令流如下：

```
KWPAVE,          247
```

```
！偏移工作平面到 247 点
wprot, 0, 90, 0
！旋转工作平面
CSYS, 4
！将激活的坐标系设置为工作平面坐标系
FINISH
/PREP7
CYL4, 0.55, 0.55, 0.15, ， ， ， 0.3
！创建圆柱体
VSBV,          1,          2
！从总体中"减"去圆柱体形成轴孔
AFILLT, 84, 70, 0.1,
！创建倒角面
```

3.3　实例导航——自主建模

3.3.1　自顶向下建模实例

自顶向下的建立模型是指按照从体到面、从面到线、从线到点的顺序进行建模，因为线是由点构成，面是由线构成，而体是由面构成，所以称这个顺序为自顶向下建模。在建立模型的过程中，自顶向下并不是绝对的，有时也用到自底向上的方法。现在通过建立一个联轴体来介绍自顶向下建模的方法，联轴体如图 3-35 所示。

建立联轴体具体步骤如下：

首先从主菜单中选择 Main Menu：Preprocessor，进入前处理(/PREP7)。

1. 创建圆柱体

（1）进入 ANSYS 工作目录，单击照前面讲过的方法，将"coupling"作为 jobname。

（2）从主菜单中选择 Main Menu：Preprocessor > modeling > Create > Volumes > Cylinder > Solid Cylinder。

（3）在打开的创建柱体对话框中，"WP X"输入 0，"WP Y"输入 0，"Radius"输入 5， "Depth"输入 10，单击"Apply"按钮。

（4）在"WP X"输入"12"，"WP Y"输入"0"，"Radius"输入 3，"Depth"输入 4，单击"OK"按钮生成一个圆柱体。输入过程如图 3-36 所示，得到两个圆柱体，结果如图 3-37 所示。

（5）显示线。从实用菜单中选择 Utility Menu：Plot > Lines，结果如图 3-38 所示。

图3-35　需要创建的联轴体

图3-36　创建圆柱体

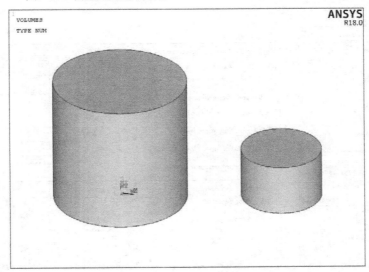

图3-37　生成的两个圆柱体

2．建立两圆柱面相切的 4 个关键点

（1）创建局部坐标系。

1）从实用菜单中选择 Utility Menu：WorkPlane > Local Coordinate Systems > Create Local CS > At Specified Loc +。

2）在打开的创建坐标系对话框中，如图 3-39 所示，在"Global Cartesian"文本框中输入"0,0,0"然后单击"OK"按钮，得到"Create Local CS at Specified Location"对话框。

3）在"Ref number of new coord sys"中输入 11，在"Type of coordinate system"中选择"Cylindrical 1"，在"Origin of coord system"文本框中分别输入"0,0,0"，单击"OK"按钮，如图 3-40 所示。

（2）建立两圆柱面相切的 4 个关键点。

图3-38 线显示

1）从主菜单中选择 Main Menu：Preprocessor > Modeling > Create > Keypoints > In Active CS。

图3-39 输入坐标系的原点坐标

图3-40 创建局部柱坐标系

2）在"Keypoints number"文本框中输入"110"，在"Location in active CS"文本框中分别输入"5,-80.4,0"创建一个关键点，如图 3-41 所示，单击"Apply"按钮，在"Keypoints number"文本框中输入 120，在"Location in active CS"文本框中分别输入"5,-80.4,0"，单击"OK"按钮，创建另一个关键点。

图3-41 在局部坐标系中创建关键点

（3）创建局部坐标系。

1）从实用菜单中选择 Utility Menu：WorkPlane ＞ Local Coordinate Systems ＞ Create Local CS ＞ At Specified Loc +。

2）在"Global Cartesian"文本框中输入"12,0,0"，后单击"OK"按钮，得到"Create Local CS At Specified Location"对话框。

3）在"Ref number of new coord sys"中输入12，在"Type of coordinate system"中选择"Cylindrical 1"，"Origin of coord system"文本框中分别输入"12,0,0"，单击"OK"按钮。

4）从主菜单中选择 Main Menu：Preprocessor ＞ Modeling ＞ Create ＞ Keypoints ＞ In Active CS。

5）在"Keypoints number"文本框中输入 130，在"Location in active CS"文本框中分别输入"3,-80.4,0"创建一个关键点，单击"Apply"按钮，在"Keypoints number"文本框中输入 140，在"Location in active CS"文本框中分别输入"3,80.4,0"，单击"OK"按钮，创建另一个关键点。

3．生成与圆柱底相交的面

（1）用4个相切的点创建4条直线。

1）从主菜单中选择 Main Menu：Preprocessor ＞ Modeling ＞ Create ＞ Lines ＞ Lines ＞ Straight lines。

2）连接点 110 和点 130，点 120 和点 140，点 110 和点 120，点 130 和点 140，使它们成为 4 条直线，单击"OK"按钮，如图3-42所示。

（2）创建一个四边形面。

1）从主菜单中选择 Main Menu：Preprocessor ＞ Modeling ＞ Create ＞ Areas ＞ Arbitrary ＞ By Lines。

2）依次拾取刚刚建立的4条直线，单击"OK"按钮，如图3-43所示。

生成的四边形面如图3-44所示。

图3-42　创建4条直线

图3-43　拾取直线创建面

4. 沿面的法向拖拉面形成一个四棱柱

（1）从主菜单中选择 Main Menu：Preprocessor > Modeling > Operate > Extrude > Areas > Along Normal。

（2）在图形窗口中拾取四边形面，单击"OK"按钮，如图3-45所示。

（3）这时打开创建体对话框，输入DIST为-4，厚度的方向是向圆柱所在的方向，单击 "OK"，如图3-46所示。

图3-44　创建四边形面　　　　　　　　图3-45　拾取面创建体

图3-46　输入体的厚度

生成的四棱柱如图3-47所示。

5. 形成一个完全的轴孔

（1）将坐标系转到全局直角坐标系下。从实用菜单中选择 Utility Menu：WorkPlane > Change Active CS to > Global Cartesian。

（2）偏移工作平面。

1）从实用菜单中选择 Utility Menu：WorkPlane > Offset WP to > XYZ Locations + 。

2）在"Global Cartesian"文本框中输入"0,0,8.5"，单击"OK"按钮，如图3-48所示。

（3）创建圆柱体。

1）从主菜单中选择 Main Menu：Preprocessor > Modeling > Create > Volumes > Cylinder > Solid Cylinder。

2）在创建圆柱体对话框中，WP X 输入 0，WP Y 输入 0，Radius 输入 3.5， Depth 输入 1.5，单击 "Apply" 按钮。

3）WP X 输入 0，WP Y 输入 0，Radius 输入 2.5， Depth 输入-8.5，单击 "OK" 按

钮生成另一个圆柱体。得到两个圆柱体，结果如图 3-49 所示。

图3-47　生成的四棱柱　　　　　　图3-48　偏移工作平面

图3-49　生成两个圆柱体

（4）从联轴体中"减"去圆柱体形成轴孔。

1）从主菜单中选择 Main Menu：Preprocessor ＞ Modeling ＞ Operate ＞ Booleans ＞ Subtract ＞ Volumes。

2）在图形窗口中拾取联轴体及大圆柱体，作为布尔"减"操作的母体，单击"Apply"按钮。

3）在图形窗口中拾取刚刚建立的两个圆柱体作为"减"去的对象，单击"OK"按钮，所得结果如图 3-50 所示。

（5）偏移工作平面。

1）从实用菜单中选择 Utility Menu：WorkPlane ＞ Offset WP to ＞ XYZ Locations ＋ 。

2）在偏移工作平面对话框中，在"Global Cartesion"文本框中输入"0,0,0"，单击"OK"按钮。

（6）生成长方体。

1）从主菜单中选择 Main Menu：Preprocessor ＞ Modeling ＞ Create ＞ Volumes ＞ Block ＞ By Dimensions。

2）输入"X1=0, X2=-3, Y1=-0.6, Y2=0.6, Z1=0, Z2=8.5"，如图 3-51 所示。

图3-50　形成圆轴孔

图3-51　创建长方体

（7）从联轴体中再"减"去长方体形成完全的轴孔。

1）从主菜单中选择 Main Menu：Preprocessor ＞ Modeling ＞ Operate ＞ Booleans ＞ Subtract ＞ Volumes。

2）在图形窗口中拾取联轴体及大圆柱体，作为布尔"减"操作的母体，单击"Apply"按钮。

3）在图形窗口中拾取刚刚建立的长方体作为"减"去的对象，单击"OK"按钮，所得结果如图 3-52 所示。

图3-52　生成完全的轴孔

6. 形成另一个轴孔。

（1）偏移工作平面。

1）从实用菜单中选择 Utility Menu：WorkPlane ＞ Offset WP to ＞ XYZ Locations ＋ 。

2）打开工作平面设置对话框，在"Global Cartesian"文本框中输入"12,0,2.5"，单击"OK"按钮。

（2）创建圆柱体。

1）从主菜单中选择 Main Menu：Preprocessor ＞ Modeling ＞ Create ＞ Volumes ＞ Cylinder ＞ Solid Cylinder。

2）打开创建圆柱体对话框，在 WP X 输入 0，WP Y 输入 0，Radius 输入 2，Depth 输入 1.5，单击"Apply"按钮。

3） X 输入 0，WP Y 输入 0，Radius 输入 1.5，Depth 输入-2.5，单击"OK"按钮生成另一个圆柱体，得到两个圆柱体。

（3）从联轴体中"减"去圆柱体形成轴孔。

1）从主菜单中选择 Main Menu：Preprocessor ＞ Modeling ＞ Operate ＞ Booleans ＞ Subtract ＞ Volumes 。

2）拾取联轴体，作为布尔"减"操作的母体，单击"Apply"按钮。

3）拾取刚建立的两个圆柱体作为"减"去对象，单击"OK"按钮，所得结果如图 3-53 所示。

图3-53　形成轴孔

7. 连接所有体

（1）从主菜单中选择 Main Menu：Preprocessor ＞ Modeling ＞ Operate ＞ Booleans ＞ Add ＞ Volumes。

（2）在出现的对话框中单击"Pick All"按钮。

（3）打开体号显示开关并画体。

1）从实用菜单中选择 Utility Menu：PlotCtrls ＞ Numbering。

2）设置"Volume numbles"选项为"On"，单击"OK"按钮，所得结果如图 3-54 所示。

8. 保存并退出 ANSYS

（1）选取工具条上的 SAVE_DB。

（2）选取工具条上的 QUIT。

本例操作的命令流如下：

```
/CLEAR, START
/FILNAME, coupling, 0
```

图3-54　体显示的结果

```
! 将"coupling"作为 jobname
/PREP7
CYL4, 0, 0, 5,  ,  ,  , 10
CYL4, 12, 0, 3,  ,  ,  , 4
! 创建圆柱体
LPLOT
! 显示线
LOCAL, 11, 1, 0, 0, 0,  ,  ,  , 1, 1,
! 创建局部坐标系
K, 110, 5, -80.4, 0,
K, 120, 5, 80.4, 0,
! 建立左圆柱面相切的两个关键点
LOCAL, 12, 1, 12, 0, 0,  ,  ,  , 1, 1,
! 创建局部坐标系
K, 130, 3, -80.4, 0,
K, 140, 3, 80.4, 0,
! 建立右圆柱面相切的两个关键点
LSTR,        110,        130
LSTR,        120,        140
LSTR,        130,        140
LSTR,        120,        110
! 用四个相切的点创建 4 条直线
FLST, 2, 4, 4
FITEM, 2, 24
```

```
FITEM, 2, 21
FITEM, 2, 23
FITEM, 2, 22
AL, P51X
！创建一个四边形面
VOFFST, 9, 4, ，
！沿面的法向拖拉面形成一个四棱柱，厚度为4
CSYS, 0
！将坐标系转到全局直角坐标系下
FLST, 2, 1, 8
FITEM, 2, 0, 0, 8.5
WPAVE, P51X
！偏移工作平面
CYL4, 0, 0, 3.5, ，，，1.5
CYL4, 0, 0, 2.5, ，，，-8.5
！创建两个圆柱体
FLST, 2, 2, 6, ORDE, 2
FITEM, 2, 1
FITEM, 2, 3
FLST, 3, 2, 6, ORDE, 2
FITEM, 3, 4
FITEM, 3, -5
VSBV, P51X, P51X
！从联轴体中"减"去圆柱体形成轴孔
FLST, 2, 1, 8
FITEM, 2, 0, 0, 0
WPAVE, P51X
！偏移工作平面
BLOCK, 0, -3, -0.6, 0.6, 0, 8.5,
！生成长方体
VSBV,          7,          1
！从联轴体中再"减"去长方体形成完全的轴孔
FLST, 2, 1, 8
FITEM, 2, 12, 0, 2.5
WPAVE, P51X
！偏移工作平面
CYL4, 0, 0, 2, ，，，1.5
CYL4, 0, 0, 1.5, ，，，-2.5
！创建两个圆柱体
FLST, 2, 2, 6, ORDE, 2
FITEM, 2, 2
FITEM, 2, 6
FLST, 3, 2, 6, ORDE, 2
FITEM, 3, 1
```

```
FITEM, 3, 4
VSBV, P51X, P51X
! 从联轴体中"减"去圆柱体形成轴孔
FLST, 2, 3, 6, ORDE, 3
FITEM, 2, 3
FITEM, 2, 5
FITEM, 2, 7
VADD, P51X
! 连接所有体
SAVE
FINISH
! 保存并退出 ANSYS
```

3.3.2 自底向上建模实例

自底向上建模与自顶向下建模正好相反，是按照从点到线，从线到面，从面到体的顺序建立模型，因为线是由点构成，面是由线构成，而体是由面构成，所以称这个顺序为自底向上建模。在建立模型的过程中，自底向上并不是绝对的，有时也用到自顶向下的方法。现在通过建立一个平面体来介绍自底向上建模的方法。

1. 修改工作目录

进入 ANSYS 工作目录，按照前面讲过的方法，将 "spacer" 作为 jobname。

2. 创建两个圆面

1）从主菜单中选择 Main Menu：Preprocessor > Modeling > Create > Areas > Circle > By Dimensions ...。

2）打开创建圆的对话框，设置 RAD1 = 10，RAD2 = 6，THETA1 = 0，THETA2 = 180，单击"OK"按钮，如图 3-55 所示。

得到如图 3-56 所示的结果。

3. 建立另外两个圆面

图3-55 创建圆面

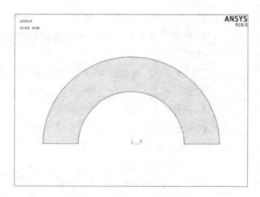

图3-56 创建圆面的结果

（1）偏移工作平面到给定位置。

1）从应用菜单中选择 Utility Menu：WorkPlane > Offset WP to > XYZ Locations

+。

2）打开设置点对话框，在 ANSYS 输入窗口输入 16, 0, 0，单击"OK"按钮，如图 3-57 所示。

（2）将激活的坐标系设置为工作平面坐标系。从应用菜单中选择 Utility Menu：WorkPlane > Change Active CS to > Working Plane。

（3）创建另两个圆面。

1）从主菜单中选择 Main Menu：Preprocessor > Modeling > Create > Areas > Circle > By Dimensions ...

2）这时会打开创建圆的对话框，设置 RAD1 = 5，RAD2 = 3，THETA1 = 0，THETA2 = 180，然后单击"OK"按钮，如图 3-58 所示。

图3-57　偏移工作平面

图3-58　创建另两个圆面

4．创建两圆面的切线

（1）将激活的坐标系设置为总体柱坐标系。从应用菜单中选择 Utility Menu：WorkPlane > Change Active CS to > Global Cylindrical

（2）定义一个新的关键点

1）从主菜单中选择 Main Menu：Preprocessor > Modeling > Create > Keypoints > In Active CS ...。

2）出现定义点的对话框，设置关键点号为110，X=10，Y=73，单击"OK"按钮，如图 3-59 所示。

图3-59　创建关键点

（3）创建局部坐标系。

1）从应用菜单中选择 Utility Menu：WorkPlane > Local Coordinate Systems > Create Local CS > At Specified Loc +。

2）打开坐标系设置对话框，在 Global Cartesian 文本框中输入 16，0，0，然后单击"OK"按钮，得到 Create Local CS at Specified Location 对话框。

3）在 Ref number of new coord sys 中输入 11，在 Type of coordinate system 中选择 Cylindrical 1，在 Origin of coord system 文本框中分别输入 16，0，0，单击"OK"按钮，如图 3-60 所示。

（4）定义另一个新的关键点。

1）从主菜单中选择 Main Menu：Preprocessor > Modeling > Create > Keypoints > In Active CS …。

2）打开定义点的对话框，设置点号为 120，X=5，Y=73，单击"OK"按钮。

（5）将激活的坐标系设置为总体笛卡儿坐标系。从应用菜单中选择 Utility Menu：WorkPlane > ChangeActive CS to > Global Cartesian。

（6）在刚刚建立的关键点（110 和 120）之间创建直线。

1）从主菜单中选择 Main Menu：Preprocessor > Modeling > Create > Lines > Lines > Straight Line。

2）在选择窗口中输入如图 3-61 所示的两个关键点的点号，然后单击"OK"按钮。

图3-60　创建局部坐标系

图3-61　创建线

（7）显示线。从应用菜单中选择 Utility Menu：Plot > Lines。所得结果如图 3-62 所示。

5. 创建两圆柱面之间的连接面

（1）将激活的坐标系设置为总体柱坐标系。从应用菜单中选择 Utility Menu：WorkPlane > Change Active CS to > Global Cylindrical。

（2）创建直线。

1）从主菜单中选择 Main Menu：Preprocessor > Modeling > Create > Lines > Lines > In Active Coord。

2）拾取如图 3-62 中的大圆小段圆弧上的两个关键点，然后单击"OK"按钮，如图 3-63 所示。

图3-62　创建切线的结果

图3-63　创建线

（3）将激活的坐标系设置为局部柱面坐标系。

1）从应用菜单中选择 Utility Menu：WorkPlane ＞ Change Active CS to ＞ Specified Coord Sys。

2）在 Coordinate system number 文本框中输入坐标系编号 11，单击"OK"按钮，如图 3-64 所示。

图3-64　激活局部坐标系

（4）在局部柱面坐标系中创建圆弧线。

1）从主菜单中选择 Main Menu：Preprocessor ＞ Modeling ＞ Create ＞ Lines ＞ Lines ＞ In Active Coord。

2）拾取如图 3-65 所示的关键点 6 和 120，点 1 和 6，然后单击"OK"按钮，结果如图 3-66 所示。

图3-65　创建线

图3-66　创建线的结果

（5）将激活的坐标系设置为总体笛卡儿坐标系。从应用菜单中选择 Utility Menu：

WorkPlane > Change Active CS to > Global Cartesian。

（6）由前面定义的线创建一个新的面。

1）从主菜单中选择 Main Menu：Preprocessor > Modeling > Create > Areas > Arbitrary > By Lines。

2）拾取刚刚建立的 4 条线，如图 3-67 所示，然后单击"OK"按钮。

（7）打开面的编号并画面。

1）从应用菜单中选择 Utility Menu：PlotCtrls > Numbering。

2）打开点、线、面的编号，单击"OK"按钮，如图 3-68 所示。

（8）从应用菜单中选择 Utility Menu：Plot > Areas。

6. 把所有面加起来形成一个面

（1）从主菜单中选择 Main Menu：Preprocessor > Modeling > Operate > Booleans > Add > Areas。

（2）在打开的对话框中选择 Pick All 将面进行相加。所得结果如图 3-69 所示。

7. 形成一个矩形孔

（1）创建一个矩形面。

1）从应用菜单中选择 Utility Menu：WorkPlane > Offset WP to > Global Origin。

2）从主菜单中选择 Main Menu：Preprocessor > Modeling > Create > Areas > Rectangle > By Dimensions ...。

图3-67　将面进行相加　　　　　　　图3-68　创建面

3）在出现的定义矩形面对话框中，设置 X1 = -2，X2 = 2，Y1 = 0，Y2 = 8，单击"OK"按钮，如图 3-70 所示。

得到结果如图 3-71 所示。

（2）从总体面中"减"去矩形面形成孔。

1）从主菜单中选择 Main Menu：Preprocessor > Modeling > Operate > Booleans > Subtract > Areas。

2）在图形窗口中选择总体面，作为布尔"减"操作的母体，单击"Apply"按钮。

3）拾取刚刚建立的矩形面作为"减"去的对象，单击"OK"按钮，所得结果如图
3-72 所示。

图3-69　将面相加的结果

图3-70　创建矩形面

图3-71　创建矩形面的结果

8．将面进行映射得到完全的面

（1）旋转工作平面。

1）从应用菜单中选择 Utility Menu：WorkPlane > Offset WP by Increments。

2）在 XY,YZ,ZXAngles 文本框中输入 0,0,90，单击"OK"按钮，如图 3-73 所示。

（2）用工作平面切分面。

1）从主菜单中选择 Main Menu：Preprocessor > Modeling > Operate > Booleans
> Divide > Area by WrkPlane。

2）在选择对话框中，选择 Pick All，如图 3-74 所示，所得结果如图 3-75 所示。

图3-72　减去孔的结果

图3-73　旋转工作平面

图3-74　用工作平面切分面

（3）删除左边的面。

1）从主菜单中选择 Main Menu：Preprocessor＞Modeling＞Delete＞Area and Below。

2）选择左边的面，单击"OK"按钮，如图 3-76 所示。

（4）将面沿 Y－Z 面进行映射（在 X 方向）。

1）从主菜单中选择 Main Menu：Preprocessor ＞ Modeling ＞ Reflect ＞ Areas 。

2）选择 Pick All，选择 Y-Z 面，单击"OK"按钮，如图 3-77 所示。

所得结果如图 3-78 所示。

图3-75　切分面的结果

图3-76　删除左边的面

图3-77　将面沿Y－Z面进行映射

（5）将面沿 X－Z 面进行映射（在 Y 方向）。

图3-78　将面沿Y－Z面进行映射的结果

1）从主菜单中选择 Main Menu：Preprocessor ＞ Modeling ＞ Reflect ＞ Areas。

2）选择 Pick All，选择 X-Z 面，单击"OK"按钮，如图 3-79 所示。

所得结果如图 3-80 所示。

图3-79　将面沿X-Z面进行映射图

9．存储数据库并离开 ANSYS

（1）在工具条上拾取 "SAVE_DB"。

（2）选取工具条上的 QUIT。

本例操作的命令流如下：

```
/PREP7
PCIRC, 10, 6, 0, 180,
！创建两个圆面
FLST, 2, 1, 8
FITEM, 2, 16, 0, 0
！偏移工作平面到给定位置
```

WPAVE, P51X

CSYS, 4

图3-80　将面沿X-Z面进行映射的结果

! 将激活的坐标系设置为工作平面坐标系

PCIRC, 5, 3, 0, 180,

! 创建另两个圆面

CSYS, 1

! 将激活的坐标系设置为总体柱坐标系

K, 110, 10, 73, ,

! 定义一个新的关键点

LOCAL, 11, 1, 16, 0, 0, , , , 1, 1,

! 创建局部坐标系

K, 120, 5, 73, ,

! 定义另一个新的关键点

CSYS, 0

! 将激活的坐标系设置为总体笛卡儿坐标系

LSTR,　　　110,　　　120

! 在刚刚建立的关键点（110 和 120）之间创建直线

LPLOT

! 显示线

CSYS, 1

! 将激活的坐标系设置为总体柱坐标系

L,　　　110,　　　1

! 创建直线

CSYS, 11,

```
! 将激活的坐标系设置为局部柱面坐标系
L,        1,        6
L,        6,       120
! 在局部柱面坐标系中创建圆弧线
CSYS, 0
! 将激活的坐标系设置为总体笛卡儿坐标系
FLST, 2, 4, 4
FITEM, 2, 10
FITEM, 2, 11
FITEM, 2, 12
FITEM, 2, 9
AL, P51X
! 由前面定义的线创建一个新的面
/PNUM, KP, 1
/PNUM, LINE, 1
/PNUM, AREA, 1
/PNUM, VOLU, 0
/PNUM, NODE, 0
/PNUM, TABN, 0
/PNUM, SVAL, 0
/NUMBER, 0
!*
/PNUM, ELEM, 0
/REPLOT
!*
APLOT
! 打开面的编号并画面
FLST, 2, 3, 5, ORDE, 2
FITEM, 2, 1
FITEM, 2, -3
AADD, P51X
! 把所有面加起来形成一个面
CSYS, 0
WPAVE, 0, 0, 0
CSYS, 0
RECTNG, -2, 2, 0, 8,
! 创建一个矩形面
ASBA,        4,        1
! 从总体面中"减"去矩形面形成孔
wprot, 0, 0, 90
! 旋转工作平面
ASBW,        2
! 用工作平面切分面
ADELE,        1, , , 1
```

```
!  删除左边的面
FLST, 3, 1, 5, ORDE, 1
FITEM, 3, 3
ARSYM, X, P51X,  ,  ,  , 0, 0
!  将面沿 Y—Z 面进行映射(在 X 方向)
FLST, 3, 2, 5, ORDE, 2
FITEM, 3, 1
FITEM, 3, 3
ARSYM, Y, P51X,  ,  ,  , 0, 0
!  将面沿 X—Z 面进行映射 (在 Y 方向)
/REPLOT, RESIZE
SAVE
FINISH
!  存储数据库并离开 ANSYS
```

第 **4** 章

ANSYS 分析基本步骤

本章介绍用 ANSYS 有限元分析的一般步骤。首先对所要进行求解的问题进行分析以确定其范围。接着创建有限元模型，包括创建或读入几何模型、定义材料属性、划分单元(节点及单元)等。以及进一步施加载荷进行求解，最后查看分析结果。

学 习 要 点

- 分析问题
- 建立有限元模型
- 施加载荷、求解
- 后处理

4.1 分析问题

在遇到一个分析问题时，通常要考虑该问题所在的学科领域、分析该问题所要达到的目标等分析方案，制订分析方案是很重要的，它是对问题的总体把握，它需要考虑下列几点：

- ◆ 分析领域。
- ◆ 分析目标。
- ◆ 线性/非线性问题。
- ◆ 静力/动力问题。
- ◆ 分析细节的考虑。
- ◆ 几何模型的对称性。

制订的分析方案好坏直接影响分析的精度和成本（人耗工时、计算机资源等），但通常情况下精度和成本是相互冲突的，特别是分析较大规模和具有切割边界的模型时更为明显。一个糟糕的分析方案可能导致分析资源紧张和分析方式受到限制。

4.1.1 问题描述

遇到问题时需要对问题有一个初步的了解，也就是存在一个问题描述的过程，在这个过程当中必须弄懂下面几个问题。

1. 分析目的

分析目的直接决定分析近似模型的确定。分析目的，就是这样一个问题的答案："利用 FEA（有限单元法）要想研究哪些方面的情况？"

2. 结构分析

要想得到极高精度的应力结果，必须保证影响精度的任何结构部位有理想的单元网格，不对几何形状进行细节上的简化。应力收敛应当得到保证，而任何位置所做的任何简化都可能引起明显误差。

在忽略细节的情况下，使用相对较粗糙的单元网格计算转角和法向应力。

复杂的模型要求具有较好的均匀单元网格，并允许忽略细节因素。

3. 模态分析

简单模态振型和频率可以忽略细节因素而使用相对较粗糙的单元网格进行分析计算。

4. 热分析

温度分布梯度变化不大时可以忽略细节，划分均匀且相对稀疏的单元网格。

当温度场梯度较大时，在梯度较大的方向划分细密的单元网格。梯度越大，单元划分就越细密。

利用一个能同时模拟两个物理场的模型求解温度和热耗散应力，但热和应力模型都是相对独立的。

4.1.2 确定问题的范围

在对问题有了初步了解之后，进一步要弄明白问题涉及的领域，即确定问题的范围。

1. 确定问题的范围

要确定问题的范围，首先要确定分析学科领域，其次再确定学科领域内的子领域如结构分析中的静态分析、动态分析和线性非线性分析。确定合适的分析学科领域见表4-1。

表4-1　问题描述与分析学科领域

问题描述	分析学科领域
实体运动，承受压力，或实体间存在接触	结构
施加热、高温或存在温度变化	热
恒定的磁场或磁场电流（直流或交流）	磁
电流（直流或交流）	电
气（液）体的运动，或受限制的气（液）体	流体
以上各种情况的耦合	耦合场

2. 在结构分析中，进一步考虑非线性问题

"需要分析的物理系统是在线性还是非线性状态下工作？线性求解能满足需要的精度吗？如果不能，必须考虑哪种非线性特性？"许多情况和物理现象都要求进行非线性计算。非线性分析的例子如图 4-1 所示。

图4-1　非线性分析

非线性最大的特性就是变结构刚度。它由多种原因引起，其中主要有以下 3 个方面的因素：

（1）几何非线性（大变形/大转角）。当结构位移相对于结构最小尺寸显得较大时，该因素不可忽略。例如，钓鱼杆前梢承受较小的横向载荷时，会产生很大的弯曲变形。

随着载荷增加，钓鱼杆的变形增大而使弯矩的力臂减小，结构刚度增加，这个问题实际上就涉及应力刚化问题，如图4-2所示。

图4-2 几何非线性

应力刚化（也称作几何或微分刚化）：如果一个方向的应力明显引起其他方向的刚度时，这个效应十分重要。受拉缆绳或薄膜，或者旋转结构都是典型的例子。ANSYS 只要作简单设置就能将几何非线性考虑进来，并建议完全不考虑几何非线性时也最好打开应力刚化开关。

（2）材料非线性。线弹性是基于材料的应力和应变关系是常数关系的假设，以弹性模量为常数。而非线性材料应力应变关系是非线性的，如图 4-3 所示。

图4-3 材料非线性

实际当中，没有哪种材料的应力应变关系是完全遵循线性关系的，线性假设只不过是一种近似处理。对于大多数工程材料而言，在外载荷不足以使结构破坏的情况下，这种近似是非常好的，能较好地确定设计中的许多应力或应力限值。

ANSYS 规定的非线性材料特性：

塑性是永久的，不随时间变化而变形，蠕变也是永久的，随时间变化而变形的。非线性弹性，如黏弹性（类似玻璃的材料），超弹性（类似于橡胶的材料）。一些结构存在局部屈服，即在一些小的区域内应力超过了屈服强度（"弹性极限"）。与结构线性假设相反，充分考虑材料非线性特性并不会改变远离屈服区域的应力场，甚至不改变这些区域内的总应变（弹性和塑性应变之和）。低周疲劳破坏计算完全不受其影响。

（3）接触和其他状态改变的非线性。这类非线性特性是随状态变化的，例如，只能承受张力的缆索的松弛与张紧；滚轮与支撑的接触与脱开；冻土的冻结与解冻。随着它们状态的变化，它们的刚度在不同值之间显著变化。

4.2 建立有限元模型

在确定问题的范围之后，就可以进行有限元模型的建立工作了。

4.2.1 创建实体模型

创建实体模型分为创建一维、二维和三维实体模型，在创建实体时有以下的几个概念和操作会在创建过程中用到：

1. 实体模型

（1）区别实体模型和有限元模型。现今几乎所有的有限元分析模型都用实体模型建模。类似于 CAD、ANSYS 以数学的方式表达结构的几何形状，用于在里面填充节点和单元，还可以在几何模型边界上方便地施加载荷。但是，几何实体模型并不参与有限元分析。所有施加在几何实体边界上的载荷或约束必须最终传递到有限元模型上（节点或单元上）进行求解，如图 4-4 所示。

由几何模型创建有限元模型的过程叫作网格划分（meshing）。

图4-4 实体模型划分网格成为有限元模型

（2）4 类实体模型图元以及它们之间的层次关系（即使想从 CAD 模型中传输实体模型，也应该知道如何使用 ANSYS 建模工具修改传入的模型）是从下到上的。

4 类图元：

◆ 体（3D 模型）由面围成，代表三维实体。

◆ 面（表面）由线围成。代表实体表面、平面形状或壳（可以是三维曲面）。

◆ 线（可以是空间曲线）以关键点为端点，代表物体的边。

◆ 关键点（位于 3D 空间）代表物体的角点。

层次关系：从最低阶到最高阶，模型图元的层次关系为：

◆ 关键点（Keypoints）

◆ 线（Lines）

◆ 面（Areas）

◆ 体（Volumes）

如果低阶的图元连在高阶图元上，则低阶图元不能删除。

2. 工作平面创建与调整

（1）工作平面的概念。工作平面 （WP） 是一个可移动的参考平面，类似于"绘图板"。

工作平面菜单中依次包含工作平面控制、移动工作平面和有关坐标系统的选项三部分，如图4-5所示。打开工作平面之后如图4-6所示。

图4-5 工作平面菜单 图4-6 工作平面

（2）显示工作平面。要显示工作平面，其步骤为：

1）从应用菜单中选择 Utility Menu：WorkPlane ＞ Display Working Plane 命令。

2）这时显示工作平面标记，表示工作平面的原点在图形的中心，如图4-7所示。

（3）工作平面的辅助网格。可以打开和关闭工作平面辅助网格，其步骤为：

1）从应用菜单中选择 Utility Menu： WorkPlane ＞ WP Settings…命令。

2）在打开的对话框中，选取打开或关闭，显示工作平面辅助网格其中任意一个，然后单击"OK"按钮或"Apply"按钮，如图4-8所示。

图4-7 显示工作平面 图4-8 工作平面辅助网格开关

可以改变辅助网格的间距，其步骤为：

1）从应用菜单中选择 Utility Menu：WorkPlane > WP Settings…命令。

2）在打开的对话框中，输入间距值，然后单击"OK"按钮或"Apply"按钮。不同间距的值如图 4-9 所示。

（4）工作平面的捕捉设置：在徒手创建几何图元时，捕捉功能用离散的、可控的增量代替光滑移动，更精确地选取坐标或关键点等。

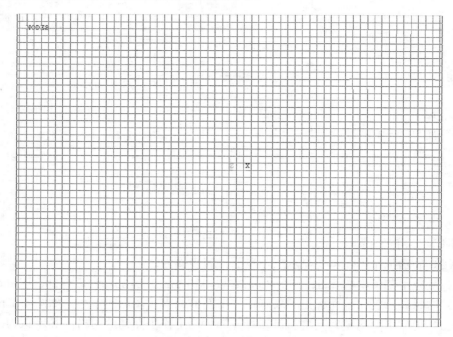

图4-9　不同间距的值的工作平面

捕捉功能的特点：

◆ 捕捉可以打开或关闭。

◆ 捕捉增量可调。

捕捉增量可设置与工作平面间距相等（相当于在坐标纸上绘图）。

可以打开或关闭捕捉，其步骤为：

1）从应用菜单中选择 Utility Menu：WorkPlane > WP Settings…命令。

2）选取则打开捕捉，不选取则关闭捕捉，然后单击"OK"按钮 或"Apply"按钮，如图 4-9 所示。

要修改捕捉增量，其步骤为：

1）从应用菜单中选择 Utility Menu：WorkPlane > WP Settings …命令。

2）输入捕捉增量，然后单击"OK"按钮或"Apply"按钮。

（5）移动工作平面　工作平面原点的默认位置与总体坐标原点重合，但可以平移工作平面，便于创建几何模型。

例如，偏移工作平面到给定位置，其步骤为：

1）从应用菜单中选择 Utility Menu：WorkPlane > Offset WP to > Keypoints +。

2）在 ANSYS 图形窗口选择需要到达的点，单击"OK"按钮。

3）偏移工作平面到给定位置后的结果如图 4-10 所示。

3. 体素"primitive"

（1）体素"primitive"的概念　体素是指预先定义好的、具有共同形状的面或体。图 4-11 所示为 ANSYS 中的一些体素。

（2）创建体素　可以很方便地创建体素，其步骤为：

1）从主菜单中选择 Main Menu：Preprocessor > Modeling > Create > ……命令。

2）选择以"⤴"图标开始的菜单，将打开拾取菜单，提示通过拾取方式创建体素。

3）选择以"▦"图标开始的菜单，将打开对话框，提示输入体素的坐标。

图4-10　移动工作平面与移动前比较

图4-11　体素

如果创建了一个矩形，等于自动创建了 9 个图元：4 个关键点，4 条线，1 个面。创建的面将位于工作平面内，定义取决于工作平面的坐标系。ANSYS 将自动对每个图元编号，如图 4-12 所示。

4. 图元的绘制、编号及删除

（1）绘制体、面、线及关键点　图元是图形的单位，它与体素的区别为，体素是规则的几何体而图元可以是任意形状的。

例如，创建关键点，其步骤为：

1）从主菜单中选择 Main Menu：Preprocessor > Modeling > Create > Keypoints > In Active CS …命令。

2）在"Keypoint number"文本框中输入 2，设置 X=12.838，Y=0，单击"OK"按

钮，如图 4-13 所示。

图4-12 创建体素

图4-13 建立关键点

（2）在图形窗口中区分图元 当多个图元同时在图形窗口中显示时，可以通过打开图元类型编号来区分它们，这些图元以不同的编号和颜色显示。

打开编号显示，其步骤为：

1）从应用菜单中选择 Utility Menu：PlotCtrls > Numbering…命令。

2）在打开的对话框中，选取需要的项目，然后单击"OK"按钮，如图 4-14 所示。控制是否编号和颜色同时显示（默认），也可以选择只显示编号，或只显示颜色。编号显示在图元的"热点"上。

对于面或体，热点为图形中心。

需要在图形窗口拾取图元时，应该点取图形的热点，确保拾取所需的图元。这对于有多个图形重叠的情况非常重要。

在 PC 上运行 ANSYS，默认的编号字体比较小，可按下述方法放大：

1）从应用菜单中选择 Utility Menu：PlotCtrls > Font Controls > Entity Font…命令。

2）在打开的对话框中，选择需要的字体、字形及大小等。

3）单击"OK"按钮，如图 4-15 所示。

4）从应用菜单中选择 Utility Menu：Plot > Replot 命令。

图4-14 "Plot Numbering Controls"对话框   图14-15 "字体"对话框

（3）删除体、面、线及关键点 当删除图元时，ANSYS 提供两种选择：可以只删除指定的图元，保留这个图元所包含的低阶图元；也可以连这个图元包含的低阶图元一块删去。

例如，只删除面，保留面上的线及关键点；删除面以及面所包含的低阶图元（线，关键点）。删除一个或多个图元，其步骤为：

1）从主菜单中选择 Main Menu：Preprocessor > Modeling > Delete 命令。

2）在图形窗口中拾取一个或多个图元，然后单击"OK"按钮，如图 4-16 所示。

（4）使用 Multi-Plot 使用 Multi-Plots 功能，ANSYS 将在图形窗口同时显示所有数据（包括体、面、线、关键点，以及节点、单元）。

1）从应用菜单中选择 Utility Menu： Plot > Multi-Plots 命令。

2）根据编号对话框中的设置，显示编号及颜色，如图 4-17 所示。

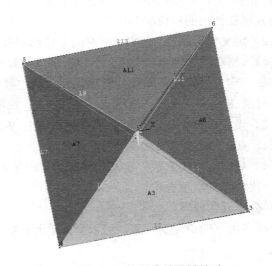

图4-16 删除图元   图4-17 按照编号设置显示

5. 布尔操作

有限元建模时要用到布尔操作，布尔操作是指几何图元进行组合计算。 ANSYS 的布尔操作包括 add、subtract、intersect、divide、glue 以及 overlap。它们不仅适用于简单的体素中的图元，也适用于从 CAD 系统传入的复杂几何模型。一个看起来复杂的模型，可以是两个简单的实体通过布尔操作的结果。使用布尔操作的步骤为：

（1）从主菜单中选择 Main Menu： Preprocessor ＞ Modeling ＞ Operate 命令 。

（2）选择一种布尔操作（如 Subtract）。

（3）选择图形类型。将打开选取菜单提示选择图形进行布尔操作。

（4）阅读输入窗口的提示信息。

（5）根据提示在图形窗口拾取图形，然后在选取对话框中单击"OK"或"Apply"按钮。

在默认情况下，布尔操作完成后，输入的图元被删除。一个立方体减去两个球，如图 4-18 所示。

被删除的图元编号变成"自由"的 （这些自由的编号将附给新创建的图元，从最小的自由编号开始）。

6. 单元属性

单元属性是指在划分网格以前必须指定的所分析对象的特征。这些特征包括：

◆ 材料属性。

◆ 单元类型。

◆ 实常数。

首先介绍一下单位制。

（1）ANSYS 分析中的单位制将影响输入的实体模型尺寸、材料属性、实常数以及载荷等。

除了磁场分析以外，不需要告诉 ANSYS 使用的是什么单位制。只需要自己决定使用何种单位制，然后确保所有输入的值的单位制保持统一 （ANSYS 并不转换单位制）。ANSYS读入输入的数值，并不检验单位制是否正确（注意：/UNITS 命令只是一种简单的记录，告诉别人现在使用的单位制）。

（2）定义材料属性。ANSYS 所有的分析都需要输入材料属性。例如，在结构分析中至少要输入材料的弹性模量 EXX，热分析中至少要输入材料的热导率等 KXX。

例如，定义恒定的各向同性材料属性，从主菜单中选择 Main Menu： Preprocessor ＞ Material Props ＞ Materials Models 命令，如图 4-19 所示。

（3）设定单元类型，从主菜单中选择 Main Menu：Preprocessor ＞ Element Type ＞Add/Edit /Delete 命令，如图 4-20 所示。

（4）ANSYS "实常数"实常数是针对某一单元的几何特征,如图 4-21 所示，例如，

◆ 梁单元的横截面积。

◆ 壳单元的厚度。

分析中用到的单元实常数，可以查阅单元在线帮助。注意并不是所有的单元都需要实常数。

图4-18 体相减的结果　　　　　　　　　图4-19 定义材料属性

图4-20 定义单元类型

图4-21 定义实常数

4.2.2 对实体模型进行网格划分

模型建立之后，需要划分网格，它涉及以下4个方面：

（1）选择单元属性 （单元类型、实常数、材料属性）。

（2）设定网格尺寸控制 （控制网格密度）。

（3）网格划分以前保存数据库。

（4）执行网格划分。

下面着重介绍默认设置划分网格、单元尺寸和模型修正。

1．使用默认设置划分网格。

（1）要进行网格划分，从主菜单中选择 Main Menu：Preprocessor ＞ Meshing ＞ MeshTool 命令。

（2）在对话框中，给图元定义单元属性（体、面等）。

（3）设定网格密度控制。

（4）保存 DB，然后执行网格划分。

（5）出现拾取对话框，提示拾取要划分网格的图元。

拾取后单击"OK"或"Apply"按钮，结果如图 4-22 所示。

如果没有对网格进行任何控制，ANSYS 将使用默认设置：对于自由网格划分，即四边形网格划分 （2-D 模型），其中可能包含少量三角形；单元尺寸由 ANSYS 确定 （通常是比较合理的）；单元属性为：类型为 1, 材料为 1, 实常数为 1。

2．单元尺寸

ANSYS 网格划分中有许多不同的单元尺寸控制方式：

◆ 智能划分"Smart Sizing"。

◆ 总体"Global" 单元尺寸。

◆ 指定线上的单元分割数及间距控制。

◆ 给定关键点附近的单元尺寸控制。

◆ 层网格划分：在壁面附近划分较密的网格（适于模拟 CFD 边界层及电磁分析中的 skin effects）。

◆ 网格细化：在制定区域细化网格（并不清除已经划好的）。

上述每种控制方法都有自己特定的用途。尽管它们可以混合使用，但有些会有冲突。通常一次使用 1～2 种控制方法。

最高效的控制方法是智能网格划分 Smart Sizing。它考虑几何图形的曲率以及线与线的接近程度。可将滚动条设置在 1（最密的网格）～10（最粗的网格）之间，一般建议设定在 4～8 之间。使用智能网格划分，其步骤为：

（1）从主菜单中选择 Main Menu：Preprocessor ＞ Meshing ＞ MeshTool 命令。

（2）选择 Smart Size 然后移动滚动条设置所需的数值，如图 4-23 所示。

3．模型修正

分网阶段有时需要修正模型，要清除网格，这意味删除节点和单元。要清除网格，必须知道节点和单元与图元的层次关系。

（1）要清除网格，从主菜单中选择 Main Menu：Preprocessor ＞ Meshing ＞ MeshTool 命令。

（2）选择对话框中的"Clear"按钮，如图 4-24 所示。

要修正一个已经划分了网格的模型，按照下面 4 步进行：

◆ 清除要修正的模型的节点和单元。

◆ 删除实体模型图元（由高阶到低阶）。

◆ 创建新的实体模型，代替旧模型。

◆ 对新的实体模型划分网格，如图 4-25 所示。

图4-22　进行网格划分　　　图4-23　智能网格划分　　　图4-24　清除网格

图4-25　修正划分了网格的模型

4.3　施加载荷

　　载荷是指加在有限单元模型（或实体模型，但最终要将载荷转化到有限元模型上）上的位移、力、温度、热、电磁等。施加载荷时必须考虑下面几个问题：

　　1. 分析载荷类别

　　与其他单个分析因素相比，选择合适的载荷对分析结果的影响更大，而将载荷添加到模型上一般比确定是什么载荷要简单得多，施加载荷的关键在于确定载荷的类别。

2. 载荷分类

载荷包括边界条件和内外环境对物体的作用。可以分成以下几类：

（1）自由度约束。就是给某个自由度（DOF）指定一已知数值 （值不一定是零）。在结构分析中就是固定位移（零或者非零值）。

自由度约束用于以下几个方面：

◆ 指定对称性边界条件或者称作"built-in"边界条件。

◆ 指定刚体位移。

◆ 热分析中的指定温度。

对称性或反对称边界条件可以添加到线、面或平面的节点上（它们中的每一个最后成为各个节点上的一组约束）。在大多数情况下，ANSYS 将自动确定约束的方向，如图 4-26 所示。

图4-26　约束的方向

如图 4-27 所示，该方块上下面受压。它需要仔细选择 6 个平移自由度 ，并约束它们的刚体运动，但不能引起附加扭曲应力。

（2）集中载荷。就是作用在模型的一个点上的载荷。实际中是没有真正的集中载荷的，此载荷是对实际中比较集中的载荷的一种抽象，如图 4-28 所示。例如，

◆ 结构分析中的力和弯矩。

◆ 热分析中热流率。

集中载荷可以添加到节点和关键点上（添加到关键点上的力将自动转化到相连的对应节点上）。

集中载荷通常是向由梁（beam）、杆（spars）和弹簧（springs）构成的非连续性

的模型添加载荷的一种途径。

图4-27 约束自由度

对于由壳单元（shells）、平面单元（XY plane elements）或者三维实体单元（3-D solids）等组成连续性模型，集中载荷意味存在应力奇异点。

可以用等效集中载荷代替静力分布载荷，并添加到模型上。如果不关心（集中载荷作用）节点处的应力，这样做是可以接受的。

（3）面载荷。就是作用在单元表面上的分布载荷，如图 4-29 所示。面载荷涉及梯度的概念。

图4-28 集中载荷

图4-29 面载荷

梯度：在面载荷中可能会使用到。可以给按线性变化的面载荷指定一个梯度，例如水工结构在深度方向上受到静水，如图 4-30 所示。存在面载荷不是垂直于表面的情形。

图4-30 梯度载荷

某些类型的载荷只能作用在面效应单元上，这些单元的作用是将载荷传递到模型的其他单元，例如，

◆结构实体单元的切向（或其他方向）压力。

◆实体热单元的辐射描述，如图 4-31 所示。

（4）体载荷。是分布于整个体内或场内的载荷。例如：

◆ 结构分析中的温度载荷。

◆ 热分析中生热率。

◆ 电磁场分析中电流密度。

体载荷可以添加到关键点或节点上（关键点上的体载荷最终将转化成各个节点上的一组体载荷）。

图4-31 面载荷不垂直于表面

体载荷分布一般都很复杂，必须通过其他分析才能得到，例如，通过热应力分析获得温度分布。在某些情况下，体载荷是由当前分析结果决定的，这就需要进行耦合场分析，如图 4-32 所示。

（5）惯性载荷是由物体的惯性（质量矩阵）引起的载荷，如重力加速度、加速度以及角加速度。惯性载荷有以下特点：

◆ 惯性载荷只有结构分析中存在。

◆ 惯性载荷是对整个结构定义的，是独立于实体模型和有限元模型的。

◆ 考虑惯性载荷就必须定义材料密度 （材料特性 DENS）。

3．添加载荷应遵循的原则

◆ 简化的假定越少越好。

◆ 使施加的载荷与结构的实际承载状态保持吻合。

◆ 如果没法做得更好，只要其他位置结果正确也是可以认为是正确的，但是必须忽略"不合理"边界附近的一定区域内的应力。

◆ 加载时，必须十分清楚各个载荷的施加对象。

◆ 除了对称边界外，实际上不存在真正的刚性边界。

◆ 不要忘记泊松效应。

◆ 添加刚体运动约束，但不能添加过多的（其他）约束。一块二维平面应力、平面应变、梁或杆模型至少需要 3 个约束。轴对称模型至少需要一个（轴向）约束。三维实体或壳模型至少需要 6 个约束。

◆ 实际上，集中载荷是不存在的。然而，只要不关心集中载荷作用区域的应力，完全可以把集中载荷添上。

◆ 轴对称模型具有一些独一无二的边界特性。在 360º 的基础上输入集中力和输出反力，载荷大小等于整个周向力的总和。轴对称实体结构，像实体杆件，应当约束对称轴方向上的自由度 UX， 限制理论上可能存在的不真实零变形，如图 4-33 所示。

图4-32 体载荷   图4-33 轴对称载荷

4.4 进行求解

在所有的前处理工作进行完后，要进行求解，求解过程包括选择求解器、对求解进行检查、求解的实施及对求解过程中会出现的问题的解决等。

4.4.1 求解器的类别

求解器的功能是求解关于结构自由度的联立线性方程组，这个过程可能需要花费几分钟（1000 个自由度）到几个小时或者几天 （100000～1000000 自由度），基本上取决于问题的规模和所用计算机的速度。对于简单分析，可能需要一两次求解。对于复杂的瞬态或非线性分析，可能需要进行几十次、几百次，甚至几千次求解。

ANSYS 提供了 3 个求解器用于一般的求解：

◆ 波前（Wavefront）求解器：经常发出"主对角值"或"主元"为小或负的警告或错误信息，指出求解发生奇异。任何一条信息都指出某个特定的自由度从约束中忽略掉。

◆ Power 求解器：不检验求解的奇异问题。存在奇异的情况下，它仍可以计算求解，或者结果不收敛，但仍然进行所有的 PCG 迭代计算，并输出错误信息。

◆ 稀疏矩阵求解器（Sparse solver）：主要用于非线性问题。

4.4.2 求解检查

求解结果保存在数据库中并输出到结果文件（Jobname. RST, Jobname. RTH, Jobname. RMG, 或 Jobname. RFL），进行求解前需要检查模型是否准备就绪。

在求解初始化前，应进行分析数据检查，包括下面内容：

◆ 统一的单位。

◆ 单元类型和选项。

◆ 材料性质参数。考虑惯性时应输入材料密度，热应力分析时应输入材料的热膨胀系数。

◆ 实常数 （单元特性）。

◆ 单元实常数和材料类型的设置。

◆ 实体模型的质量特性。

◆ 模型中不应存在的缝隙。

◆ 壳单元的法向。

◆ 节点坐标系。

◆ 集中、体积载荷。

◆ 面力方向。

◆ 温度场的分布和范围。

◆ 热膨胀分析的参考温度。

4.4.3 求解的实施

求解的实施比较简单，单步求解只需要求解当前步，多步求解先把各步写入步骤文件中，对这些文件的内容进行求解。其中单步求解过程如下：

（1）求解前保存数据库。

（2）从主菜单中选择 Main Menu：Solution > Solve > Current LS 命令。

（3）ANSYS 会给出"Output"窗口确认求解信息的正误，将该窗口提到最前面观看求解信息，确定信息无误后，单击"OK"按钮，如图 4-34 所示。

（4）进入求解过程，求解完成后，出现 "Solution is done!" 提示，单击"OK"按钮关闭此窗口，如图 4-35 所示。在求解过程中，应将"Output"窗口提到最前面。ANSYS求解过程中的一系列信息都将显示在此窗口中，如图 4-36 所示，主要信息包括：

◆ 模型的质量特性：模型质量是精确的，质心和质量矩的值有一定误差。

图4-34　求解确认对话框

图4-35　求解完成提示

◆ 单元矩阵系数：当单元矩阵系数最大/最小值的比率 > 1.0E8 时，将预示模型中的材料性质、实常数或几何模型可能存在问题。当比值过高时，求解可能中途退出。

◆ 模型尺寸和求解统计信息。

◆ 汇总文件和大小。

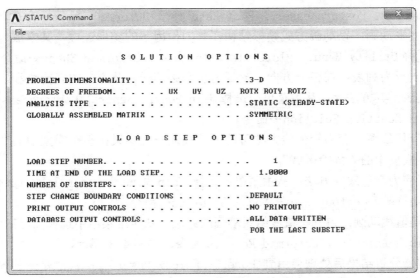

图4-36　信息窗口

4.4.4　求解会碰到的问题

求解往往会得不到结果，其原因是求解输入的模型不完整或存在错误，典型原因有：

◆ 约束不够（这是常出现的问题）。

◆ 当模型中有非线性单元（如缝隙 gaps、滑块 sliders、铰 hinges、索 cables 等），整体或部分结构出现崩溃或"松脱"。

◆ 材料性质参数有负值，如密度或瞬态热分析时的比热值。

◆ 未约束铰接结构，如两个水平运动的梁单元在竖直方向没有约束。

◆ 屈曲。当应力刚化效应为负（压）时，在载荷作用下整个结构刚度弱化。如果刚度减小到零或更小时，求解存在奇异性，因为整个结构已发生屈曲。

遇到求解进行不下去的情况时，需要针对以上几个方面进行检查和修改。

4.5　后处理

分析问题的最后一步工作是进行后处理，后处理就是对求解所得到的结果查看、分析和操作。ANSYS 有两个后处理器：通用后处理器和时间历程后处理器。

通用后处理器（即 "POST1"）只能观看整个模型在某一时刻的结果（如结果的照相 "snapshot"）。

时间历程后处理器（即 "POST26"）可观看模型在不同时间的结果。但此后处理器只能用于处理瞬态和/或动力分析结果。

由于时间历程后处理器在本书中使用较少，在这里只讨论通用后处理器，该处理器分析结果后处理有 5 种选择：

◆ 绘变形图：绘出结构在静力作用下的变形结果，其方法为：从主菜单中选择 Main

Menu：General Postprocessor > Plot Results > Deformed Shape…命令。

◆ 变形动画：以动画方式模拟结构在静力作用下的变形过程，其方法为：从应用菜单中选择 Utility Menu：PlotCtrls > Animate > Deformed Shape…命令。

◆ 支反力列表：在任一方向，支反力总和必等于在此方向的载荷总和。可以对节点反力列表，其方法为：从主菜单中选择 Main Menu：General Postprocessor > List Results > Reaction Solution…命令。

◆ 等值线图：应力等值线方法可清晰地描述一种结果在整个模型中的变化，可以快速确定模型中的"危险区域"。

显示应力等值线的方法：从主菜单中选择 Main Menu：General Postprocessor > Plot Results > Contour Plot- Nodal Solution…命令。

◆ 等值线动画：得到等值线结果动画的方法：从应用菜单中选择 Utility Menu：PlotCtrls > Animate > Deformed Results 命令，如图 4-37 所示。

处理器分析结果后处理会用到 PowerGraphics，PowerGraphics 是一种图形显示技术，PowerGraphics 特点如下：

◆ 快速重画、图形轮廓分明。

图4-37 显示等值线结果动画对话框

◆ 模型显示光滑、具有相片的真实感。

◆ 支持单元类型（lines、pipes、elbows、contact 等单元）和几何实体（lines、areas、volumes 等）。

在后处理中要对网格精度进行验证，网格密度影响分析结果的精度，因此有必要验证网格的精度是否足够。有 3 种方法进行网格精度检查：

1. 观察

（1）画出非平均（unaveraged）应力等值线，例如，画出单元应力而不是节点应力。

（2）显示每个单元的应力。

（3）寻找单元应力变化大的区域，这些区域应进行网格加密（在 MeshTool 中对网格加密非常方便），如图 4-38 所示。

图4-38　加密与不加密的比较

2．误差估计

ANSYS 对平均应力和非平均应力采用几种不同的误差计算方法，误差估计只在进入后处理前 PowerGraphics 被关闭的情况下进行（如果进入后处理后关闭 PowerGraphics 则 ANSYS 将重新计算误差因子）。有以下几种方式可以进行误差估计：

（1）关闭 PowerGraphics，应力等值线图可显示应力分布和最大最小值范围，这可表明误差的大小。

（2）通过结构能画出误差的等值线图，可显示误差较大的区域，这些区域需要网格加密。

（3）画出所有单元的应力偏差图，可给出每个单元的应力误差值 （平均应力和非平均应力不同）。

（4）将不连续的应力进行平均。

ANSYS 有限元方法（FEA）的计算结果包括通过计算直接得到的初始量和导出量。

任一节点处的 DOF 结果 （UX、UY、TEMP 等） 是初始量。它们只是在每个节点计算出来的初始值。其他量，如应力应变，是由 DOF 结果通过单元计算导出而得到的。因此，在给定节点处，可能存在不同的应力值。这是由与此节点相连的不同单元计算而产生的。

"节点结果"（nodal solution）画出的是在节点处导出量的平均值，而"单元结果"（ element solution ）画出非平均量。一般在下列情况下会出现应力不连续：

◆ 在弹性模量不同的材料交界处，应力分量会不连续（PowerGraphics 自动考虑到这一点并对此界面不进行平均处理），如图 4-39 和图 4-40 所示。

图4-39　非平均单元应力显示不连续的应力

图4-40 平均的节点应力显示连续的应力

◆ 在不同厚度的壳单元的交界处，大多数应力会不连续 （PowerGraphics 自动考虑到这一点并对此界面不进行平均处理），如图 4-41 所示。

图4-41 PowerGraphics 自动对界面不进行平均处理

◆ 在壳单元构成的尖角或连接处，某些应力分量不连续，如图 4-42 和图 4-43 所示。

图4-42 非平均单元应力显示不连续的应力　图4-43 平均的节点应力显示掩盖了应力的不连续性

3. 将网格加密一倍，重新求解并比较两者结果

如果对以上两种方法不满意，将网格加密一倍，重新求解并比较两者结果。

4.6 分析步骤示例——悬臂梁

本节将对一个悬臂梁进行静力分析,学习完本节后,读者将对 ANSYS 分析有一个全面的认识。

📖 4.6.1 分析问题

使用 ANSYS 分析一个截面为正方形的悬臂梁,如图 4-44 所示。

图4-44 问题模型

求解在力 P 作用下的变形,已知条件如下:

端部压力:P = 4000 lb

梁的长度:L = 72 in

梁的高度:H = 10 in

截面惯性矩:$I = 833$ in^4

杨氏模量:$E = 29 \times 10^6$ psi

📖 4.6.2 建立有限元模型

1. 启动 ANSYS

以交互模式进入 ANSYS,工作文件名为"example4-6"。

(1)从主菜单中选择 Main Menu:File > Clear & Start New…命令。

(2)在打开的"Clear Database and Start New"对话框中,选择"Read file",单击"OK"按钮,如图 4-45 所示。

(3)打开确认按钮,单击"Yes"按钮,如图 4-46 所示。

图4-45 建立新的文件   图4-46 建立新文件的确认对话框

(4)从主菜单中选择 Main Menu:File > Change Jobname…命令。

(5)打开"change jobname"对话框,在文本框中输入"example4-6"作为新的工作名,然后单击"OK"按钮,如图 4-47 所示。

2. 创建基本模型

使用带有两个关键点的线模拟梁,梁的高度及横截面积将在单元的实常数中设置。

(1)从主菜单中选择 Main Menu:Preprocessor > Modeling > Create > Keypoints

> In Active CS…命令。

图4-47 设置新的工作名

（2）在创建点对话框中，输入关键点编号 1。

（3）在创建点对话框中，输入 X, Y, Z 坐标 0, 0, 0。

（4）单击"Apply"按钮，如图 4-48 所示。

图4-48 创建点

（5）输入关键点编号 2。

（6）输入 X, Y, Z 坐标 72, 0, 0。

（7）单击"OK"按钮。

（8）从主菜单中选择 Main Menu：Preprocessor > Modeling > Create > Lines > Lines > Straight Line 命令。

（9）在图形窗口中选取两个关键点 1、2，如图 4-49 所示。

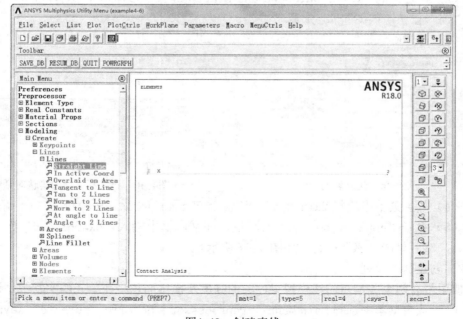

图4-49 创建直线

（10）在拾取菜单中单击"OK"按钮。

创建好的图形如图 4-50 所示。

ANSYS 数据库是当用户在建模求解时 ANSYS 保存在内存中的数据。由于在 ANSYS 初始对话框中定义的工作文件名为 example4-6，因此存储的数据库到名为 example4-6.db 的文件中。经常存储数据库文件名是必要的。这样在进行错误操作后，可以恢复上次存储的数据库文件。存储及恢复操作，可以点取工具条，也可以选择菜单：从应用菜单中选择 Utility Menu：File。

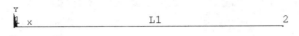

图4-50　悬臂梁模型

3. 存储 ANSYS 数据库

Toolbar：SAVE_DB

4. 设定分析模块

（1）从主菜单中选择 Main Menu：Preferences 命令。

（2）选择"Structural"选项。

（3）单击"OK"按钮，如图 4-51 所示。

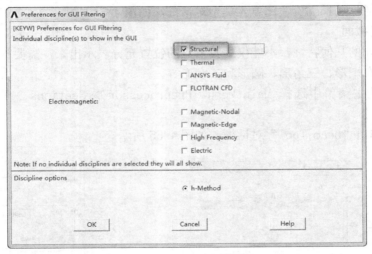

图4-51　选择分析模型

使用"Preferences" 对话框选择分析模块，以便于对菜单进行过滤。如果不进行选择，所有的分析模块的菜单都将显示出来。例如，这里选择了结构模块，那么所有热、电磁、流体的菜单都将被过滤掉，使菜单更简洁明了。

创建好几何模型以后，就要准备单元类型、实常数、材料属性，然后划分网格。

5. 设定单元类型相应选项

对于任何分析，必须从单元类型库中选择一个或几个适合的分析单元类型。单元类型决定了辅加的自由度（位移、转角、温度等）。许多单元还要设置一些单元的选项，诸如单元特性和假设，单元结果的打印输出选项等。对于本问题，只需选择 BEAM188 并默认单元选项即可。

（1）从主菜单中选择 Main Menu：Preprocessor＞Element Type＞Add/Edit/Delete

命令。

（2）在单元设置对话框中，单击"Add …"按钮，如图4-52所示。

（3）在左边单元库列表中选择 "Beam"选项。

（4）在右边单元列表中选择 2 node （BEAM188），如图4-53所示。

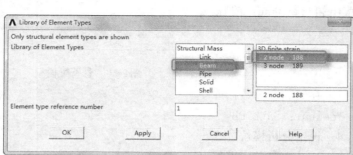

图4-52　添加单元　　　　　　　　　　　图4-53　选择单元类型

（5）单击"OK"按钮接受单元类型并关闭对话框。

（6）选择"Close"关闭单元类型对话框，如图4-54所示。

6．定义截面

有些单元的几何特性，不能仅用其节点的位置充分表示出来，需要提供截面信息。典型的截面有矩形、三角形、圆形和工字形等。

（1）从主菜单中选择 Main Menu：Preprocessor ＞ Sections ＞ Beam ＞ Common Sections 命令。

（2）弹出"Beam Tool"对话框，如图4-55所示。

图4-54　单元类型设置　　　　　　　　　图4-55　设置实常数

（3）输入矩形的高和宽均为10，单击"OK"按钮定义横截面积。

7．定义材料属性

材料属性是与几何模型无关的结构属性，如弹性模量、密度等。虽然材料属性并不与单元类型联系在一起，但由于计算单元矩阵时需要材料属性，ANSYS 为了使用方便，还是对每种单元类型列出了相应的材料类型。根据不同的应用，材料属性可以是线性或非线性的。与单元类型及实常数类似，一个分析中可以设定多种材料。每种材料设定一个材料编号。对于本问题，只需定义一种材料，这种材料只需定义一个材料属性——杨氏模量 29×10^6psi。定义材料属性的具体步骤为：

（1）从主菜单中选择 Main Menu：Preprocessor > Material Props > Material Models 命令。

（2）在出现的对话框中依次单击 Stuctural、Linear、Elastic 和 Isotropic，如图 4-56 所示。

图4-56　设置材料

（3）在"EX"框中输入"29e6"（弹性模量），单击"OK"按钮，如图 4-57 所示。

（4）选择对话框的菜单 Material Props > Exit 定义材料属性并关闭对话框。

8．保存 ANSYS 数据库文件 "example4-6geom.db"

在划分网格以前，用表示几何模型的文件名保存数据库文件。一旦需要返回重新划分网格时就很方便了，因为此时需要恢复数据库文件。

（1）从应用菜单中选择 Utility Menu：File > Save as 命令。

（2）输入文件名 "example4-6geom.db"，如图 4-58 所示。

（3）单击"OK"按钮保存文件并退出对话框。

图4-57　输入材料属性

图4-58　保存数据

9．对几何模型划分网格

（1）从主菜单中选择 Main Menu： Preprocessor ＞ Meshing ＞ MeshTool 命令。

（2）单击"Mesh"按钮，如图 4-59 所示。

（3）在图形上拾取所绘制的直线。

（4）在拾取对话框中单击"OK"按钮，如图 4-60 所示。

图4-59 网格划分设置   图4-60 将线划分为网格

（5）（可选）在 MeshTool 对话框中单击"Close"按钮。

10. 保存 ANSYS 数据库到文件 example4-6mesh.db

（1）从应用菜单中选择 Utility Menu： File ＞ Save as 命令。

（2）输入文件名：example4-6mesh.db。

（3）单击"OK"按钮保存文件并退出对话框。

4.6.3 施加载荷

1. 施加载荷及约束

（1）从主菜单中选择 Main Menu：Solution ＞ Difine Loads ＞ Apply ＞ Structural ＞ Displacement ＞ On Nodes 命令。

（2）拾取最左边的节点。

（3）在拾取菜单中单击"OK"按钮，如图 4-61 所示。

（4）选择"All DOF"按钮。

（5）单击"OK"按钮（如果不输入任何值，位移约束默认为0），如图 4-62 所示。

（6）从主菜单中选择 Main Menu：Solution ＞ Difine Loads ＞ Apply ＞ Structural ＞ Force/Moment ＞ On Nodes 命令。

图4-61 施加载荷

图4-62 输入载荷值

（7）拾取最右边的节点。

（8）在选取对话框中单击"OK"按钮。

（9）选择"FY"选项。

（10）在"VALUE"框中输入-4000。

（11）单击"OK"按钮，如图4-63所示。

（12）施加约束所得图形如图4-64所示。

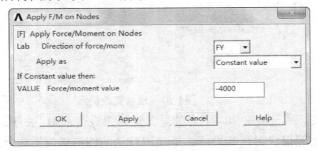

图4-63 施加约束

2. 保存数据库文件到 example4-6load.db

（1）从应用菜单中选择 Utility Menu：File ＞ Save as 命令。

图4-64 施加约束

（2）输入文件名"example4-6load.db"按钮。

（3）单击"OK"按钮保存文件关闭对话框。建议再以"example4-6load.db"文件名保存数据库。

4.6.4 进行求解

（1）从主菜单中选择 Main Menu：Solution ＞ Solve ＞ Current LS 命令。

（2）查看状态窗口中的信息，然后选择 File ＞ Close，如图 4-65 所示。

（3）单击"OK"按钮开始计算，如图 4-66 所示。

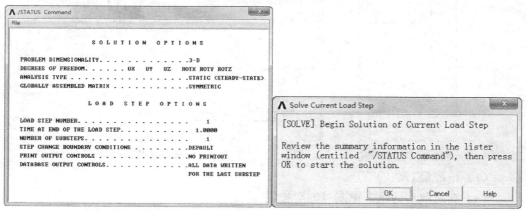

图4-65 求解信息窗口   图4-66 确认求解信息窗口

（4）当出现"Solution is done!"提示后，选择"Close"按钮关闭此窗口，如图 4-67 所示。

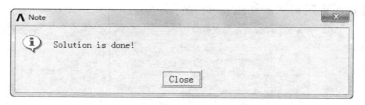

图4-67 求解完成提示

将对一端固支，另一端施加向下力的悬臂梁问题进行求解。由于这个问题规模很小，使用任何求解器都能很快得到结果，这里使用默认的波前求解器进行求解。

4.6.5 后处理

后处理用于通过图形或列表方式显示分析结果。通用后处理（POST1）用于观察指定载荷步的整个模型的结果。本问题只有一个载荷步需进行后处理。

1. 进入通用后处理读取分析结果

从主菜单中选择 Main Menu：General Postproc ＞ Read Results ＞ First Set 命令。

2. 图形显示变形

（1）从主菜单中选择 Main Menu：General Postproc ＞ Plot Results ＞ Deformed Shape 命令。

（2）在对话框中选择"Def + undeformed"选项。

（3）单击"OK"按钮，如图 4-68 所示。

图4-68　选择显示样式

梁变形前后的图形都将显示出来，以便进行对比。

注意由于力 P 对结构引起的 A 点的变形。变形值在图形的右边标记为 "DMX"。可以将此结果与手算的结果进行对比：

根据弹性梁理论：ya = (PL3) / (3EI) = 0.0204 in。

两个结果一致，如图 4-69 所示。

图4-69　计算结果

3.（可选）列出反作用力

（1）从主菜单中选择 Main Menu：General Postproc > List Results > Reaction Solu 命令。

（2）单击 "OK" 按钮列出所有项目，并关闭对话框，如图 4-70 所示。

（3）查看完结果后，选择 File > Close 关闭窗口，如图 4-71 所示。

可以列出所有的反作用力。

4．退出 ANSYS

（1）工具条：Quit。

（2）选择 Quit > No Save!，如图 4-72 所示。

（3）单击 "OK" 按钮，退出 ANSYS。

注意保存选项的意义：

图4-70　选择列表内容

图4-71　列表显示反作用力

◆　geometry+loads（default）——保存模型和载荷。

◆　geometry+loads+solution（1 set of results）——保存模型、载荷和第一步结果。

◆　geometry+loads+solution+postprocessing（即保存所有项目 ），或 save everything——保存所有数据。

◆　Quit - No Save!——不作任何新的保存。

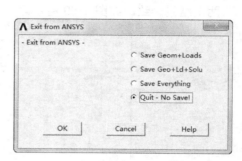

图4-72　退出ANSYS

应该慎重选择保存方式。

到现在为止读者已经能够完成一个完整的结构分析了。

4.6.6　命令流

```
!更改文件名称
/FILNAME,example4-6,1
!进入预处理模块
/PREP7
!创建点
K,1,,,,
K,2,72,,
!创建线
L,          1,          2
!选择 BEAM188 单元类型
ET,1,BEAM188
!定义截面属性
```

```
SECTYPE,    1, BEAM, RECT, , 0
SECOFFSET,  CENT
SECDATA, 10, 10, , , , , , , , , , ,
!定义材料弹性模量
MPTEMP, , , , , , , ,
MPTEMP, 1, 0
MPDATA, EX, 1, , 29e6
!划分网格
LMESH,          1
!完成预处理
FINISH
!进入求解模块
/SOL
!施加约束
FLST, 2, 1, 1, ORDE, 1
FITEM, 2, 1
/GO
D, P51X, , , , , , ALL, , , , ,
!施加载荷
FLST, 2, 1, 1, ORDE, 1
FITEM, 2, 2
/GO
F, P51X, FY, -4000
!求解
/STATUS, SOLU
SOLVE
FINISH
!完成求解
!进入后处理模块
/POST1
!读取分析结果
SET, LAST
!显示变形
PLDISP, 0
!列出反作用力
PRRSOL,
!完成后处理
FINISH
!退出
!  /EXIT, ALL
```

第 **5** 章

静力分析

本章的结构分析是有限元分析方法最常用的一个应用领域。结构这个术语是一个广义的概念，它包括土木工程结构，如桥梁和建筑物；汽车结构，如车身骨架；海洋结构，如船舶结构；航空结构，如飞机机身等；同时还包括机械零部件，如活塞、传动轴等。

学 习 要 点

- 静力分析介绍
- 平面问题静力分析实例
- 轴对称结构静力分析实例
- 周期对称结构的静力分析实例
- 任意三维结构的静力分析实例

5.1 静力分析介绍

📖 5.1.1 结构静力分析简介

在 ANSYS 产品家族中有 7 种结构分析的类型。结构分析中计算得出的基本未知量（节点自由度）是位移，其他的一些未知量，如应变、应力和反力可通过节点位移导出。各种分析的具体含义如下：

◆ 静力分析：用于求解静力载荷作用下结构的位移和应力等。静力分析包括线性和非线性分析。而非线性分析涉及塑性、应力刚化、大变形、大应变、超弹性、接触面和蠕变。

◆ 模态分析：用于计算结构的固有频率和模态。

◆ 谐波分析：用于确定结构在随时间正弦变化的载荷作用下的响应。

◆ 瞬态动力分析：用于计算结构在随时间任意变化的载荷作用下的响应，并且可计及上述提到的静力分析中所有的非线性性质。

◆ 谱分析：用于计算由于响应谱或 PSD 输入（随机振动）引起的应力和应变。

◆ 曲屈分析：用于计算曲屈载荷和确定曲屈模态。ANSYS 可进行线性（特征值）和非线性曲屈分析。

◆ 显式动力分析：ANSYS/LS-DYNA 可用于计算高度非线性动力学和复杂的接触问题。

此外，前面提到的 7 种分析类型还有如下特殊的分析应用：

◆ 断裂力学。

◆ 复合材料。

◆ 疲劳分析。

◆ p-Method。

绝大多数的 ANSYS 单元类型可用于结构分析，所用的单元类型从简单的杆单元和梁单元一直到较为复杂的层合壳单元和大应变实体单元。

从计算的线性和非线性的角度可以把结构分析分为线性分析和非线性分析，从载荷与时间的关系又可以把结构分析分为静力分析和动态分析，而线性静力分析是最基本的分析，这里专门介绍一下。

静力分析的定义：静力分析计算在固定不变的载荷作用下结构的效应，它不考虑惯性和阻尼的影响，如结构随时间变化载荷的情况。可是，静力分析可以计算那些固定不变的惯性载荷对结构的影响（如重力和离心力），以及那些可以近似为等价静力作用的随时间变化载荷（如通常在许多建筑规范中所定义的等价静力风载和地震载荷）。线性分析是指在分析过程中结构的几何参数和载荷参数只发生微小的变化，以至可以把这种变化忽略，而把分析中的所有非线性项去掉。

静力分析中的载荷：静力分析用于计算由那些不包括惯性和阻尼效应的载荷作用

于结构或部件上引起的位移、应力、应变和力。固定不变的载荷和响应是一种假定，即假定载荷和结构的响应随时间的变化非常缓慢。

静力分析所施加的载荷包括以下几种：

◆ 外部施加的作用力和压力。

◆ 稳态的惯性力（如重力和离心力）。

◆ 位移载荷。

◆ 温度载荷。

5.1.2　静力分析的类型

静力分析可分为线性静力分析和非线性静力分析，静力分析既可以是线性的也可以是非线性的。非线性静力分析包括所有的非线性类型：大变形、塑性、蠕变、应力刚化、接触（间隙）单元、超弹性单元等。本节主要讨论线性静力分析，非线性静力分析在另外一章中介绍。

从结构的几何特点上讲，无论是线性的还是非线性的静力分析都可以分为平面问题、轴对称问题和周期对称问题及任意三维结构。

5.1.3　静力分析基本步骤

1. 建模

建立结构的有限元模型，使用 ANSYS 软件进行静力分析，有限元模型的建立是否正确、合理，直接影响到分析结果的准确可靠程度。因此，在开始建立有限元模型时就应当考虑要分析问题的特点，对需要划分的有限元网格的粗细和分布情况有一个大概的计划。

2. 施加载荷和边界条件，求解

在上一步建立的有限元模型上施加载荷和边界条件并求解，这部分要完成的工作包括：指定分析类型和分析选项，根据分析对象的工作状态和环境施加边界条件和载荷，对结果输出内容进行控制，最后根据设定的情况进行有限元求解。

3. 结果评价和分析

求解完成查看分析结果写进的结果文件 Jobname.RST，结果文件由以下数据构成：

◆ 基本数据——节点位移（UX、UY、YZ、ROTX、ROTY、ROTZ）。

◆ 导出数据——节点单元应力、节点单元应变、单元集中力、节点反力等。

可以用 POST1 或 POST26 检查结果。POST1 可以检查基于整个模型的指定子步（时间点）的结果；POST26 用在非线性静力分析追踪特定结果。

5.2　平面问题静力分析实例——平面齿轮

平面问题是对实际结构在特殊情况下的一种简化，在实际问题中，任何一个物体严格地说都是空间物体，它所受的载荷一般都是空间的。但是，当工程问题中某些结构或机械零件的形状和载荷情况具有一定特点时，只要经过适当的简化和抽象化处理，就可以归结为平面问题。这种问题的特点为，将一切现象都看作是在一个平面内发生的。平面问题的模型可以大大简化而不失精度。平面问题分为平面应力问题和平面应变问题。它们的区别只是单元的行为方式选择设置不同而已，平面应力要求选择的是 Plane Stress，而平面应变问题选择 Plane Strain。

本节通过对高速旋转的齿轮进行应力分析，来介绍 ANSYS 平面问题的分析过程。

📖 5.2.1 分析问题

为了考查齿轮泵在高速运转时，发生多大的径向位移，从而判断其变形情况，以及齿轮运转过程齿面受到的压力作用。齿轮模型如图 5-1 所示。

标准齿轮，最大转速为 62.8rad/s，计算其应力分布。

齿顶直径：48

齿底直径：30

齿数：10

厚度：4

弹性模量：2.06e11

密度：7.8e3

图5-1 齿轮模型

📖 5.2.2 建立模型

建立模型包括设定分析作业名和标题、定义单元类型和实常数、定义材料属性、建立几何模型、划分有限元网格。

1. 设定分析作业名和标题

在进行一个新的有限元分析时，通常需要修改数据库名，并在图形输出窗口中定义一个标题来说明当前进行的工作内容。另外，对于不同的分析范畴（结构分析、热分析、流体分析、电磁场分析等），ANSYS 所用的主菜单的内容不尽相同，为此，我们需要在分析开始时选定分析内容的范畴，以便 ANSYS 显示出与其相对应的菜单选项。

（1）从实用菜单中选择 Utility Menu：File > Change Jobname 命令，将打开"Change Jobname（修改文件名）"对话框，如图 5-2 所示。

图5-2 "修改文件名"对话框

（2）在"Enter new jobname（输入新的文件名）"文本框中输入文字

"example5-2"，为本分析实例的数据库文件名。

（3）单击"OK"按钮，完成文件名的修改。

（4）从实用菜单中选择 Utility Menu：File ＞ Change Title 命令，将打开
"Change Title（修改标题）"对话框，如图 5-3 所示。

图5-3 "修改标题"对话框

（5）在"Enter new title（输入新标题）"文本框中输入文字"static analysis of a gear"，为本分析实例的标题名。

（6）单击"OK"按钮，完成对标题名的指定。

（7）从实用菜单中选择 Utility Menu：Plot ＞ Replot 命令，指定的标题"static analysis of a gear"将显示在图形窗口的左下角。

（8）从主菜单中选择 Main Menu：Preference 命令，将打开"Preference of GUI Filtering（菜单过滤参数选择）"对话框，选中"Structural"复选框，单击"OK"按钮确定。

2．定义单元类型

在进行有限元分析时，应根据分析问题的几何结构、分析类型和所分析的问题精度要求等，选定适合具体分析的单元类型。本例中选用四节点四边形板单元PLANE182。PLANE182 不仅可用于计算平面应力问题，还可以用于分析平面应变和轴对称问题。

（1）从主菜单中选择 Main Menu：Preprocessor ＞ Element Type ＞ Add/Edit/Delete 命令，将打开"Element Type（单元类型）"对话框。

（2）单击"Add…"按钮，将打开"Library of Element Type（单元类型库）"对话框，如图 5-4 所示。

（3）在对话框中选择"Solid"选项，选择实体单元类型。

（4）在对话框列表框中选择"Quad 4 node 182"选项，选择四节点四边形板单元 PLANE182。

（5）在对话框中单击"OK"按钮，将 PLANE182 单元添加，并关闭单元类型对话框，同时返回到第（1）步打开的"单元类型"对话框，如图 5-5 所示。

（6）在打开的对话框中单击"Options…"按钮，打开如图 5-6 所示的"PLANE182 element type option（单元选项设置）"对话框，对 PLANE182 单元进行设置，使其可用于计算平面应力问题。

（7）在"Element behavior（单元行为方式）"下拉列表框中选择"Plane strss w/thk（带有厚度的平面应力）"选项，如图 5-6 所示。

（8）单击"OK"按钮，接受选项，关闭单元选项设置对话框，返回到如图 5-5 所示的单元类型对话框。

图5-4　"单元类型库"对话框　　　图5-5　"单元类型"对话框

（9）单击"Close"按钮，关闭单元类型对话框，结束单元类型的添加。

3．定义实常数。本实例中选用带有厚度的平面应力行为方式的 PLANE182 单元，需要设置其厚度实常数。

（1）从主菜单中选择 Main Menu：Preprocessor ＞ Real Constants ＞ Add/Edit/Delete 命令，打开了如图 5-7 所示的"Real Constants（实常数）"对话框。

图5-6　"单元选项"设置　　　图5-7　"实常数"对话框

（2）单击"Add"按钮，打开如图 5-8 所示的"Element Type（实常数单元类型）"对话框，要求选择欲定义实常数的单元类型。

本例中只定义了一种单元类型，在已定义的单元类型列表中选择"Type 1 PLANE182"，将为 PLANE182 单元类型定义实常数。

（3）单击"Add.."按钮，打开该单元类型"Real Constant Set（实常数集）"对话框，如图 5-9 所示。

（4）在"Thickness（厚度）"文本框中输入 4。

（5）单击"OK"按钮，关闭"实常数集"对话框，返回到实常数设置对话框，如图 5-10 所示，显示已经定义了一组实常数。

（6）单击"Close"按钮，关闭实常数对话框。

4．定义材料属性

考虑惯性力的静力分析中必须定义材料的弹性模量和密度。具体步骤如下：

图5-8　选择单元类型　　　　　　　图5-9　"实常数集"对话框

（1）从主菜单中选择 Main Menu：Preprocessor > Material Props > Material Model 命令，将打开"Define Material Model Behavior（定义材料模型属性）"窗口，如图 5-11 所示。

图5-10　已经定义的实常数　　　　　图5-11　"定义材料模型属性"窗口

（2）依次单击 Structural > Linear > Elastic > Isotropic，展开材料属性的树形结构。将打开 1 号材料的弹性模量 EX 和泊松比 PRXY 的定义对话框，如图 5-12 所示。

（3）在对话框的 EX 文本框中输入弹性模量 2.06e11，在 PRXY 文本框中输入泊松比 0.3。

（4）单击"OK"按钮，关闭对话框，并返回到"定义材料模型属性"窗口，在此窗口的左边一栏出现刚刚定义的参考号为 1 的材料属性。

（5）依次单击 Structural > Density，打开"定义材料密度"对话框，如图 5-13 所示。

（6）在 DENS 文本框中输入密度数值"7.8e3"。

（7）单击"OK"按钮，关闭对话框，并返回到"定义材料模型属性"窗口，在此窗口的左边一栏参考号为 1 的材料属性下方出现密度项。

（8）在"Define Material Model Behavior"窗口中，从菜单中选择 Material >

Exit 命令，或者单击右上角的"X"按钮，退出"定义材料模型属性"窗口，完成对材料模型属性的定义。

图5-12 线性各向同性材料的弹性模量和泊松比　　图5-13 "定义材料密度"对话框

5. 建立齿轮面模型

在使用 PLANE 系列单元时，要求模型必须位于全局 XY 平面内。默认的工作平面即为全局 XY 平面内，因此可以直接在默认的工作平面内创建齿轮面。

（1）将激活的坐标系设置为总体柱坐标系。从实用菜单中选择 Utility Menu：WorkPlane > Change Active CS to > Global Cylindrical 命令。

（2）定义一个关键点

1）从主菜单中选择 Main Menu：Preprocessor > Modeling > Create > Keypoints > In Active CS …命令。

2）在"Keypoint number"文本框中输入 1，X=15，Y=0，单击"OK"按钮，如图 5-14 所示。

图5-14 定义一个关键点

（3）定义一个点作为辅助点。

1）从主菜单中选择 Main Menu：Preprocessor>Modeling> Create >Keypoints > In Active CS …命令。

2）在"Keypoint number"文本框中输入 110，X=12.5,Y=40，单击"OK"按钮，如图 5-15 所示。

图5-15 定义一个辅助点

（4）偏移工作平面到给定位置。

1）从应用菜单中选择 Utility Menu： WolrkPlane > Offset WP to > Keypoints

命令。

2）在 ANSYS 图形窗口选择 110 号点，单击"OK"按钮。

3）偏移工作平面到给定位置后的结果如图 5-16 所示。

（5）旋转工作平面。

1）从应用菜单中选择 Utility Menu：WorkPlane ＞ Offset WP by Increments 命令。

2）将打开选择对话框，在"XY,YZ,ZXAngles"文本框中输入"-50,0,0"，单击"OK"按钮，如图 5-17 所示。

图 5-16　偏移工作平面到给定位置的结果　　　　图 5-17　旋转工作平面

（6）将激活的坐标系设置为工作平面坐标系。从应用菜单中选择 Utility Menu：WorkPlane ＞ Change Active CS to ＞ Working Plane 命令。

（7）建立第二个关键点。

1）从主菜单中选择 Main Menu：Preprocessor＞Modeling＞Create ＞ Keypoints＞In Active CS …命令。

2）在"Keypoint number"文本框中输入 2，X=10.489，Y=0，单击"OK"按钮，如图 5-18 所示。

图5-18　建立关键点

3）所得的结果如图 5-19 所示。

（8）将激活的坐标系设置为总体柱坐标系。从应用菜单中选择 Utility Menu：WorkPlane ＞ Change Active CS to ＞ Global Cylindrical 命令。

（9）建立其余的辅助点。按照（3）同样的步骤建立其余的辅助点，将其编号分别设为 120、130、140、150、160，其坐标分别为（12.5，44.5）、（12.5，49）、（12.5，53.5）、（12.5，58）、（12.5，62.5），所得的结果如图 5-20 所示。

图5-19 建立关键点的结果   图5-20 建立其余的辅助点的结果

（10）将工作平面平移到第二个辅助点。

1）从应用菜单中选择 Utility Menu：WorkPlane ＞ Offset WP to ＞ Keypoints 命令。

2）在 ANSYS 图形窗口选择 120 号点，单击"OK"按钮。

（11）旋转工作平面。

1）从应用菜单中选择 Utility Menu：WorkPlane ＞Offset WP by Increments 命令。

2）在"XY,YZ,ZXAngles"文本框中输入"4.5,0,0"，单击"OK"按钮。

（12）将激活的坐标系设置为工作平面坐标系。从应用菜单中选择 Utility Menu： WorkPlane ＞ Change Active CS to ＞ Working Plane。

（13）建立第三个关键点。

1）从主菜单中选择 Main Menu：Preprocessor>Modeling>Create ＞ Keypoints ＞ In Active CS …命令。

2）在"Keypoint number"文本框中输入 3，X=12.221，Y=0，单击"OK"按钮。

（14）重复以上步骤，建立其余的辅助点和关键点。按照（10）～（13）的步骤，分别把工作平面平移到编号为 130、140、150、160 的辅助点，然后旋转工作平面，旋转角度均为 2.4,0,0，再将工作平面设为当前坐标系，在工作平面中分别建立编号为 4、5、6、7 的关键点，其坐标分别为（14.182，0）、（16.011，0）、（17.663，0）、（19.349，0）。建立关键点的结果如图 5-21 所示。

（15）建立编号为 8、9、10 的关键点。

1）将激活的坐标系设置为总体柱坐标系：从应用菜单中选择 Utility Menu： WorkPlane ＞ Change Active CS to ＞ Global Cylindrical 命令。

2）从主菜单中选择 Main Menu：Preprocessor>Modeling>Create ＞ Keypoints ＞ In Active CS …命令。

3）在"Keypoint number"文本框中输入 8，X=24，Y=7.06，单击"OK"按钮。

4）从主菜单中选择 Main Menu：Preprocessor>Modeling>Create ＞ Keypoints ＞ In Active CS …命令。

5）在"Keypoint number"文本框中输入 9，X=24，Y=9.87，单击"OK"按钮。

6）从主菜单中选择 Main Menu：Preprocessor>Modeling> Create > Keypoints > In Active CS …命令。

7）在"Keypoint number"文本框中输入 10，X=15，Y=-8.13，单击"OK"按钮，所得结果如图 5-22 所示。

图5-21　建立辅助点和关键点的结果　　　　图5-22　建立编号为8、9、10的关键点

（16）在柱面坐标系中创建圆弧线。

1）从主菜单中选择 Main Menu： Preprocessor > Modeling > Create > Lines > Lines > Straight Line 命令， 弹出选择对话框，如图 5-23 所示。

2）分别拾取关键点 10 和 1，1 和 2，2 和 3，3 和 4，4 和 5，5 和 6，6 和 7，7 和 8，8 和 9， 然后单击"OK"按钮。

3）创建圆弧线所得结果如图 5-24 所示。

（17）把齿轮边上的线加起来，使其成为一条线。

1）从主菜单中选择 Main Menu：Preprocessor>Modeling> Operate > Booleans > Add > Lines 命令。

2）在图形窗口中选择刚刚建立的齿轮边上的线，在选择对话框中单击"OK"按钮，如图 5-25 所示。

图5-23　创建圆弧线　　　　　　图5-24　创建圆弧线的结果　　　　图5-25　将线相加

3）ANSYS 会提示是否删除原来的线，选择"Deleted"选项，单击"OK"按钮，如

图 5-26 所示。

线相加所得结果如图 5-27 所示。

（18）偏移工作平面到总坐标系的原点。从应用菜单中选择 Utility Menu: WorkPlane > Offset WP to > Global Origin 命令。

（19）将工作平面与总体直角坐标系对齐。从应用菜单中选择 Utility Menu: WorkPlane > Align WP with > Global Cartesian 命令。

图5-26　线相加后删除原来的线

（20）将工作平面旋转 9.87°。

1）从应用菜单中选择 Utility Menu: WorkPlane > Offset WP by Increments 命令。

2）打开旋转对话框，在"XY,YZ,ZXAngles"文本框中输入"9.87,0,0"，单击"OK"按钮。

（21）将激活的坐标系设置为工作平面坐标系。从应用菜单中选择 Utility Menu: WorkPlane > Change Active CS to > Working Plane 命令。

（22）将所有线沿 X-Z 面进行镜像(在 Y 方向)。

1）从主菜单中选择 Main Menu: Preprocessor > Modeling > Reflect > Lines 命令。

2）在对话框中单击"Pick All"按钮，如图 5-28 所示。

图5-27　线相加后的结果　　　　　图5-28　将线镜像

3）ANSYS 会提示选择镜像的面和编号增量，选择 X-Z 面，在增量中输入 1000，选择"Copied"选项，单击"OK"按钮，如图 5-29 所示。

4）将所有线镜像后的结果如图 5-30 所示。

图5-29　选择镜像面和编号增量

（23）把齿顶上的两条线粘接起来。

1）从主菜单中选择 Main Menu：Preprocessor ＞ Modeling ＞ Operate ＞ Booleans ＞ Glue ＞ Lines 命令。

2）选择齿顶上的两条线，单击"OK"按钮。

（24）把齿顶上的两条线加起来，成为一条线。

1）从主菜单中选择 Main Menu：Preprocessor ＞ Modeling ＞ Operate ＞ Booleans ＞ Add ＞ Lines 命令。

2）选择齿顶上的两条线，单击"OK"按钮，所得结果如图 5-31 所示。

（25）在柱坐标系下进行复制线。

图5-30　将所有线镜向的结果　　　　　　　图5-31　齿顶上线加起来的结果

1）将激活的坐标系设置为总体柱坐标系。从应用菜单中选择 Utility Menu：WorkPlane ＞ Change Active CS to ＞ Global Cylindrical 命令。

2）从主菜单中选择 Main Menu：Preprocessor ＞ Modeling ＞ Copy ＞ Lines 命令。

3）单击"Pick All"按钮，如图 5-32 所示。

4）ANSYS 会提示复制的数量和偏移的坐标，在"Number of copies"文本框中输入 10，在"Y-offset in active CS"文本框中输入 36，单击"OK"按钮，如图 5-33 所示。

图5-32　复制线　　　　　　　　图5-33　输入复制的数量和坐标

5）在柱坐标系下进行复制线后所得的结果如图 5-34 所示。

图5-34　复制线后的结果

（26）把齿底上的所有线粘接起来。

1）从主菜单中选择 Main Menu：Preprocessor ＞ Modeling ＞ Operate ＞ Booleans ＞ Glue ＞ Lines 命令。

2）分别选择齿底上的两条线，单击"OK"按钮。

（27）把齿底上的所有线加起来。

1）从主菜单中选择 Main Menu：Preprocessor ＞ Modeling ＞ Operate ＞ Booleans ＞ Add ＞ Lines 命令。

2）分别选择齿底上的两条线，单击"OK"按钮。

3）把齿底上的所有线加起来的结果如图 5-35 所示。

（28）把所有线粘接起来。

1）从主菜单中选择 Main Menu：Preprocessor＞Modeling＞Operate＞ Booleans ＞ Glue ＞ Lines 命令。

图5-35　齿底上的线加起来结果

2）单击"Pick All"按钮。

（29）用当前定义的所有线创建一个面。

1）从主菜单中选择 Main Menu：Preprocessor > Modeling > Create > Areas > Arbitrary > By Lines 命令。

2）选择所有的线，单击"OK"按钮。

3）用当前定义的所有线创建一个面的结果如图 5-36 所示。

图5-36　用线创建一个面的结果

（30）创建圆面。

1）从主菜单中选择 Main Menu：Preprocessor > Modeling > Create > Areas > Circle > Solid Circle... 命令。

2）X = 0，Y = 0，Radius = 5，然后单击"OK"按钮，如图 5-37 所示。

3）创建圆面后所得的结果如图 5-38 所示。

图5-37 创建圆面

（31）从齿轮面中"减"去圆面形成轴功率孔。

1）从主菜单中选择 Main Menu：Preprocessor > Modeling > Operate > Booleans > Subtract > Areas 命令。

2）拾取齿轮面，作为布尔"减"操作的母体，单击"Apply"按钮，如图 5-39 所示。

图5-38 创建圆面的结果

图5-39 面相减

3）拾取刚刚建立的圆面作为"减"去的对象，单击"OK"按钮，所得结果如图 5-40 所示。

（32）存储数据库 ANSYS，拾取 "SAVE_DB"。

6．对盘面划分网格

本节选用 PLANE182 单元对盘面划分映射网格。其具体步骤如下：

（1）从主菜单中选择 Main Menu：Preprocessor > Meshing > MeshTool 命令，打开"Mesh Tool（网格工具）"，如图 5-41 所示。

（2）单击"Line 域 Set"按钮，打开线选择对话框，要求选择定义单元划分数的线。单击"Pick All"按钮。

图5-40　两个面相减的结果

图5-41　网格工具

（3）ANSYS 会提示线划分控制的信息，在"No.of element divisions（划分单元的分数）"文本框中输入 10，单击"OK"按钮，如图 5-42 所示。

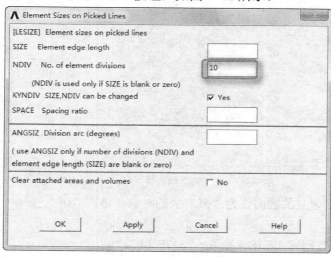

图5-42　线划分控制

（4）选择"Mesh 域中的 Areas"，单击"Mesh"按钮，打开面选择对话框，要求选择要划分数的面。单击"Pick All"按钮，如图 5-43 所示。

（5）ANSYS 会根据进行的线控制划分面，划分后的面如图 5-44 所示。

图5-43　进行面选择

图5-44　对面划分的结果

5.2.3　定义边界条件并求解

建立有限元模型后，就需要定义分析类型和施加边界条件及载荷，然后求解。本实例中载荷为 62.8rad/s 转速形成的离心力，位移边界条件将内孔边缘节点的周向位移固定。

1. 施加位移边界

本实例的位移边界条件为将内孔边缘节点的周向位移固定，为施加周向位移，需要将节点坐标系旋转到柱坐标系下。具体步骤如下：

（1）从实用菜单中选择 Utility Menu：WorkPlane > Change Active CS to > Global Cylindrical 命令，将激活坐标系切换到总体柱坐标系下。

（2）从主菜单中选择 Main Menu：Preprocessor > Modeling > Move/Modify > Rotate Node CS > To Active CS 命令，打开节点选择的对话框，要求选择欲旋转的坐标系的节点。

（3）单击"Pick All"按钮，选择所有节点，所有节点的节点坐标系都将被旋转到当前激活坐标系即总体坐标系下。

（4）从实用菜单中选择 Utility Menu：Select > Entities(实体选择)对话框，如图 5-45 所示。

（5）在第一个下拉列表框中选择"Node（节点）"选项，如图 5-45 所示。

（6）在下面的下拉列表框中选择"By Location（通过位置选取）"选项。

（7）在位置选项中列出了位置属性的 3 个可用项（即标识位置的 3 个坐标分量），单击"X coordinates（X 坐标）"单选按钮使其选中，表示要通过 X 坐标来进行选取，注意此时激活坐标系为柱坐标系，X 代表的是径向。

（8）在文本框中输入用最大值和最小值构成的范围，输入 5，表示选择径向坐标为 5 的节点，即内孔边上的节点。

（9）单击"OK"按钮，将符合要求的节点添加到选择集中。

（10）从主菜单中选择 Main Menu：Solution>Define Loads>Apply> Structural > Displacement > on Nodes 命令，打开节点选择对话框，要求选择欲施加位移约束的节点。

（11）单击"Pick All"按钮，选择当前选择集中的所有节点（当前选择集中的节点为第（4）到第（9）步中选择的内孔边上的节点），打开"Apply U,Rot on Nodes（在节点上施加位移约束）"对话框，如图 5-46 所示。

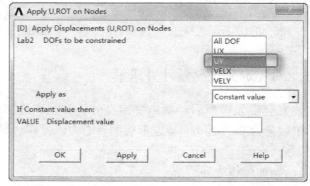

图5-45 "实体选择"对话框   图5-46 "施加位移约束"对话框

（12）选择"UY（Y 方向位移）"，此时节点坐标系为柱坐标系，Y 方向为周向，即施加周向位移约束。

（13）单击"OK"按钮，ANSYS 在选定节点上施加指定的位移约束，如图 5-47 所示。

（14）从实用菜单中选择 Utility Menu：Select > Everything 命令，选取所有图元、单元和节点。

2．施加转速惯性载荷及压力载荷并求解

（1）从主菜单中选择 Main Menu：Solution > Define Load > Apply > Structural > Inertia > Angular Velocity > Global 命令，打开"Apply Angular Velocity（施加角速度）"对话框，如图 5-48 所示。

（2）在"Global Cartesian Z-comp（总体 Z 轴角速度分量）"文本框中输入 62.8，需要注意的是，转速是相对于总体笛卡儿坐标系施加的，单位是 rad/s。

（3）单击"OK"按钮，施加转速引起的惯性载荷。

（4）从主菜单中选择 Main Menu：Solution>Define Load>Apply > Structural > Pressure > On lines 命令，打开选择线的对话框，选择两个相邻的齿边，单击"OK"按钮。然后打开"Apply PRES on lines" 对话框，在"Load PRES value"文本框中输入 5e6，单击"OK"按钮，施加齿轮啮合产生的压力，如图 5-49 所示。

（5）单击"SAVE-DB"按钮，保存数据库。

（6）从主菜单中选择 Main Menu：Solution＞Solve＞Current LS 命令，打开一个确认对话框和状态列表，如图 5-50 所示，要求查看列出的求解选项。

图5-47　施加的周向位移约束　　　　　图5-48　"施加角速度"对话框

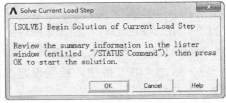

图5-49　施加压力　　　　　图5-50　"求解当前载荷步确认"对话框

（7）查看列表中的信息确认无误后，单击"OK"按钮，开始求解。

（8）求解完成后打开如图 5-51 所示的提示求解结束对话框。

（9）单击"Close"按钮，关闭提示求解结束对话框。

图5-51　提示求解完成

5.2.4　查看结果

求解完成后，就可以利用 ANSYS 软件生成的结果文件（对于静力分析，就是 Jobname. RST）进行后处理。静力分析中通常通过 POST1 后处理器就可以处理和显示大多数感兴趣的结果数据。

1．旋转结果坐标系

对于旋转件，在柱坐标系下查看结果会比较方便，因此在查看变形和应力分布之前，首先将结果坐标系旋转到柱坐标系下。

（1）从主菜单中选择 Main Menu：General Postproc > Option for Outp 命令，打开"Options for Output（结果输出选项）"对话框，如图 5-52 所示。

图5-52　"结果输出"对话框

（2）在"Result coord system（结果坐标系）"下拉列表中选择"Global cylindric（总体柱坐标系）"选项。

（3）单击"OK"按钮，接受设定，关闭对话框。

2．查看变形

关键的变形为径向变形，在高速旋转时，径向变形过大，可能导致边缘与齿轮壳发生摩擦。

（1）从主菜单中选择 Main Menu：General Postproc > Plot Result > Contour Plot > Nodal Solu 命令，打开"Contour Nodal Solution Data（等值线显示节点解数据）"对话框，如图 5-53 所示。

（2）在"Item to be contoured（等值线显示结果项）"域中选择"DOF solution（自由度解）"选项。

（3）在列表框中选择"X-Component of displacement（X 向位移）"选项，此时，结果坐标系为柱坐标系，X 向位移即为径向位移。

（4）选择"Deformed shape with undeformed edge（变形后和未变形轮廓线）"单选按钮。

（5）单击"OK"按钮，在图形窗口中显示出变形图，包含变形前的轮廓线，如图 5-54 所示，图中下方的色谱表明不同的颜色对应的数值（带符号）。

可以看出在边缘处的最大径向位移只有 0.457 左右，变形还是很小的。

3．查看径向应力

齿轮高速旋转时的主要应力也是径向应力，因此需要查看该方向上的应力。

图5-53 "等值线显示节点解数据"对话框

图5-54 径向变形图

（1）从主菜单中选择 Main Menu：General Postproc ＞ Plot Results ＞ Contour Plot ＞ Nodal Solu 命令，打开"Contour Nodal Solution Data（等值线显示节点解数据）"对话框，如图 5-55 所示。

（2）在"Item to be contoured（等值线显示结果项）"域中选择"Stress（应力）"选项。

（3）在列表框中选择"X-Component of stress（X 方向应力）"选项。

（4）选择"Def ormed shape only（仅显示变形后模型）"单元选按钮。

（5）单击"OK"按钮，图形窗口中显示出 X 方向（径向）应力分布图，如图 5-56 所示。

图5-55 "等值线显示节点解数据"对话框

图5-56 径向应力分布图

（6）从主菜单中选择 Main Menu：General Postproc ＞ Plot Results ＞ Contour Plot ＞ Nodal Solu 命令，打开"Contour Nodal Solution Data "对话框。

（7）在"Item to be contoured"域的左边的列表中选择"Stress"选项。

（8）在列表框中选择"von Mises Stress"选项。

（9）选择"Deformed shape only"单选按钮。

（10）单击"OK"按钮，图形窗口中显示出"von Mises"等效应力分布图，如图 5-57 所示。

图5-57　von Mises等效应力分布图

4. 查看周向应力

齿轮高速旋转时的主要应力也是周向应力,有必要查看这个方向上的应力。

(1)从主菜单中选择 Main Menu:General Postproc > Plot Results > Contour Plot > Nodal Solu 命令,打开"Contour Nodal Solution Data(等值线显示节点解数据)"对话框。

(2)在"Item to be contoured(等值线显示结果项)"域中选择"Stress(应力)"选项。

(3)在列表框中选择"Y-Component of stress(Y方向应力)"选项。

(4)选择"Def ormed shape only(仅显示变形后模型)"单元选择按钮。

(5)单击"OK"按钮,图形窗口中显示出 Y 方向(周向)应力分布图,如图 5-58 所示。

图5-58　周向应力分布图

通过以上分析可见，在高速旋转的齿轮泵中，由于旋转引起的齿轮的应力和变形都很小。

如果感兴趣的话，可以画出应力、应变、位移等变量的动态显示图。

5.2.5 命令流方式

命令流执行方式这里不再详细介绍，读者可参见电子文档。

5.3 轴对称结构静力分析实例——旋转外轮

在工程中有不少问题，其几何形状和约束情况都是对称于一个轴（设为 Z 轴）的。所受的外载荷亦对称于 Z 轴，则物体中所有的应力分量、应变分量和位移分量也都对称于 Z 轴。此时，用柱坐标表达则较为方便，所有各个分量都只是 r 和 Z 的函数而与 θ 无关。这种问题称为空间轴对称问题（或称为轴对称问题）。利用轴对称可以使问题大大简化。

本节分析一个旋转的轮，除旋转外轮的边缘同时受到压力的作用，可以把轮看作是轴对称问题进行分析。

5.3.1 分析问题

如图 5-59 所示的轮，一方面高速旋转，角速度为 62.8rad/s，另一方面在边缘受到压力的作用，压力的大小为 1e6Pa。轮的内径为 5，外径为 8，具体的尺寸可以参见建立模型部分。

5.3.2 建立模型

建立模型包括设定分析作业名和标题、定义单元类型和实常数、定义材料属性、建立几何模型、划分有限元网格。其具体步骤为：

图5-59 问题模型

1. 设定分析作业名和标题

在进行一个新的有限元分析时，通常需要修改数据库名，并在图形输出窗口中定义一个标题来说明当前进行的工作内容。另外，对于不同的分析范畴（结构分析、热分析、流体分析、电磁场分析等），ANSYS 所用的主菜单的内容不尽相同，为此，我们需要在分析开始时选定分析内容的范畴，以便 ANSYS 显示出与其相对应的菜单选项。

（1）从实用菜单中选择 Utility Menu：File > Change Jobname 命令，将打开"Change Jobname（修改文件名）"对话框，如图 5-60 所示。

（2）在"Enter new jobname（输入新的文件名）"文本框中输入文字"example5-3"，为本分析实例的数据库文件名。

（3）单击"OK"按钮，完成文件名的修改。

（4）从实用菜单中选择 Utility Menu：File ＞ Change Title 命令，将打开 "Change Title（修改标题）"对话框，如图 5-61 所示。

图5-60 "修改文件名"对话框

图5-61 "修改标题"对话框

（5）在"Enter new title（输入新标题）"文本框中输入文字"static analysis of a roter"，为本分析实例的标题名。

（6）单击"OK"按钮，完成对标题名的指定。

（7）从实用菜单中选择 Utility Menu：Plot ＞ Replot 命令，指定的标题 "static analysis of a roter"将显示在图形窗口的左下角。

（8）从主菜单中选择 Main Menu：Preference 命令，将打开"Preference of GUI Filtering（菜单过滤参数选择）"对话框，选中"Structural"复选框，单击 "OK"按钮确定。

2．定义单元类型。在进行有限元分析时，首先应根据分析问题的几何结构、分析类型和所分析的问题精度要求等，选定适合具体分析的单元类型。本例中选用四节点四边形板单元 PLANE182。PLANE182 不仅可用于计算平面应力问题，还可以用于分析平面应变和轴对称问题。

（1）从主菜单中选择 Main Menu：Preprocessor ＞ Element Type ＞ Add/Edit/ Delete 命令将打开"Element Type（单元类型）"对话框。

（2）单击"Add…"按钮，将打开"Library of Element Type(单元类型库)"，如图 5-62 所示。

（3）在中选择"Solid"选项，选择实体单元类型。

（4）在列表框中选择"Quad 4 node 182"选项，选择四节点四边形板单元 PLANE182。

（5）单击"OK"按钮，将 PLANE182 单元添加，并关闭单元类型对话框，同时返回到第（1）步打开的单元类型对话框，如图 5-63 所示。

（6）单击"Options…"按钮，打开如图 5-64 所示的"PLANE182 element type option（单元选项设置）"对话框，对 PLANE182 单元进行设置，使其可用于计算平面应力问题。

图5-62　"单元类型库"对话框　　　　　　图5-63　"单元类型"对话框

图5-64　"单元属性"对话框

（7）在"Element behavior（单元行为方式）"下拉列表框中选择"Axisymmetric（轴对称）"选项。

（8）单击"OK"按钮，接受选项，关闭单元选项设置对话框，返回到如图 5-63 所示的单元类型对话框。

（9）单击"Close"按钮，关闭单元类型对话框，结束单元类型的添加。

3. 定义材料属性

本实例中选用的单元类型不需定义实常数，故略过定义实常数这一步而直接定义材料属性。

考虑惯性力的静力分析中必须定义材料的弹性模量和密度。具体步骤如下：

（1）从主菜单中选择 Main Menu：Preprocessor > Material Props > Material Model 命令，将打开"Define Material Model Behavior（定义材料模型属性）"窗口，如图 5-65 所示。

（2）依次单击 Structural > Linear > Elastic > Isotropic，展开材料属性的树形结构。将打开 1 号材料的弹性模量 EX 和泊松比 PRXY 的定义对话框，如图 5-66 所示。

（3）在对话框的 EX 文本框中输入弹性模量 2.06e11，在 PRXY 文本框中输入泊松比 0.3。

（4）单击"OK"按钮，关闭对话框，并返回到"定义材料模型属性"窗口，在此窗口的左边一栏出现刚刚定义的参考号为 1 的材料属性。

图5-65　"定义材料模型属性"窗口

（5）依次单击 Structural > Density，打开"定义材料密度"对话框，如图 5-67 所示。

图5-66　线性各向同性材料的弹性模量和泊松比　　图5-67　"定义材料密度"对话框

（6）在 DENS 文本框中输入密度数值"7.8e3"。

（7）单击"OK"按钮，关闭对话框，并返回到"定义材料模型属性"窗口，在此窗口的左边一栏参考号为1的材料属性下方出现密度项。

（8）在"Define Material Model Behavior"窗口中，从菜单选择 Material > Exit 命令，或者单击右上角的"X"按钮，退出定义材料模型属性窗口，完成对材料模型属性的定义。

4．建立轮的截面

在使用 PLANE 系列单元时，要求模型必须位于全局 XY 平面内。默认的工作平面即为全局 XY 平面内，因此可以直接在默认的工作平面内创建轮的截面。其具体步骤为：

（1）建立 3 个矩形面。

1）从主菜单中选择 Main Menu：Preprocessor > Modeling > Create > Areas > Rectangle > By Dimensions 命令。

2）依次输入 x1=5，x2=5.5，y1=0，y2=5，单击"Apply"按钮。

3）输入　x1=5.5，x2=7.5，y1=1.5，y2=2.25，单击"Apply"按钮。

4）输入 x1=7.5，x2=8.0，y1=0.5，y2=3.75，单击"OK"按钮，如图 5-68 所示。

（2）建立一个圆面。

1）从主菜单中选择 Main Menu：Preprocessor > Modeling > Create > Areas > Circle > Solid Circle 命令。

2）输入 X=8，Y=1.875，Radius=0.5，单击"OK"按钮， 如图 5-69 所示。

图5-68　建立矩形

图5-69　建立圆面

3）所得的结果如图 5-70 所示。

（3）将 3 个矩形和一个圆加在一起。

1）从主菜单中选择 Main Menu：Preprocessor ＞ Modeling ＞ Operate ＞ Booleans ＞ Add ＞ Areas 命令。

2）出现"Add Areas"对话框，要求选择进行相加的面，单击"Pick All"按钮，如图 5-71 所示。

图5-70　绘制矩形和圆的结果

图5-71　选择相加的面

（4）打开线编号。

1）从应用菜单中选择 Utility Menu：PlotCtrls ＞ Numbering。

2）将线编号设为"ON"，并使"/NUM"设为"Colors & Numbers"，单击"OK"按钮，如图 5-72 所示。

3）打开线编号显示的结果如图 5-73 所示。

（5）分别对线 18 与 7；7 与 20；5 与 17；5 与 19 进行倒角，倒角半径为 0.5。

1）从主菜单中选择 Main Menu：Preprocessor ＞ Modeling ＞ Create ＞ Lines ＞ Line Fillet 命令。

图5-72 打开线编号

2）出现"Line Fillet"对话框，要求选择进行倒角的线，如图5-74所示。

图5-73 打开线编号的结果　　　　　　　　　图5-74 选择需倒角的线

3）拾取线 18 与 7，单击"Apply"按钮，输入圆角半径 0.5，单击"Apply"按钮，如图 5-75 所示。

4）拾取线 7 与 20，单击"Apply"按钮，输入圆角半径 0.5，单击"Apply"按钮。

5）拾取线 5 与 17，单击"Apply"按钮，输入圆角半径 0.5，单击"Apply"按钮。

6）拾取线 5 与 19，单击"Apply"按钮，输入圆角半径 0.5，单击"OK"按钮。

（6）打开关键点编号。

1）从应用菜单中选择 Utility Menu: PlotCtrls > Numbering。

2）将线编号设为"OFF"，将点编号设为"ON"，并使/NUM 设为"Colors & Numbers"，单击"OK"按钮，显示的结果如图 5-76 所示。

图5-75　建立倒角

（7）通过三点画圆弧。

1）从主菜单中选择 Main Menu：Preprocessor ＞ Modeling ＞ Create ＞ Lines ＞ Arcs ＞ By End KPs & Rad 命令。这时会出现"Arc by End"对话框，如图 5-77 所示。

图5-76　打开关键点编号结果

2）拾取 12 及 11 点，单击"Apply"按钮；再拾取 10 点，单击"Apply"按钮；输入圆弧半径 0.4，单击"Apply"按钮；拾取 9 及 10 点，单击"Apply"按钮；再拾取 11 点，单击"Apply"按钮；输入圆弧半径 0.4，单击"OK"按钮，如图 5-78 所示。

3）生成的圆弧如图 5-79 所示。

（8）打开线编号。

图5-77　选择点画弧线　　　　　　　图5-78　输入半径等参数

1）从应用菜单中选择 Utility Menu：PlotCtrls > Numbering

2）将线编号设为"ON"，将点编号设为"OFF"，并使/NUM 设为"Colors & Numbers"，单击"OK"按钮。

（9）由曲线生成面。

1）从主菜单中选择 Main Menu：Preprocessor > Modeling > Create > Areas > Arbitrary > By Lines 命令。

2）这时会出现"Create Area"对话框，如图 5-80 所示。

图5-79　生成圆弧的结果

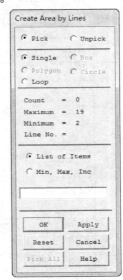

图5-80　选择线创建面

3）拾取线 6、8、2 单击"Apply"按钮。

4）拾取线 25、26、27 单击"Apply"按钮。

5）拾取线 15、23、24 单击"Apply"按钮。

6）拾取线 10、12、14 单击"Apply"按钮。

7）拾取线 11、28 单击 "Apply" 按钮。

8）拾取线 9、29 单击 "OK" 按钮，生成的结果如图 5-81 所示。

图5-81　由线生成面的结果

（10）将所有的面加在一起。

1）从主菜单中选择 Main Menu： Preprocessor ＞ Modeling ＞ Operate ＞ Booleans ＞ Add ＞ Areas 命令。

2）单击 "Pick All" 按钮。选择所有的面，结果如图 5-82 所示。

图5-82　面加在一起的结果

（11）定义两个关键点。

1）从主菜单中选择 Main Menu：Preprocessor ＞ Modeling ＞ Create ＞ Keypoints ＞ In Active CS 命令。

2）在 NPT 文本框中输入 50，单击"Apply"按钮，NPT 输入 51，Y 输入 6，单击"OK"按钮。如图 5-83 所示。

5．对轮的截面进行网格划分。本节选用 PLANE182 单元划分网格。

（1）选择实用菜单 Main Menu：Plot ＞ Area。

（2）从主菜单中选择 Main Menu：Preprocessor ＞ Meshing ＞ MeshTool 命令，打开"Mesh Tool（网格工具）"，如图 5-84 所示。

（3）单击"Line 域 Set"按钮，打开线选择对话框，要求选择定义单元划分数的线。选择 L4，单击"Apply"按钮，出现如图 5-85 所示的对话框。

（4）在"No. of element divisions"文本框中输入 20，将 L4 线分成 20 份，单击"Apply"按钮。

（5）在图上选择 L2、L7、L10、L20、L28，单击"OK"按钮，在"No. of element divisions"文本框中输入 5，将它们分成 5 份，单击"OK"按钮。

图5-83　定义两个关键点　　　　　　　　图5-84　网格工具

（6）在"Mesh"栏中选择"Areas"选项，在"Shape"选项中选择"Free"选项，选择"Mesh"按钮，出现如图 5-86 所示的对话框。

（7）在对话框中单击"Pick All"按钮，ANSYS 将按照对线的控制进行网格划分，期间会出现如图 5-87 所示的警告信息，不用管它。

（8）划分面后的结果如图 5-88 所示。

图5-85　控制线划分　　　　　　　　　图5-86　选择要划分的面

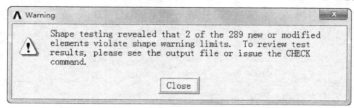

图5-87　警告信息

5.3.3　定义边界条件并求解

1．加轴对称的位移

（1）从主菜单中选择 Main Menu：Preprocessor ＞ Solution ＞ Define Load ＞ Apply ＞ Structural ＞ Displacement ＞ Symmetry B.C. ＞ On lines 命令。

（2）出现"Apply SYMM"对话框，选择内径上的线 L4，单击"OK"按钮，如图 5-89 所示。

2．施加固定位移

（1）从主菜单中选择 Main Menu：Preprocessor＞Solution＞Define Load＞ Apply ＞ Structural ＞ Displacement ＞ On lines 命令。

（2）这时会出现线选择对话框，选择内径上的线 L4，单击"OK"按钮，这时出现 "Apply U,ROT on Lines"对话框，选择"All DOF"选项，单击"OK"按钮，如图 5-90 所示。

3．施加压力载荷

（1）从主菜单中选择 Main Menu：Solution＞Define Load＞Apply ＞ Structural ＞ Pressure ＞ On lines 命令，打开选择线的对话框，选择轮截面的外缘，单击"OK"按钮。然后打开"Apply PRES on lines" 对话框，在"Load PRES value"文本框中输入 1e6，单击"OK"按钮，施加压力，如图 5-91 所示。

（2）施加的压力如图 5-92 所示。

图5-88　面划分的结果　　　　　　　图5-89　选择轴对称线

图5-90　施加固定位移

图5-91　施加压力

图5-92　施加压力的结果

4. 施加速度载荷

（1）从主菜单中选择 Main Menu：Solution ＞ Define Load ＞ Apply ＞ Structural ＞ Inertia ＞ Angular Veloc ＞ Global 命令，打开"Apply Angular Velocity（施加角速度）"对话框，如图 5-93 所示。

（2）在"Global Cartesian Z-comp（总体 Z 轴角速度分量）"文本框中输入 62.8，需要注意的是，转速是相对于总体笛卡儿坐标系施加的，单位是 rad/s（弧度/秒）。单击"OK"按钮，施加转速引起的惯性载荷。

图5-93 "施加角速度"对话框

5. 进行求解

（1）从主菜单中选择 Main Menu：Solution ＞ Solve ＞ Current LS 命令，打开一个确认对话框和状态列表，如图 5-94 所示，要求查看列出的求解选项。

（2）查看列表中的信息确认无误后，单击"OK"按钮，开始求解。

（3）求解完成后打开如图 5-95 所示的提示求解完成对话框。

（4）单击"Close"按钮，关闭提示求解完成对话框。

图5-94 "求解当前载荷步确认"对话框   图5-95 提示求解完成

5.3.4 查看结果

求解完成后，就可以利用 ANSYS 软件生成的结果文件（对于静力分析，就是 Jobname.RST）进行后处理。静力分析中通常通过 POST1 后处理器就可以处理和显示大多数感兴趣的结果数据。

1. 旋转结果坐标系

对于旋转件，在柱坐标系下查看结果会比较方便，因此在查看变形和应力分布之前，首先将结果坐标系旋转到柱坐标系下。

（1）从主菜单中选择 Main Menu：General Postproc ＞ Option for Outp 命令，打开"Options for Output（结果输出选项）"对话框，如图 5-96 所示。

（2）在"Result coord system（结果坐标系）"下拉列表中选择"Global cylindric（总体柱坐标系）"选项。

（3）单击"OK"按钮，接受设定，关闭对话框。

图5-96　"结果输出选项"对话框

2. 查看变形。关键的变形为径向变形，在高速旋转时，径向变形过大，可能导致边缘与齿轮壳发生摩擦。

（1）从主菜单中选择 Main Menu：General Postproc ＞ Plot Result ＞ Contour Plot ＞ Nodal Solu 命令，打开"Contour Nodal Solution Data（等值线显示节点解数据）"对话框，如图 5-97 所示。

图5-97　"等值线显示节点解数据"对话框

（2）在"Item to be contoured（等值线显示结果项）"域中选择"DOF

solution（自由度解）"选项。

（3）在列表框中选择"X-Component of displacement（X 向位移）"选项，此时，结果坐标系为柱坐标系，X 向位移即为径向位移。

（4）选择"Deformed shape with undeformed edge（变形后和未变形轮廓线）"选项。

（5）单击"OK"按钮，在图形窗口中显示出变形图，包含变形前的轮廓线，如图 5-98 所示，图中下方的色谱表明不同的颜色对应的数值（带符号）。

图5-98　径向变形图

（6）用同样的方法显示周向位移，如图 5-99 所示。

图5-99　周向变形图

3. 查看应力

齿轮高速旋转时的主要应力也是径向应力，有必要查看一下径向应力。

（1）从主菜单中选择 Main Menu：General Postproc ＞ Plot Results ＞ Contour Plot ＞ Nodal Solu 命令，打开"Contour Nodal Solution Data（等值线显示节点解数据）"对话框，如图 5-100 所示。

（2）在"Item to be contoured（等值线显示结果项）"域中选择"Stress（应力）"选项。

（3）在列表框中选择"X-Component of stress（X 方向应力）"选项。

（4）选择"Deformed shape only（仅显示变形后模型）"选项。

图5-100　"等值线显示节点解数据"对话框

（5）单击"OK"按钮，图形窗口中显示出 X 方向（径向）应力分布图，如图 5-101 所示。

图5-101　径向应力分布图

（6）从主菜单中选择 Main Menu：General Postproc > Plot Results > Contour Plot > Nodal Solu命令，打开"Contour Nodal Solution Data"对话框。

（7）在"Item to be contoured"域左边的列表中选择"Stress"选项。

（8）在列表框中选择"Y-Component of stress（Y 方向应力）"选项，即轴向应力。

（9）单击"OK"按钮，图形窗口中显示出周向应力分布图，如图 5-102 所示。

图5-102　周向应力图

4. 查看三维立体图

（1）从应用菜单中选择 Utility Menu：PlotCtrls > Style > Symmetric Expansion > 2D Axi-Symmetric命令，打开"2D Axi-Symmetric"对话框，如图 5-103 所示。

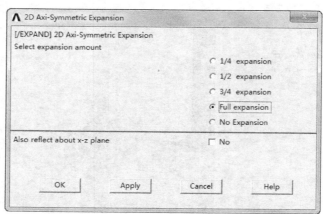

图5-103　选择二维扩展

（2）在"Select expansion anount"栏中选择"Full expansion"。

（3）单击"OK"按钮。

得到如图 5-104 所示的结果。

图5-104　三维扩展的结果

（4）从应用菜单中选择 Utility Menu：PlotCtrls ＞ Style ＞ Symmetric Expansion ＞ 2D Axi-Symmetric 命令，打开"2D Axi-Symmetric"对话框。

（5）在"Select expansion anount"栏中选择"1/4 expansion"选项。

（6）单击"OK"按钮。

得到如图 5-105 所示的结果。

图5-105　1/4扩展后的结果

5.3.5　命令流方式

命令流执行方式这里不再详细介绍，读者可参见电子文档。

5.4 周期对称结构的静力分析实例——标准齿轮

如果结构绕某个轴旋转一个角度 α 后，结构（包括材料常数）与旋转前完全相同，则将这种结构称为周期对称结构（循环对称结构）。符合这一条件的最小旋转角 α 称为旋转周期，从结构中任意取出夹角为 α 的部分都可以称为结构的基本扇区。由基本扇区绕其轴旋转复制 N（=2π/α，N 必为整数）份，则可得到整个完整的结构。

在 ANSYS 中可以利用结构的周期对称性，在建立模型和求解时，只对一个基本扇区建模和分析，在后处理中再进行扩展，也得到整个结构的结果。这样可以降低分析的规模，节省计算费用。

5.4.1 分析问题

对带有圆孔、齿边厚中间薄的齿轮，进行离心力分析。

标准齿轮，最大转速为 62.8rad/s，计算其应力分布。

齿顶直径：48

齿底直径：40

齿数：10

弹性模量：2.06e11

密度：7.8e3

齿轮如图 5-106 所示。

图5-106　分析用的齿轮

5.4.2 建立模型

建立模型包括设定分析作业名和标题、定义单元类型和实常数、定义材料属性、建立几何模型、划分有限元网格。

1. 设定分析作业名和标题

在进行一个新的有限元分析时，通常需要修改数据库名，并在图形输出窗口中定义一个标题来说明当前进行的工作内容。另外，对于不同的分析范畴（结构分析、热分析、流体分析、电磁场分析等），ANSYS 所用的主菜单的内容不尽相同，为此，我们需要在分析开始时选定分析内容的范畴，以便 ANSYS 显示出与其相对应的菜单选项。其具体步骤为：

（1）从实用菜单中选择 Utility Menu：File ＞ Change Jobname 命令，将打开"Change Jobname（修改文件名）"对话框，如图5-107 所示。

图5-107　"修改文件名"对话框

（2）在"Enter new jobname（输入新的文件名）"文本框中输入文字"example5-4"，为本分析实例的数据库文件名。

（3）单击"OK"按钮，完成文件名的修改。

（4）从实用菜单中选择 Utility Menu：File ＞ Change Title 命令，将打开"Change Title（修改标题）"对话框，如图 5-108 所示。

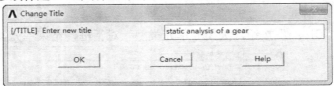

图5-108　"修改标题"对话框

（5）在"Enter new title（输入新标题）"文本框中输入文字"static analysis of a gear"，为本分析实例的标题名。

（6）单击"OK"按钮，完成对标题名的指定。

（7）从实用菜单中选择 Plot ＞ Replot 命令，指定的标题"static analysis of a gear"将显示在图形窗口的左下角。

（8）从主菜单中选择"Preference"命令，将打开"Preference of GUI Filtering（菜单过滤参数选择）"对话框，选中"Structural"复选框，单击"OK"按钮确定。

2．定义单元类型

在进行有限元分析时，首先应根据分析问题的几何结构、分析类型和所分析的问题精度要求等，选定适合具体分析的单元类型。本实例中选用八节点六面体单元SOLID185。SOLID185 不需要设定实常数。

（1）从主菜单中选择 Main Menu：Preprocessor>Element Type> Add/Edit/Delete 命令，将打开"Element Type（单元类型）"对话框。

（2）单击"Add"按钮，将打开"Library of Element Type(单元类型库)"对话框，如图 5-109 所示。

（3）选择"Solid"选项，选择实体单元类型。

（4）在列表框中选择"Brick 8node 185"选项，选择八节点六面体单元SOLID185。

（5）单击"OK"按钮，将 SOLID185 单元添加，并关闭单元类型对话框，同时返回到第（1）步打开的"单元类型"对话框。

图5-109　"单元类型库"对话框

（6）在打开的对话框中单击"Options…"按钮，打开如图 5-110 所示的"SOLID185 element type options（单元选项设置）"对话框，对"SOLID185"单元进行设置。

（7）在"Element technology"下拉列表框中选择"Simple Enhanced Strn"选项，如图 5-110 所示。

（8）单击"OK"按钮，接受选项，关闭单元选项设置对话框，返回到如图 5-109 所示的单元类型对话框。

（9）单击"Close"按钮，关闭"单元类型"对话框，结束单元类型的添加。

图5-110　"单元选项设置"对话框

3．定义材料属性

本实例中选用的单元类型不需定义实常数，故略过定义实常数这一步而直接定义材料属性。

考虑惯性力的静力分析中必须定义材料的弹性模量和密度。具体步骤如下：

（1）从主菜单中选择 Main Menu：Preprocessor ＞ Material Props ＞ Materia Model 命令，将打开"Define Material Model Behavior（定义材料模型属性）"窗口，如图 5-111 所示。

（2）依次单击 Structural ＞ Linear ＞ Elastic ＞ Isotropic，展开材料属性的树形结构。将打开1号材料的弹性模量 EX 和泊松比 PRXY 的定义对话框，如图 5-112 所示。

（3）在对话框的 EX 文本框中输入弹性模量 2.06e11，在 PRXY 文本框中输入泊松比 0.3。

（4）单击"OK"按钮，关闭对话框，并返回到"定义材料模型属性"窗口，在此窗口的左边一栏出现刚刚定义的参考号为 1 的材料属性。

（5）依次单击 Structural ＞ Density，打开"定义材料密度"对话框，如图 5-

113 所示。

图5-111 "定义材料模型属性"窗口

图5-112 线性各向同性材料的弹性模量和泊松比

图5-113 "定义材料密度"对话框

（6）在 DENS 文本框中输入密度数值"7.8e3"。

（7）单击"OK"按钮，关闭对话框，并返回到"定义材料模型属性"窗口，在此窗口的左边一栏参考号为1的材料属性下方出现密度项。

（8）在"Define Material Model Behavior"窗口中，从菜单选择 Material ＞ Exit 命令，或者单击右上角的"X"按钮，退出"定义材料模型属性"窗口，完成对材料模型属性的定义。

4．建立齿轮的一个扇形模型

按照第2节的方法建立齿轮的一个齿的轮廓线，如图 5-114 所示。

（1）将激活的坐标系设置为总体直角坐标系。从实用菜单中选择 Utility Menu： WorkPlane ＞ Change Active CS to ＞ Global Cartesian 命令。

（2）创建关键点 100。

1）从主菜单中选择 Main Menu： Preprocessor ＞ Modeling ＞ Create ＞ Keypoints ＞ In Active CS …命令。

2）在"Keypoint number"文本框中输入 100，X=0，Y=0，单击"OK"按钮，如图 5-115 所示。

（3）创建直线 100，10；100，1010。

1）从主菜单中选择 Main Menu： Preprocessor ＞ Modeling ＞ Create ＞ Lines ＞

Lines > Straight Line 命令。

图5-114　齿轮的一个齿的轮廓线

图5-115　定义一个关键点

2）分别拾取如图的关键点 100 和 10，100 和 1010，然后单击"OK"按钮，如图 5-116 所示。

（4）从实用菜单中选择 Utility Menu：Plot>Lines。所得结果如图 5-117 所示。

图5-116　创建直线

图5-117　创建线的结果

（5）把轮廓线粘接起来。

1）从主菜单中选择 Main Menu：Preprocessor>Modeling> Operate > Booleans > Glue > Lines 命令。

2）选择齿上的所有线，单击"OK"按钮。

（6）把所有轮廓线粘接起来。

1）从主菜单中选择 Main Menu：Preprocessor > Modeling > Operate > Booleans > Glue > Lines 命令。

2）选择齿上的所有线，单击"OK"按钮。

（7）用当前定义的所有线创建一个面。

1）从主菜单中选择 Main Menu：Preprocessor > Modeling > Create > Areas > Arbitrary > By Lines 命令。

2）选择所有的线，单击"OK"按钮，如图 5-118 所示。

（8）从实用菜单中选择 Utility Menu： Plot > Area。用当前定义的所有线创建一个面的结果如图 5-119 所示。

（9）用当前定义的面创建一个体。

1）从主菜单中选择 Main Menu： Preprocessor > Modeling > Operate > Extrude > Areas > Along Normal 命令。

2）选择创建的面，单击"OK"按钮，如图 5-120 所示。

图5-118 创建面

图5-119 创建面的结果

3）打开"Extrude Area along Normal"对话框，在"Length of extrusion"文本框中输入-8，单击"OK"按钮，如图 5-121 所示。

（10）创建两个圆柱体。

1）从主菜单中选择 Main Menu：Preprocessor > Modeling > Create > Volumes > Cylinder > Solid Cylinder 命令。弹出创建圆柱对话框如图 5-122 所示。

2）WPX 输入 0，WPY 输入 0，Radius 输入 5，Depth 输入 8，单击"Apply"按钮。

3）WPX 输入 0，WPY 输入 0，Radius 输入 10，Depth 输入 2.5，单击"OK"按钮，

生成另一个圆柱体。

图5-120　用面创建体

图5-121　创建体

（11）偏移工作平面。

1）从实用菜单中选择 Utility Menu：WorkPlane ＞ Offset WP to ＞ XYZ Locations 命令。

2）在"Global Cartesion"文本框中输入 0,0,8，单击"OK"按钮，如图 5-123 所示。

（12）创建另一个圆柱体。

1）从主菜单中选择 Main Menu：Preprocessor ＞ Modeling ＞ Create ＞ Volumes ＞ Cylinder ＞ Solid Cylinder 命令。

2）WP X 输入 0，WP Y 输入 0，Radius 输入 10， Depth 输入-2.5，单击"OK"按钮。生成另一个圆柱体。

（13）从齿轮体中"减"去3个圆柱体。

1）从主菜单中选择 Main Menu： Preprocessor ＞ Modeling ＞ Operate ＞ Booleans ＞ Subtract ＞ Volumes 命令。

2）拾取齿轮体，作为布尔"减"操作的母体，单击"Apply"按钮，如图 5-124 所示。

3）拾取刚刚建立的3个圆柱体作为"减"去的对象，单击"OK"按钮。

（14）从实用菜单中选择 Utility Menu： Plot ＞ Volumes 所得结果如图 5-125 所示。

（15）将激活的坐标系设置为总体柱坐标系。从实用菜单中选择 Utility Menu：WorkPlane ＞ Change Active CS to ＞ Global Cylindrical 命令。

（16）定义一个关键点。

1）从主菜单中选择 Main Menu：Preprocessor＞Modeling＞ Create ＞ Keypoints ＞ In Active CS …命令。

2）在文本框中输入"NPT"为1000，X=7.5，Y=-5，单击"OK"按钮。

（17）偏移工作平面到给定位置。

图5-122 创建圆柱体

图5-123 平移工作平面

图5-124 体相"减"

图5-125 体相减的结果

1）从应用菜单中选择 Utility Menu：WorkPlane>Offset WP to>Keypoints 命令。

2）在 ANSYS 图形窗口选择刚刚建立的关键点，单击"OK"按钮。

（18）将激活的坐标系设置为工作平面坐标系。从应用菜单中选择 Utility Menu：WorkPlane > Change Active CS to > Working Plane 命令。

（19）创建一个圆柱体。

1）从主菜单中选择 Main Menu：Preprocessor > Modeling > Create > Volumes > Cylinder > Solid Cylinder 命令。

2）WP X 输入 0，WP Y 输入 0，Radius 输入 1.75，Depth 输入 8，单击"OK"按钮，生成另一个圆柱体。

（20）从齿轮体中"减"去圆柱体。

1）从主菜单中选择 Main Menu：Preprocessor ＞ Modeling ＞ Operate ＞ Booleans ＞ Subtract ＞ Volumes 命令。

2）拾取齿轮体作为布尔"减"操作的母体，单击"Apply"按钮，结果如图 5-126 所示。

图5-126　减去圆柱体成孔

（21）存储数据库 ANSYS，拾取 "SAVE_DB"。

5．对齿体进行划分网格。本节选用 SOLID185 单元对盘面划分映射网格。

（1）从主菜单中选择 Preprocessor ＞ Meshing ＞ MeshTool 命令，打开"Mesh Tool（网格工具）"如图 5-127 所示。

（2）激活"Smart Size"，将滑标设置为 3，单击"Mesh"按钮，这时出现"Mesh Volumes"对话框，单击"Pick All"按钮，如图 5-128 所示。

图5-127　网格工具

图5-128　选择分网的体

（3）ANSYS 会出现两个警告，单击"Close"按钮，如图5-129、图5-130所示。

（4）划分完网格后，单击"Close"按钮，所得结果如图5-131所示。

图5-129　警告1

图5-130　警告2

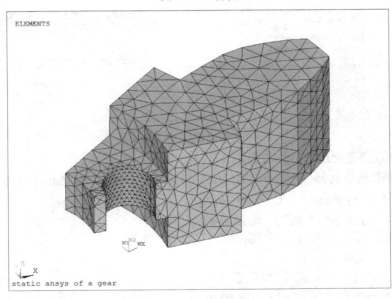

图5-131　网格划分的结果

5.4.3　定义边界条件并求解

（1）从实用菜单中选择 Utility Menu：Plot > Areas。

（2）从实用菜单中选择 Utility Menu：Select > Entities 命令，在列表中选择"Areas"选项，选择"By Num/Pick"选项，单击"OK"按钮，如图5-132所示。

在图形中选择两侧的 3 个面，如图 5-133 所示的 A11、A14、A31，单击"OK"按钮。

（3）定义一个面的集合。

1）从实用菜单中选择 Utility Menu：Select > Comp/Assembly > Create

Component。

图5-132　选择面

图5-133　选择两侧面面

2）在"Component name"文本框中输入"areas-1"，在"Component is made of"列表框中选择"Areas"，单击"OK"按钮，如图5-134所示。

图5-134　定义面的集合

（4）在选择面上施加对称边界条件。

1）从主菜单中选择 Main Menu：Solution>Define Loads>Apply > Structural> Displacement > Symmetry B.C. > On Areas。

2）单击"Pick All"按钮，如图5-135所示。

图 5-135　选择面　　图 5-136　选择关键点　　图 5-137　约束 UZ 方向位移

（5）选择全部实体并画面。

1）从实用菜单中选择 Utility Menu：Select > Everything。

2）从实用菜单中选择 Utility Menu：Plot > Areas。

（6）为防止刚性位移，约束 65 关键点 Z 方向位移。

1）从主菜单中选择 Main Menu： Solution > Define Loads > Apply > Structural > Displacement > On Keypoints 命令。

2）在图形窗口中选择 65 号关键点或在文本框中输入 65，单击"OK"按钮，如图 5-136 所示。

3）在"DOFs to be constrained"列表框中选择 UZ，单击"OK"按钮，如图 5-137 所示。

（7）转速惯性载荷及压力载荷并求解。

1）从主菜单中选择 Main Menu：Solution>Define Load > Apply > Structural > Inertia > Angular Veloc > Global 命令，打开"Apply Angular Velocity（施加角速度）"对话框，如图 5-138 所示。

图5-138　施加角速度对话框

2）在"Global Cartesian Z-comp（总体 Z 轴角速度分量）"文本框中输入 62.8，需要注意的是，转速是相对于总体笛卡尔坐标系施加的，单位是 rad/s。

3）单击"OK"按钮，施加转速引起的惯性载荷。

（8）选择 Sparse iterative 求解器。

1）从主菜单中选择 Main Menu：Solution>AnalysisType>Sol'n Control 命令。

2）打开"Sol'n Option"选项，选择"Sparse direct"求解器，单击"OK"按钮，如图 5-139 所示。

（9）单击"SAVE-DB"按钮，保存数据库。

图5-139　选择求解器

（10）从主菜单中选择 Main Menu：Solution > Solve > Current LS 命令，打开一个确认对话框和状态列表，如图 5-140 所示，要求查看列出的求解选项。

查看列表中的信息确认无误后，单击"OK"按钮，开始求解。

（11）求解完成后打开如图 5-141 所示的提示求解结束对话框。

图5-140 "求解当前载荷步确认"对话框　　　　　图5-141　提示求解完成

（12）单击"Close"按钮，关闭提示求解结束对话框。

5.4.4　查看结果

求解完成后，就可以利用 ANSYS 软件生成的结果文件（对于静力分析，就是 Jobname.RST）进行后处理。静力分析中通常通过 POST1 后处理器就可以处理和显示大多数感兴趣的结果数据。

1. 旋转结果坐标系

对于旋转件，在柱坐标系下查看结果会比较方便，因此在查看变形和应力分布之前，首先将结果坐标系旋转到柱坐标系下。

（1）从主菜单中选择 Main Menu：General Postproc > Option for Outp 命令，打开"Options for Output（结果输出选项）"对话框，如图 5-142 所示。

图5-142　"结果输出选项"对话框

（2）在"Result coord system（结果坐标系）"下拉列表中选择"Global cylindric（总体柱坐标系）"选项。

（3）单击"OK"按钮，接受设定，关闭对话框。

2．查看变形

关键的变形为径向变形，在高速旋转时，径向变形过大，可能导致边缘与齿轮壳发生摩擦。

（1）从主菜单中选择 Main Menu：General Postproc ＞ Plot Result ＞ Contour Plot ＞ Nodal Solu 命令，打开"Contour Nodal Solution Data（等值线显示节点解数据）"对话框，如图5-143所示。

（2）在"Item to be contoured（等值线显示结果项）"域中选择"DOF solution（自由度解）"选项。

（3）在列表框中选择"X-Component of displacement（X 向位移）"选项，此时，结果坐标系为柱坐标系，X 向位移即为径向位移。

（4）选择"Deformed shape with undeformed edge（变形后和未变形轮廓线）"单选按钮。

图5-143 "等值线显示节点解数据"对话框

（5）单击"OK"按钮，在图形窗口中显示出变形图，包含变形前的轮廓线，如图5-144 所示，图中下方的色谱表明不同的颜色对应的数值（带符号）。

可以看出在边缘处的最大径向位移只有 0.3 左右，变形还是很小的。

3．查看径向应力

盘片高速旋转时的主要应力也是径向应力，有必要查看径向应力。

（1）从主菜单中选择 Main Menu：General Postproc ＞ Plot Results ＞ Contour Plot ＞ Nodal Solu 命令，打开"Contour Nodal Solution Data（等值线显示节点解数据）"对话框，如图5-145 所示。

（2）在"Item to be contoured（等值线显示结果项）"域中选择"Stress（应力）"选项。

（3）在列表框中选择"X-Component of stress（X方向应力）"选项。

（4）选择"Deformed shape only（仅显示变形后模型）"选项。

图5-144　径向变形图

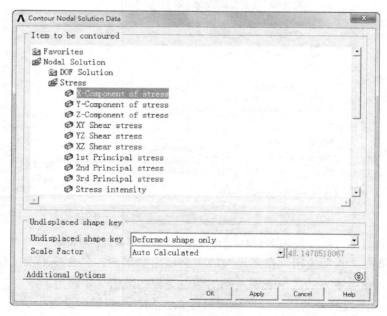

图5-145　"等值线显示节点解数据"对话框

（5）单击"OK"按钮，图形窗口中显示出 X 方向（径向）应力分布图，如图 5-146 所示。

（6）从主菜单中选择 Main Menu：General Postproc > Plot Results > Contour Plot > Nodal Solu 命令，打开"Contour Nodal Solution Data"对话框。

（7）在"Item to be contoured"域左边的列表中选择"Stress"选项。

（8）在列表框中选择"von Mises SEQ"选项。

（9）选择"Deformed shape only"单选按钮。

（10）单击"OK"按钮，图形窗口中显示出"von Mises"等效应力分布图，如图5-147所示。

图5-146　径向应力分布图

图5-147　von Mises等效应力图

4. 沿 Z 轴扩展查看结果

（1）建立局部柱坐标系 11。

1）从实用菜单中选择 Utility Menu：WorkPlane ＞ Local Coordinate Systems ＞ Create Local CS ＞ at Specified Loc ＋命令。

2）在坐标文本框中输入"0,0,0"，单击"OK"按钮，如图5-148所示。

3）在"Ref number of new coord sys"文本框中输入11，在"Type of coordinate system"列表框中选择"Cylindrical 1"，在"Rotation about lacal Z"文本框中输入"-8.13"，单击"OK"按钮，如图5-149所示。

（2）激活局部坐标系11。

1）从实用菜单中选择 Utility Menu：WorkPlane > Change Active CS to > Specified Coord Sys命令。

2）在"Coordinate system number"文本框中输入"11"，单击"OK"按钮，如图5-150所示。

（3）沿局部坐标系11的Z轴扩展结果。

图5-148　输入坐标

图5-149　建立局部柱坐标系

图5-150　激活局部坐标系11

1）从实用菜单中选择 Utility Menu：PlotCtrls>Style >Symmetry Expansion > User-Specifed Expansion命令。

2）在"No. of repetitions"文本框中输入10，在"Type of expansion"列表框中选择"Local Polar"，在"Repeat Pattern"列表框中选择"Alternate Symm"按钮，DY=36，单击"OK"按钮，如图5-151所示。

所得结果如图5-152所示，是一个三维的整个圆周上的实体。

图5-151 结果的扩展控制

图5-152 扩展的结果

（4）关闭扩展。

1）从实用菜单中选择 Utility Menu：PlotCtrls ＞ Style ＞ Symmetry Expansion ＞ No Expansion 命令。

2）从实用菜单中选择 Utility Menu：Plot ＞ Replot。

所得结果如图 5-153 所示。

图5-153 关闭扩展

📖 5.4.5 命令流方式

命令流执行方式这里不再详细介绍，读者可参见电子文档。

5.5 任意三维结构的静力分析实例——联轴器

本节将介绍工程中最常见的问题：三维问题。在实际问题中,任何一个物体严格地说都是空间物体,它所受的载荷一般都是空间的,任何简化分析都会带来误差。

本节通过对联轴器应力分析,来介绍 ANSYS 三维问题的分析过程。

📖 5.5.1 分析问题

考查联轴器在工作时发生的变形和产生的应力。如图 5-154 所示,联轴器在底面的四周边界不能发生上下运动,即不能发生沿轴向的位移；在底面的两个圆周上不能发生任何方向的运动；在小轴孔的孔面上分布有 1e6Pa 的压力；在大轴孔的孔台上分布有 1e7Pa 的压力；在大轴孔的键槽的一侧受到 1e5Pa 的压力。

图5-154 联轴器

5.5.2 建立模型

建立模型包括设定分析作业名和标题、定义单元类型和实常数、定义材料属性、建立几何模型、划分有限元网格。

1. 设定分析作业名和标题

在进行一个新的有限元分析时，通常需要修改数据库名，并在图形输出窗口中定义一个标题来说明当前进行的工作内容。另外，对于不同的分析范畴（结构分析、热分析、流体分析、电磁场分析等），ANSYS 所用的主菜单的内容不尽相同，为此，需要在分析开始时选定分析内容的范畴，以便 ANSYS 显示出与其相对应的菜单选项。其具体步骤为：

（1）从实用菜单中选择 Utility Menu： File ＞ Change Jobname 命令，将打开"Change Jobname（修改文件名）"对话框，如图 5-155 所示。

图5-155 "修改文件名"对话框

（2）在"Enter new jobname（输入新的文件名）"文本框中输入文字"example5-5"，为本分析实例的数据库文件名。

（3）单击"OK"按钮，完成文件名的修改。

（4）从实用菜单中选择 Utility Menu： File ＞ Change Title 命令，将打开"Change Title（修改标题）"对话框，如图 5-156 所示。

（5）在"Enter new title（输入新标题）"文本框中输入文字"static analysis of a rod"，为本分析实例的标题名。

（6）单击"OK"按钮，完成对标题名的指定。

图5-156 "修改标题"对话框

（7）从实用菜单中选择 Utility Menu： Plot ＞ Replot 命令，指定的标题"static analysis of a rod"将显示在图形窗口的左下角。

（8）从主菜单中选择 Main Menu： Preference 命令，将打开"Preference of GUI Filtering（菜单过滤参数选择）"对话框，选中"Structural"复选框，单击"OK"按钮确定。

2. 定义单元类型

在进行有限元分析时，首先应根据分析问题的几何结构、分析类型和所分析的问题精度要求等，选定适合具体分析的单元类型。本例中选用十节点四面体实体结构单元 Tet 10Node 187。Tet 10Node 187 可用于计算三维问题。

（1）从主菜单中选择 Main Menu：Preprocessor > Element Type > Add/Edit /Delete 命令，将打开"Element Type（单元类型）"对话框。

（2）单击"Add…"按钮，将打开"Library of Element Types（单元类型库）"，如图 5-157 所示。

图5-157　"单元类型库"对话框

（3）在中选择"Solid"选项，选择实体单元类型。

（4）在列表框中选择"Tet 10Node 187"选项，选择十节点四面体实体结构单元 "Tet 10Node 187"。

（5）单击"OK"按钮，将"Tet 10Node 187"单元添加，并关闭单元类型对话框，同时返回到第（1）步打开的单元类型对话框，如图 5-158 所示。

（6）该单元不需要进行单元选项设置，单击"Close"按钮，关闭单元类型对话框，结束单元类型的添加架。

3．定义实常数

要实例中选用十节点四面体实体结构单元"Tet 10Node 187"单元，不需要设置实常数。

4．定义材料属性

考虑惯性力的静力分析中必须定义材料的弹性模量和密度。具体步骤如下：

（1）从主菜单中选择 Main Menu：Preprocessor > Material Props > Materia Model 命令，将打开"Define Material Model Behavior（定义材料模型属性）"窗口，如图 5-159 所示。

（2）依次单击 Structural > Linear > Elastic > Isotropic，展开材料属性的树形结构。将打开 1 号材料的弹性模量 EX 和泊松比 PRXY 的定义对话框，如图 5-160 所示。

（3）在对话框的 EX 文本框中输入弹性模量 2.06e11，在 PRXY 文本框中输入泊松比 0.3。

（4）单击"OK"按钮，关闭对话框，并返回到定义材料模型属性窗口，在此窗口的左边一栏出现刚刚定义的参考号为 1 的材料属性。

（5）在"Define Material Model Behavior"窗口中，从菜单选择 Material > Exit 命令，或者单击右上角"X"按钮，退出定义材料模型属性窗口，完成对材料模型属性的定义。

图5-158 "单元类型"对话框

图5-159 "定义材料模型属性"窗口

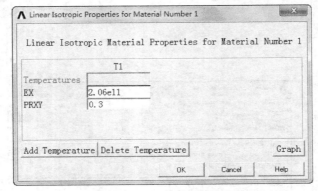

图5-160 线性各向同性材料的弹性模量和泊松比

5. 建立联轴器的三维实体模型

按照第 3 章第 3 节的步骤建立联轴器的三维实体模型，如图 5-161 所示。

图5-161 建立三维模型

6. 划分网格

本节选用 Tet 10Node 187 单元对三维实体划分自由网格。

（1）从主菜单中选择 Main Menu：Preprocessor > Meshing > MeshTool 命令，打开"Mesh Tool（网格工具）"，如图 5-162 所示。

（2）单击"Line 域 Set"按钮，打开线选择对话框，要求选择定义单元划分数的线。选择大轴孔圆周，单击"OK"按钮。

（3）ANSYS 会提示线划分控制的信息，在"No.of element divisions"文本框中输入 10，单击"OK"按钮，如图 5-163 所示。

（4）在对话框中，选择"Mesh"域中的"Volumes"，单击"Mesh"按钮，打开体选择对话框，要求选择要划分数的体。单击"Pick All"按钮，如图 5-164 所示。

（5）ANSYS 会根据进行的线控制划分体，划分后如图 5-165 所示。

图 5-162　网格工具

图 5-163　控制线分网

图 5-164　选择体

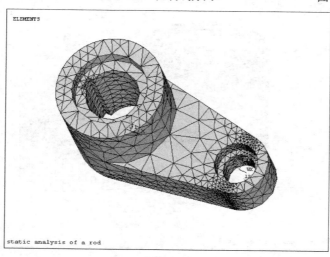

图5-165　划分后的体

📖 5.5.3 定义边界条件并求解

建立有限元模型后，就需要定义分析类型和施加边界条件及载荷，然后求解。其具体步骤为：

1. 基座的底部施加位移约束

（1）从主菜单中选择 Main Menu：Solution>Define Loads>Apply>Structural>Displacement > on Lines 命令。

（2）拾取基座底面的所有外边界线，单击"OK"按钮，如图 5-166 所示。

（3）选择 UZ 作为约束自由度，单击"OK"按钮，如图 5-167 所示。

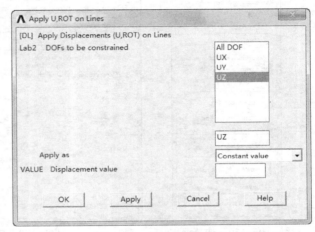

图5-166 选择线   图5-167 施加Z方向位移

（4）从主菜单中选择 Main Menu： Solution > Define Loads > Apply > Structural > Displacement > on Lines 命令。

（5）拾取基座底面的两个圆周线，单击"OK"按钮。选择"All DOF"按钮作为约束自由度，单击"OK"按钮，结果如图 5-168 所示。

图5-168 施加位移约束的结果

2. 在小轴孔圆周面上、大轴孔轴台上和键槽的一侧施加压力载荷

（1）从主菜单中选择 Main Menu： Solution ＞ Define Loads ＞ Apply ＞ Structural ＞ Pressure ＞ On Areas 命令。

（2）选择小轴孔的内圆周面和小轴孔的圆台，单击"OK"按钮，如图 5-169 所示。

（3）打开"Apply PRES on areas"对话框，在"Load PRES value"文本框中输入 1e6，单击"OK"按钮，如图 5-170 所示。

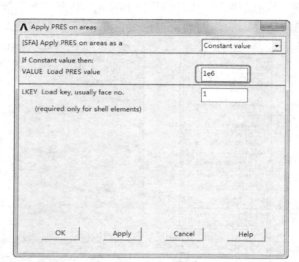

图5-169　选择面　　　　　　　　图5-170　定义压力的大小

所得结果如图 5-171 所示。

图5-171　在圆周面上施加压力的结果

（4）用同样方法在大轴孔轴台上和键槽的一侧施加分别施加大小为 1e7 和 1e5 压力载荷。

（5）从应用菜单中选择 Utility Menu： PlotCtrls > Symbols …在"Show pres and convect as"（用表面上的线显示压力值）栏中，选择"Face outlines"，单击"OK"按钮，如图 5-172 所示。

图5-172　显示载荷符号

（6）从应用菜单中选择 Utility Menu：Plot > Areas 结果如图 5-173 所示。

图5-173　显示载荷

（7）单击"SAVE-DB"按钮，保存数据库。

3．进行求解

（1）从主菜单中选择 Main Menu：Solution > Solve > Current LS 命令，打开一个确认对话框和状态列表，如图5-174所示，要求查看列出的求解选项。

（2）查看列表中的信息确认无误后，单击"OK"按钮，开始求解。求解过程中会有一些进度的显示，如图5-175所示。

图5-174　"求解当前载荷步确认"对话框　　　　　　图5-175　进度显示

（3）求解完成后打开如图5-176所示的提示求解结束对话框。

（4）单击"Close"按钮，关闭提示求解结束对话框。

图5-176　提示求解完成

5.5.4　查看结果

求解完成后，就可以利用 ANSYS 软件生成的结果文件（对于静力分析，就是 Jobname.RST）进行后处理。静力分析中通常通过 POST1 后处理器就可以处理和显示大多数感兴趣的结果数据。

1．查看变形

三维实体需要查看3个方向的位移和总的位移。

（1）从主菜单中选择 Main Menu：General Postproc > Plot Result > Contour Plot > Nodal Solu 命令，打开"Contour Nodal Solution Data（等值线显示节点解数据）"对话框，如图5-177所示。

（2）在"Item to be contoured（等值线显示结果项）"域中选择"DOF solution（自由度解）"选项。

（3）在列表框中选择"X-Component of displacement（X向位移）"选项。

（4）选择"Deformed shape with undeformed edge（变形后和未变形轮廓线）"单选按钮。

（5）单击"OK"按钮，在图形窗口中显示出变形图，包含变形前的轮廓线，如图5-178所示，图中下方的色谱表明不同的颜色对应的数值（带符号）。

图5-177　等值线显示节点解数据对话框

图5-178　X方向的位移

（6）用同样的方法查看 Y 方向的位移，如图 5-179 所示。

（7）用同样的方法查看 Z 方向的位移，如图 5-180 所示。

（8）用同样的方法查看总的位移，如图 5-181 所示。

2．查看应力

（1）从主菜单中选择 Main Menu：General Postproc ＞ Plot Results ＞ Contour Plot ＞ Nodal Solu 命令，打开"Contour Nodal Solution Data（等值线显

示节点解数据)"对话框,如图 5-182 所示。

图5-179　Y方向的位移

图5-180　Z方向的位移

图5-181　总的位移

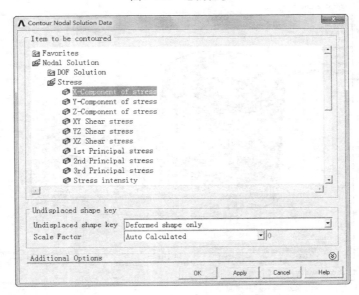

图5-182　等值线显示节点解数据对话框

（2）在"Item to be contoured（等值线显示结果项）"域中选择"Stress（应力）"选项。

（3）在列表框中选择"X-Component of stress（X 方向应力）"选项。

（4）选择"Deformed shape only（仅显示变形后模型）"选项。

（5）单击"OK"按钮，图形窗口中显示出 X 方向（径向）应力分布图，如图 5-

183 所示。

（6）用同样的方法查看 Y 方向上的应力，如图 5-184 所示。

图5-183　X方向的应力

图5-184　Y方向的应力

（7）用同样的方法查看 Z 方向上的应力，如图 5-185 所示。

（8）从主菜单中选择 Main Menu: General Postproc ＞ Plot Results ＞ Contour Plot ＞ Nodal Solu 命令，打开"Contour Nodal Solution Data"对话框。

（9）在"Item to be contoured"域左边的列表中选择"Stress"选项。

（10）在列表框中选择"von Mises SEQ"选项。

（11）选择"Deformed shape only"单选按钮。

（12）单击"OK"按钮，图形窗口中显示出"von Mises"等效应力分布图，如图 5-186 所示。

3．应力动画

（1）从应用菜单中选择 Utility Menu： PlotCtrls ＞ Animate ＞ Deformed Results ...命令。

（2）选择"stress"选项，选择"von Mises"选项，单击"OK"按钮，如图 5-187 所示。

图5-185　Z方向的应力

图5-186　von Mises等效应力分布

图5-187　选择动画内容

（3）要停止播放变形动画，拾取"Stop"按钮，如图5-188所示。

图5-188　播放动画

5.5.5　命令流方式

命令流执行方式这里不再详细介绍，读者可参见电子文档。

第 6 章

非线性分析

本章研究非线性问题，非线性问题表现出与线性问题不同的性质。在日常生活中，经常会遇到结构非线性。例如，无论何时用订书针钉书，金属订书钉将永久地弯曲成一个不同的形状。如果你在一个木架上放置重物，随着时间的迁移它将越来越下垂。当在汽车或卡车上装货时，它的轮胎和下面路面间接触将随货物重量的变化而变化。

学 习 要 点

- 非线性分析介绍
- 几何非线性分析
- 材料非线性分析
- 状态非线性分析
- 非线性蠕变分析

6.1 非线性分析介绍

非线性问题表现出与线性问题不同的性质。尽管非线性分析比线性分析更加复杂，但处理基本相同。只是在非线性分析的适当过程中，添加了需要的非线性特性。

6.1.1 非线性分析简介

在日常生活中会经常遇到结构非线性。例如，无论何时用订书钉订书，金属订书钉将永久地弯曲成一个不同的形状（图6-1左上图）。如果你在一个木架上放置重物，随着时间的推移它将越来越下垂（图6-1左中图）。当在汽车或卡车上装货时，它的轮胎与下面路面间接触将随货物重量的不同而变化（图6-1左下图）。如果将上面例子的载荷变形曲线画出来，将发现它们都显示了非线性结构的基本特征——变化的结构刚性。

图6-1 非线性结构行为的普通例子

6.1.2 非线性分析的类型

1．非线性行为的原因

引起结构非线性的原因很多，它可以被分成3种主要类型：由于结构的状态发生改变造成的非线性、由于结构的形状变化造成的非线性和由于结构材料的性质的变化造成的非线性。

2．状态变化（包括接触）

许多普通的结构表现出一种与状态相关的非线性行为，例如，一根只能拉伸的电缆可能是松散的，也可能是绷紧的。轴承套可能是接触的，也可能是不接触的，冻土可能是冻结的，也可能是融化的。这些系统的刚度由于系统状态的改变在不同的值之间突然变化。状态改变也许和载荷直接有关（如在电缆情况中），也可能由某种外部原因引起（如在冻土中的紊乱热力学条件）。ANSYS 程序中单元的激活与杀死选项用来给这种状态的变化建模。

接触是一种很普遍的非线性行为，是状态变化非线性类型中一个特殊而重要的子集。

3. 几何非线性

如果结构经受大变形，它变化的几何形状可能会引起结构的非线性响应。一个如图6-2 所示钓鱼竿的垂向刚性，随着垂向载荷的增加，竿不断弯曲以致于动力臂明显地减小，导致竿端显示出在较高载荷下不断增长的刚性。

图6-2　钓鱼竿示范几何非线性

4. 材料非线性

非线性的应力-应变关系是结构非线性的常见原因。许多因素可以影响材料的应力-应变性质，包括加载历史（如在弹-塑性响应状况下）、环境状况（如温度）、加载的时间总量（如在蠕变响应状况下）。

6.1.3　非线性分析基本步骤

尽管非线性分析比线性分析更加复杂，但处理过程基本相同，只是在非线性分析的适当过程中，添加了需要考虑的非线性特性。这里着重介绍一下应用最广泛的非线性静力分析。

非线性静态分析是静态分析的一种特殊形式。如同任何静态分析，处理流程主要由4 个主要步骤组成。

1. 建模

这一步对线性和非线性分析都是必需的，尽管非线性分析在这一步中可能包括特殊的单元或非线性材料性质，如果模型中包含大应变效应，应力-应变数据必须依据真实应力和真实（或对数）应变表示。

2. 加载和求解

在这一步中，需要定义分析类型和选项，指定载荷步选项，开始有限元求解。既然非线性求解经常要求多个载荷增量，且总是需要平衡迭代，它不同于线性求解。处理过程如下：

（1）进入 ANSYS 求解器。

（2）定义分析类型及分析选项。分析类型和分析选项在第一个载荷步后（也就是，在执行第一个 SOLVL 命令之后）不能被改变，ANSYS 提供这些选项用于静态分析。这些选项为：

◆ 静态（ANTYPE）。

◆ 大变形或大应变选项（GEOM）。

◆ 应力刚化效应（SSTIF）。

◆ 牛顿－拉普森选项（NROPT）。

◆ 方程求解器。

◆ 普通选项。

◆ 非线性选项。

输出控制选项。

（3）进行新的分析。

3．考察结果

来自非线性静态分析的结果主要由位移、应力、应变以及反作用力组成。可以用POST1通用后处理器，还可以用POST26时间历程后处理器来考察这些结果。

⚡注意

用POST1一次仅可以读取一个子步，且来自那个子步的结果应当已被写入Jobname.rst（载荷步选项命令OUTRES控制那一个子步的结果被存储入Jobname.rst）。典型的POST1后处理顺序将在下面描述。

4．终止正在运行的工作，重启动

在特殊情况下，可以通过产生一个"abort"文件（Jobname.abt)停止一个非线性分析。一旦求解成功完成，或者收敛失败，发生程序也将停止分析。

如果一个分析在终止前已成功地完成了一次或多次迭代，可以屡次重启动它。

6.2 几何非线性分析实例——薄圆盘

几何非线性分析是由于随着位移增长而产生的，一个有限单元已移动的坐标可以以多种方式改变结构的刚度，一般来说这类问题总是非线性的，需要进行迭代才能获得一个有效的解。

几何非线性来自于大应变效应，一个结构的总刚度依赖于它的组成部件（单元）的方向和刚度。当一个单元的节点经历位移后，这个单元对总体结构刚度的贡献可以以两种方式改变。首先，如果这个单元的形状改变，它的单元刚度将改变（图6-3上图）。其次，如果这个单元的取向改变，它的局部刚度转化到全局部件的变换也将改变（图6-3下图）。对于小的变形和小的应变分析，假定位移小到足够使所得到的刚度改变无足轻重，这时总刚度不变，计算中假定使用基于最初几何形状的结构刚度，并且在一次迭代中足以计算出小变形分析中的位移。什么时候使用"小"变形和"小"应变依赖于特定分析中要求的精度等级。

相反，大应变分析说明由单元的形状和取向改变导致的刚度改变。因为刚度受位移影响，且反之亦然，所以在大应变分析中需要迭代求解来得到正确的位移。通过发出

NLGEOM，ON（GUI 路径 Main Menu > Solution > Analysis Options），来激活大应变效应。大应变效应改变单元的形状和取向，且还随单元转动表面载荷的变化。（集中载荷和惯性载荷保持它们最初的方向。在大多数实体单元（包括所有的大应变和超弹性单元），以及部分的壳单元中大应变特性是可用的。在 ANSYS/Linear Plus 程序中大应变效应是不可用的。

大应变能影响局部（单元）刚度

大转动能影响单元刚度对总体刚度的贡献

图6-3　大应变和大转动

在本节实例分析中，我们将进行一个圆盘的几何非线性分析，用轴对称单元模拟圆盘，求解通过单一载荷步来实现。

6.2.1　分析问题

一个薄圆盘边缘被固定，在圆盘的盘面上受到均匀的压力作用，压力的大小为1e6Pa。盘的直径为10，厚为0.01，弹性模量为2.06E11，泊松比为0.3。

6.2.2　建立模型

建立模型包括设定分析作业名和标题、定义单元类型和实常数、定义材料属性、建立几何模型、划分有限元网格。

1. 设定分析作业名和标题

在进行一个新的有限元分析时，通常需要修改数据库名，并在图形输出窗口中定义一个标题来说明当前进行的工作内容。另外，对于不同的分析范畴（结构分析、热分析、流体分析、电磁场分析等），ANSYS 所用的主菜单的内容不尽相同，为此，需要在分析开始时选定分析内容的范畴，以便 ANSYS 显示出与其相对应的菜单选项。

（1）从实用菜单中选择 Utility Menu：File > Change Jobname 命令，将打开"Change Jobname(修改文件名)"对话框，如图 6-4 所示。

（2）在"Enter new jobname（输入新的文件名）"文本框中输入文字"thin_disc"，为本分析实例的数据库文件名。

（3）单击"OK"按钮，完成文件名的修改。

（4）从实用菜单中选择 Utility Menu：File > Change Title 命令，将打开"Change

Title（修改标题）"对话框，如图 6-5 所示。

图6-4 "修改文件名"对话框

图6-5 "修改标题"对话框

（5）在"Enter new title（输入新标题）"文本框中输入文字"large displacement analysis of a plane"，为本分析实例的标题名。

（6）单击"OK"按钮，完成对标题名的指定。

（7）从实用菜单中选择 Utility Menu：Plot > Replot 命令，指定的标题"large displacement analysis of a plane"将显示在图形窗口的左下角。

（8）从主菜单中选择 Main Menu：Preference 命令，将打开"Preference of GUI Filtering（菜单过滤参数选择）"对话框，选中"Structural"复选框，单击"OK"按钮确定。

2．定义单元类型

在进行有限元分析时，首先应根据分析问题的几何结构、分析类型和所分析的问题精度要求等，选定适合具体分析的单元类型。本例中选用四节点四边形板单元 PLANE182。PLANE182 不仅可用于计算平面应力问题，还可以用于分析平面应变和轴对称问题。

（1）从主菜单中选择 Main Menu：Preprocessor > Element Type > Add/Edit/Delete 命令，将打开"Element Type（单元类型）"对话框。

（2）单击"Add…"按钮，将打开"Library of Element Type（单元类型库）"，如图 6-6 所示。

（3）在中选择"Solid"选项，选择实体单元类型。

（4）在右边的列表框中选择"Quad 4node 182"选项，选择四节点四边形板单元 PLANE182。

（5）单击"OK"按钮，将 PLANE182 单元添加，并关闭单元类型对话框，同时返回到第（1）步打开的"单元类型"对话框，如图 6-7 所示。

（6）单击"Options…"按钮，打开如图 6-8 所示的"PLANE182 elementtype options（单元选项设置）对话框"，对 PLANE182 单元进行设置，使其可用于计算轴对称问题。

（7）在 K1 下拉列表框中选择"Simple Enhanced Strn"选项。

（8）在"Element behavior K3（单元行为方式）"下拉列表框中选择"Axisymmetric（轴对称）"选项。

（9）单击"OK"按钮，接受选项，关闭单元选项设置对话框，返回到如图 6-7 所示的单元类型对话框。

（10）单击"Close"按钮，关闭单元类型对话框，结束单元类型的添加。

图6-6　"单元类型库"对话框　　　　　　图6-7　"单元类型"对话框

图6-8　单元属性设置

3．定义材料属性

本实例中选用的单元类型不需定义实常数，故略过定义实常数这一步而直接定义材料属性。

考虑惯性力的静力分析中必须定义材料的弹性模量和密度。具体步骤如下：

（1）从主菜单中选择 Main Menu：Preprocessor > Material Props > Materia Model 命令，将打开"Define Material Model Behavior（定义材料模型属性）"窗口，如图 6-9 所示。

（2）依次双击 Structural > Linear > Elastic > Isotropic，展开材料属性的树形结构。将打开 1 号材料的弹性模量 EX 和泊松比 PRXY 的定义对话框，如图 6-10 所示。

（3）在对话框的 EX 文本框中输入弹性模量 2.06e11，在 PRXY 文本框中输入泊松比 0.3。

（4）单击"OK"按钮，关闭对话框，并返回到定义材料模型属性窗口，在此窗口的左边一栏出现刚刚定义的参考号为 1 的材料属性。

（5）在 Define Material Model Behavior 窗口中，从菜单选择 Material > Exit 命令，或者单击右上角的"X"按钮，退出定义材料模型属性窗口，完成对材料模型属性的定义。

图6-9　"定义材料模型属性"窗口

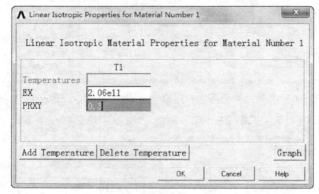

图6-10　线性各向同性材料的弹性模量和泊松比

4．建立圆盘的截面

在使用 PLANE 系列单元时，要求模型必须位于全局 XY 平面内。默认的工作平面即为全局 XY 平面内，因此可以直接在默认的工作平面内创建轮的截面。建立一个矩形面作为分析的圆盘的截面。

（1）从主菜单中选择 Main Menu：Preprocessor ＞ Modeling ＞ Create ＞ Areas ＞ Rectangle ＞ By 2 Corners 命令。

（2）在出现的如图 6-11 所示的对话框中输入 X=0，Y=0，Width=10，Height=0.01，单击"OK"按钮。

5．对盘的截面进行网格划分

本节选用 PLANE182 单元对盘面划分映射网格。

（1）从主菜单中选择 Main Menu：Preprocessor ＞ Meshing ＞ MeshTool 命令，打开"Mesh Tool（网格工具）"，如图 6-12 所示。

（2）单击"Line 域 Set"按钮，打开线选择对话框，要求选择定义单元划分数的线。在图上选择 L1，单击"Apply"按钮，出现如图 6-13 所示的对话框。

（3）在"No.of element divisions"文本框中输入 100，将 L1 线分成 100 份，单击"OK"按钮。

（4）在"Mesh"栏中选择"Areas"选项，在"Shape"选项中选择"Mapped"选项，进行映射网格划分，选择"Mesh"按钮，出现如图 6-14 所示的对话框。

（5）ANSYS 将按照对线的控制进行网格划分，期间会出现如图 6-15 所示的警告信息，不用管它。

图6-12　网格工具

图6-11　建立矩形

图6-13　控制线划分

图6-14　选择要划分的面

图6-15　警告信息

📖6.2.3 定义边界条件并求解

1. 加轴对称的位移

（1）从主菜单中选择 Main Menu：Solution ＞ Define Load ＞ Apply ＞ Structural ＞ Displacement ＞ Symmetry B.C. ＞ On lines 命令。

（2）出现"Apply SYMM"对话框，选择内径上的线 L4（左端竖直线），单击"OK"按钮，如图 6-16 所示。

2. 施加固定位移

（1）从主菜单中选择 Main Menu：Solution ＞ Define Load ＞ Apply ＞ Structural ＞ Displacement ＞ On lines 命令。

（2）出现线选择对话框，选择内径上的线 L2（右端竖直线），单击"OK"按钮，如图 6-17 所示。

（3）出现"Apply U,ROT on Lines"对话框，选择"All DOF"选项，单击"OK"按钮，如图 6-18 所示。

  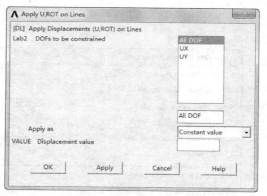

图6-16 选择轴对称线　图6-17 选择位移约束的线　　图6-18 施加固定位移

3. 施加压力载荷

（1）从主菜单中选择 Main Menu：Solution ＞ Define Load ＞ Apply ＞ Structural ＞ Pressure ＞ On lines 命令，打开选择线的对话框，选择盘截面的下边，单击"OK"按钮，如图 6-19 所示。

（2）打开"Apply PRES on lines"对话框，在"Load PRES value"文本框中输入"1e6"，单击"OK"按钮，施加压力，如图 6-20 所示。

4. 进行求解设置并求解

（1）从主菜单中选择 Main Menu：Solution ＞ Analysis Type ＞ Sol'n Controls 命令，打开"Solution Controls"窗口，如图 6-21 所示。

（2）在"Basic"选项卡中的"Analysis Options"下拉列表框中选择"Large

Displacement Static"，如图 6-22 所示。

图6-19　选择载载荷边

图6-20　施加压力

图6-21　"Solution Controls" 窗口

（3）在 "Nonlinear" 选项卡中单击 "Set convergence criteria…" 选项，如图 6-23 所示。

（4）在默认非线性设置对话框中选择 "F"，单击 "Add…" 按钮，如图 6-24 所示。

（5）在非线性控制对话框中的 Convergence is based on 列表框中选择 "Structural"，在右边的列表框中选择 "Force F"，在 "Minimum reference value" 文本框中输入 1，单击 "OK" 按钮，如图 6-24 所示。

（6）在 "Solution Controls" 窗口中单击 "OK" 按钮，结束求解控制的设置。

（7）从主菜单中选择 Main Menu：Solution ＞ Solve ＞ Current LS 命令，打开一个确认对话框和状态列表，如图 6-25 所示，要求查看列出的求解选项。

（8）查看列表中的信息确认无误后，单击 "OK" 按钮，开始求解。

（9）ANSYS 会显示非线性求解过程的收敛过程，如图 6-26 所示。

图6-22　"Solution Controls"窗口

图6-23　求解设置

图6-24　非线性求解设置

（10）求解完成后打开如图 6-27 所示的提示求解完成对话框。

（11）单击"Close"按钮，关闭提示求解完成对话框。

图6-25　求解当前载荷步确认对话框

图6-26　显示收敛过程

图6-27　提示求解完成

6.2.4　查看结果

求解完成后，可以利用 ANSYS 软件生成的结果文件（对于静力分析，就是 Jobname. RST）进行后处理。静力分析中通常通过 POST1 后处理器就可以处理和显示大多数感兴趣的结果数据。

1. 查看变形

（1）从主菜单中选择 Main Menu：General Postproc > Plot Result > Contour Plot > Nodal Solu 命令，打开"Contour Nodal Solution Data（等值线显示节点解数据）"对话框，如图 6-28 所示。

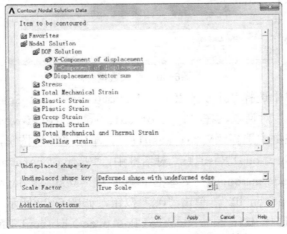

图6-28　等值线显示节点解数据对话框

（2）在"Item to be contoured（等值线显示结果项）"域中选择"DOF solution（自由度解）"选项。

（3）在列表框中选择"Y-Component of displacement（Y 向位移）"选项。

（4）选择"Deformed shape with undeformed edge（变形后和未变形轮廓线）"单选按钮。

（5）单击"OK"按钮，在图形窗口中显示出变形图，包含变形前的轮廓线，如图 6-29 所示，图中下方的色谱表明不同的颜色对应的数值（带符号）。

2. 列表查看位移

（1）从主菜单中选择 Main Menu：General Postproc > Read Results > By Load Step 命令，打开"Read Results By Load Step Number"对话框，单击"OK"按钮，如图 6-30 所示。

图6-29　Y向变形图

图6-30　读入数据

（2）从应用菜单中选择 Utility Menu：Parameters > Get Scalar Data 命令，打开"Get Scalar Data"对话框，在"Type of data to be retrieved"下拉表框中选择"Results data"，在框中选择"Nodal Results"，单击"OK"按钮，如图 6-31 所示。

（3）在打开的"Get Nodal Results"对话框中，"Name of parameter to be defined"文本框中输入 UY，"Node number N"文本框中输入 1，"Results data to be retrieved"列表框中选择"Tanslation UY"，单击"OK"按钮，如图 6-32 所示。

（4）从主菜单中选择 Main Menu：General Postproc > Element Table > Define Table 命令，打开"Element Table Data"对话框，单击"Add"按钮，如图 6-33 所示。

图6-31 读取标量数据

图6-32 选择读入的数据

图6-33 增加Table

（5）在打开的"Define Additional Element Table Items"对话框中，"Eff NU for EQV strain"文本框中输入"CENT, User label for item"文本框中输入"SEQUENCE, Results data item"列表框中选择"By sequence num"选项，右边列表中选择"LS"，下面的文本框中输入LS,5，单击"OK"按钮，如图6-34所示。

（6）将会出现单元列表数据显示框，单击"Close"按钮，如图6-35所示。

（7）从主菜单中选择 Main Menu：General Postproc > List Results > Sorted Listing > Sort Nodes命令，输入"Number of nodes for sort"数值为5，其余设置如图6-36所示，单击"OK"按钮。

图6-34　定义列表

图6-35　单元列表数据

图6-36　排列数据

（8）ANSYS会打开一个列表显示的对话框，查看后关闭，如图6-37所示。

（9）从应用菜单中选择Utility Menu：Parameters ＞ Get Scalar Data命令，打开"Get Scalar Data"对话框，在"Type of data to be retrieved"下拉表框中选择"Results data"，在框中选择"Other operations"，单击"OK"按钮，如图6-38所示。

图6-37 列表显示数据

图6-38 选择数据

（10）在打开的"Get Data from Other POST1 Operations"对话框中，"Name of parameter to be defined"文本框中输入"PRSCNT"，在"Datas to be retrieved"列表框中选择"From sort oper'n"，在右边列表中选择"Maximum value"，单击"OK"按钮，如图6-39所示。

图6-39 选择数据

（11）ANSYS的"Output Windows"会显示出"MAX"值 可供查看，如图6-40所示。

（12）从应用菜单中选择Utility Menu：Parameters＞Scalar Parameters命令，打开"Scalar Parameter"显示框，如图6-41所示。

6.2.5 命令流方式

命令流执行方式这里不再详细介绍，读者可参见电子文档。

图6-40　列表显示数据

图6-41　显示参数

6.3　材料非线性分析实例——铆钉

塑性是一种在某种给定载荷下，材料产生永久变形的材料特性，对大多的工程材料来说，当其应力低于比例极限时，应力-应变关系是线性的。另外，大多数材料在其应力低于屈服点时，表现为弹性行为，也就是说，当移走载荷时，其应变也完全消失。

由于材料的屈服点和比例极限相差很小，因此在 ANSYS 程序中，假定它们相同。在应力-应变的曲线中，低于屈服点的叫作弹性部分，超过屈服点的叫作塑性部分，也叫作应变强化部分。塑性分析中考虑了塑性区域的材料特性。

当材料中的应力超过屈服点时，塑性被激活（也就是说，有塑性应变发生）。而屈服应力本身可能是下列某个参数的函数：

◆　温度。
◆　应变率。
◆　以前的应变历史。
◆　侧限压力。
◆　其他参数。

本节通过对铆钉的冲压进行应力分析，来介绍 ANSYS 塑性问题的分析过程。

6.3.1　分析问题

为了考查铆钉在冲压时，发生多大的变形，对铆钉进行分析。铆钉如图 6-42 所示。

铆钉圆柱高：10mm

铆钉圆柱外径：6mm

铆钉内孔孔径：3mm

铆钉下端球径：15mm

弹性模量：2.06E11

泊松比：0.3

铆钉材料的应力应变关系见表 6-1。

图6-42 铆钉

表6-1 应力应变关系

应变	0.003	0.005	0.007	0.009	0.011	0.02	0.2
应力/MPa	618	1128	1317	1466	1510	1600	1610

6.3.2 建立模型

建立模型包括设定分析作业名和标题、定义单元类型和实常数、定义材料属性、建立几何模型、划分有限元网格。其具体步骤如下：

1. 设定分析作业名和标题

在进行一个新的有限元分析时，通常需要修改数据库名，并在图形输出窗口中定义一个标题来说明当前进行的工作内容。另外，对于不同的分析范畴（结构分析、热分析、流体分析、电磁场分析等），ANSYS 所用的主菜单的内容不尽相同，为此，需要在分析开始时选定分析内容的范畴，以便 ANSYS 显示出与其相对应的菜单选项。

（1）从实用菜单中选择 Utility Menu：File＞Change Jobname 命令，将打开"Change Jobname（修改文件名）"对话框，如图 6-43 所示。

图6-43 "修改文件名"对话框

（2）在"Enter new jobname（输入新的文件名）"文本框中输入文字"example6-3"，为本分析实例的数据库文件名。

（3）单击"OK"按钮，完成文件名的修改。

（4）从实用菜单中选择 Utility Menu：File＞Change Title 命令，将打开"Change Title（修改标题）"对话框，如图 6-44 所示。

图6-44 "修改标题"对话框

（5）在"Enter new title（输入新标题）"文本框中输入文字"plastic analysis

of a part"，为本分析实例的标题名。

（6）单击"OK"按钮，完成对标题名的指定。

（7）从实用菜单中选择 Utility Menu：Plot > Replot 命令，指定的标题"plastic analysis of a part"将显示在图形窗口的左下角。

（8）从主菜单中选择 Main Menu：Preference 命令，将打开"Preference of GUI Filtering（菜单过滤参数选择）"对话框，选中"Structural"复选框，单击"OK"按钮确定。

2. 定义单元类型

在进行有限元分析时，首先应根据分析问题的几何结构、分析类型和所分析的问题精度要求等，选定适合具体分析的单元类型。本例中选用四节点四边形板单元 SOLID45。SOLID45 可用于计算三维应力问题。

在输入窗口，输入命令

```
/PREP7
ET, 1, SOLID45
```

3. 定义实常数

本实例中选用三维的 SOLID45 单元，不需要设置实常数。

4. 定义材料属性

考虑应力分析中必须定义材料的弹性模量和泊松比，塑性问题中必须定义材料的应力应变关系。具体步骤如下：

（1）从主菜单中选择 Main Menu：Preprocessor > Material Props > Materia Model 命令，将打开"Define Material Model Behavior（定义材料模型属性）"窗口，如图 6-45 所示。

（2）依次单击 Structural > Linear > Elastic > Isotropic 命令，展开材料属性的树形结构。将打开 1 号材料的弹性模量 EX 和泊松比 PRXY 的定义对话框，如图 6-46 所示。

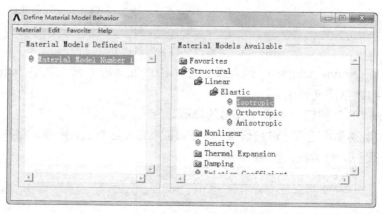

图6-45　"定义材料模型属性"窗口

（3）在对话框的 EX 文本框中输入弹性模量 2.06e11，在 PRXY 文本框中输入泊松比 0.3。

（4）单击"OK"按钮，关闭对话框，并返回到定义材料模型属性窗口，在此窗口的左边一栏出现刚刚定义的参考号为 1 的材料属性。

（5）依次单击 Structural ＞ Nonlinear ＞ elastic ＞ multilinear elastic，打开定义材料应力应变对话框，如图 6-47 所示。

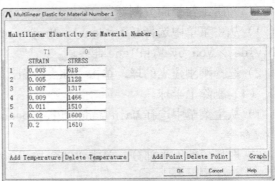

图6-46　线性各向同性材料的弹性模量和泊松比　　　图6-47　定义应力应变关系

（6）单击"Add"按钮 Point 增加材料的关系点，分别输入材料的关系点，如图 6-48 所示。还可以显示材料的曲线关系，单击"Graph"按钮，在图形窗口中就会显示出来。

（7）单击"OK"按钮，关闭对话框，并返回到定义材料模型属性窗口。

（8）在"Define Material Model Behavior"窗口中，从菜单选择 Material ＞ Exit 命令，或者单击右上角的"X"按钮，退出定义材料模型属性窗口，完成对材料模型属性的定义。

5．建立实体模型

（1）创建一个球。

1）从主菜单中选择 Main Menu：Preprocessor ＞ Modeling ＞ Create ＞ Volumes ＞ Sphere ＞ Solid Sphere 命令。

2）在文本框中输入 X=0，Y=3，Radius=7.5，单击"OK"按钮，如图 6-49 所示。

图6-48　材料关系图　　　　　　　　　图6-49　创建一个球

（2）将工作平面旋转 90°。

1）从应用菜单中选择 Utility Menu：WorkPlane ＞ Offset WP by Increments 命

令。

2）在"XY, YZ, ZXAngles"文本框中输入"0,90,0"，单击"OK"按钮，如图 6-50 所示。

（3）用工作平面分割球。

1）从主菜单中选择 Main Menu：Preprocessor > Modeling > Operate > Booleans > Divide > Vou by WrkPlane 命令。

2）选择刚刚建立的球，单击"OK"按钮，如图 6-51 所示。

（4）删除上半球。

1）从主菜单中选择 Main Menu：Preprocessor > Modeling > Delete > Volume and Below 命令。

2）选择球的上半部分，单击"OK"按钮，如图 6-52 所示。

图6-50　旋转工作平面

图6-51　选择球

图6-52　删除体

所得结果如图 6-53 所示。

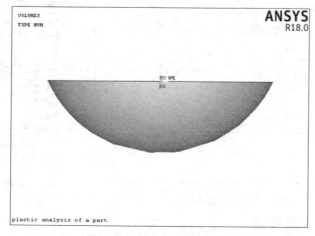
图6-53　删除上半球的结果

（5）创建一个圆柱体。

1）从主菜单中选择 Main Menu：Preprocessor ＞ Modeling ＞ Create ＞ Volumes ＞ Cylinder ＞ Solid Cylinder 命令。

2）WP X 输入 0，WP Y 输入 0，Radius 输入 3， Depth 输入 -10，单击 "OK" 按钮。生成一个圆柱体，如图 6-54 所示。

（6）偏移工作平面到总坐标系的某一点。

1）从应用菜单中选择 Utility Menu：WorkPlane ＞ Offset WP to ＞ XYZ Locations +命令，如图 6-54 所示。

2）在 "Global Cartesian" 文本框中输入 "0,10,0"，单击 "OK" 按钮，如图 6-55 所示。

图6-54　创建圆体

图6-55　偏移工作平面到一点

（7）创建另一个圆柱体。

1）从主菜单中选择 Main Menu：Preprocessor ＞ Modeling ＞ Create ＞ Volumes ＞ Cylinder ＞ Solid Cylinder 命令。

2）WP X 输入 0，WP Y 输入 0，Radius 输入 1.5， Depth 输入 4，单击 "OK" 按钮，生成另一个圆柱体。

（8）从大圆柱体中 "减" 去小圆柱体。

1）从主菜单中选择 Main Menu： Preprocessor ＞ Modeling ＞ Operate ＞ Booleans ＞ Subtract ＞ Volumes 命令 。

2）拾取大圆柱体，作为布尔 "减" 操作的母体，单击 "Apply" 按钮，如图 6-56 所示。

3）拾取刚刚建立的小圆柱体作为 "减" 去的对象，单击 "OK" 按钮。

4）从大圆柱体中 "减" 去小圆柱体的结果如图 6-57 所示。

（9）从大圆柱体中 "减" 去小圆柱体的结果与下半球相加。

1）从主菜单中选择 Main Menu： Preprocessor ＞ Modeling ＞ Operate ＞ Booleans ＞ Add ＞ Volumes 命令。

2）单击 "Pick All" 按钮，如图 6-58 所示。

（10）存储数据库 ANSYS。拾取"SAVE_DB"。

图6-56　体相减　　　　　　　　　　　图6-57　体相减的结果

6. 对铆钉划分网格。本节选用 SOLID185 单元对盘面划分映射网格。

（1）从主菜单中选择 Main Menu：Preprocessor ＞ Meshing ＞ MeshTool 命令，打开"Mesh Tool（网格工具）"，如图 6-59 所示。

（2）选择"Mesh"域中的"Volumes"，单击"Mesh"按钮，打开面选择对话框，要求选择要划分数的体。单击"Pick All"按钮，如图 6-60 所示。

图6-58　体相加　　　　　　　图6-59　网格工具　　　　　　图6-60　进行体选择

（3）ANSYS 会根据进行的控制划分体，划分过程中 ANSYS 会产生提示，如图 6-61

所示，单击"Close"按钮。

划分后的体如图 6-62 所示。

图6-61　分网提示

图6-62　对体划分的结果

6.3.3　定义边界条件并求解

建立有限元模型后，就需要定义分析类型和施加边界条件及载荷，然后求解。本实例中载荷为上圆环形表面的位移载荷，位移边界条件是下半球面所有方向上的位移固定。

1. 施加位移边界

（1）从主菜单中选择 Main Menu：Solution > Define Loads > Apply > Structural > Displacement > on Areas 命令，打开面选择对话框，要求选择欲施加位移约束的面。

（2）选择下半球面，单击"OK"按钮，打开"Apply U, Rot on Areas（在面上施加位移约束）"对话框，如图 6-63 所示。

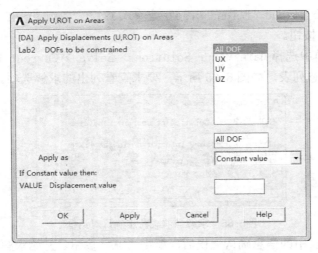

图6-63　"面上施加位移约束"对话框

（3）选择"All DOF"选项（所有方向上的位移）。

（4）单击"OK"按钮，ANSYS 在选定面上施加指定的位移约束。

2. 施加位移载荷并求解

本实例中载荷为上圆环形表面的位移载荷。

（1）从主菜单中选择 Main Menu：Solution ＞ Define Loads ＞ Apply ＞ Structural ＞ Displacement ＞ on Areas 命令，打开面选择对话框，要求选择欲施加位移载荷的面。

（2）选择上面的圆环面，单击"OK"按钮，打开对话框，如图 6-63 所示对话框。

（3）选择"UY（Y 方向上的位移）"，在"Displacement value"文本框中输入 3。

（4）单击"OK"按钮，ANSYS 在选定面上施加指定的位移载荷。

（5）单击"SAVE-DB"按钮，保存数据库。

（6）从主菜单中选择 Main Menu ＞ Solution ＞ Analysis Type ＞ Sol'n Controls 命令，打开"Solution Controls"窗口，如图 6-64 所示。

图6-64　求解控制

（7）在"Basic"选项卡中的"Write Items to Results File"窗中选择"All solution items"，下面的"Frequency"中选择"Write every Nth substep"。

（8）在"Time at end of load step"处输入 1；在"Number of substeps"处输入 20；单击"OK"按钮。

（9）从主菜单中选择 Main Menu：Solution ＞ Solve ＞ Current LS 命令，打开一个确认对话框和状态列表，如图 6-65 所示，要求查看列出的求解选项。

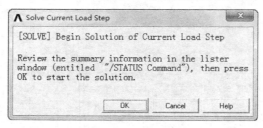

图6-65　求解当前载荷步确认对话框

（10）查看列表中的信息确认无误后，单击"OK"按钮，开始求解。

（11）求解过程中会出现结果收敛与否的图形显示，如图 6-66 所示。

（12）求解完成后打开如图 6-67 所示的提示求解完成对话框。

（13）单击"Close"按钮，关闭提示求解完成对话框。

图6-66 结果收敛批示

图6-67 提示求解完成

6.3.4 查看结果

求解完成后，就可以利用 ANSYS 软件生成的结果文件（对于静力分析，就是 Jobname.RST）进行后处理。静力分析中通常通过 POST1 后处理器就可以处理和显示大多数感兴趣的结果数据。

1. 查看变形

（1）从主菜单中选择 Main Menu：General Postproc ＞ Plot Result ＞ Contour Plot ＞ Nodal Solu 命令，打开 "Contour Nodal Solution Data（等值线显示节点解数据）" 对话框，如图 6-68 所示。

（2）在 "Item to be contoured（等值线显示结果项）" 域中选择 "DOF solution（自由度解）" 选项。

（3）在列表框中选择 "Y-Component of displacement（Y 向位移）" 选项，Y 向位移即为铆钉高方向的位移。

（4）选择 "Deformed shape with undeformed dge（变形后和未变形轮廓线）" 单选按钮。

（5）单击 "OK" 按钮，在图形窗口中显示出变形图，包含变形前的轮廓线，如图 6-69 所示，图中下方的色谱表明不同的颜色对应的数值（带符号）。

2. 查看应力。

图6-68　"等值线显示节点解数据"对话框

图6-69　Y向变形图

（1）从主菜单中选择 Main Menu：General Postproc ＞ Plot Results ＞ Contour Plot ＞ Nodal Solu 命令，打开"Contour Nodal Solution Data（等值线显示节点解数据）"对话框，如图 6-70 所示。

（2）在"Item to be contoured（等值线显示结果项）"域中选择"Total Mechanical Strain（应变）"选项。

（3）在列表框中选择"von Mises total mechanical strain（von Mises 应变）"选项。

（4）选择"Deformed shape only（仅显示变形后模型）"单选按钮。

（5）单击"OK"按钮，图形窗口中显示出"von Mises"应变分布图，如图 6-71 所示。

3．查看截面

238

图6-70 等值线显示节点解数据对话框

图6-71 von Mises应变分布图

（1）从应用菜单中选择 Utility Menu：PlotCtrls > Style > Hidden Line Options 命令，打开"Hidden-Line Options"对话框，如图 6-72 所示。

图6-72 截面控制

（2）在"Type of Plot"的左边的下拉列表框中选择"Capped hidden"选项。

（3）单击"OK"按钮，图形窗口中显示出截面上的分布图，如图6-73所示。

图6-73　截面上的分布图

4．动画显示模态形状

（1）从应用菜单中选择 Utility Menu：PlotCtrls > Animate > Mode Shape 命令。

（2）选择 "DOF solution"，. 选择 "Translation UY"，单击"OK"按钮，如图6-74 所示。

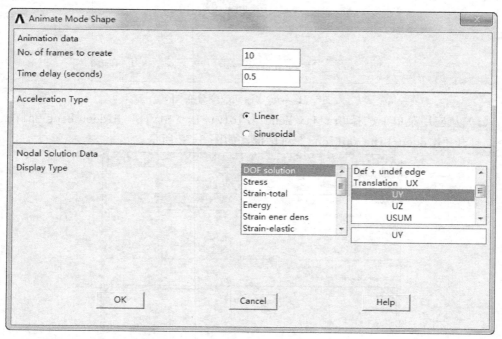

图6-74　设置动画显示

ANSYS 将在图形窗口中进行动画显示，如图 6-75 所示。

图6-75　动画显示

6.3.5　命令流方式

命令流执行方式这里不再详细介绍，读者可参见电子文档。

6.4　状态非线性分析实例——齿轮啮合

接触问题是一种高度非线性行为，需要较大的计算资源，为了进行实为有效的计算，理解问题的特性和建立合理的模型是很重要的。

接触问题存在两个较大的难点：其一，在求解问题之前，并不知道接触区域，表面之间是接触或分开是未知的，突然变化的，这随载荷、材料、边界条件和其他因素而定；其二，大多的接触问题需要计算摩擦，有几种摩擦和模型供选择，它们都是非线性的，摩擦使问题的收敛性变得困难。

接触问题分为两种基本类型：刚体-柔体的接触和柔体-柔体的接触。在刚体-柔体的接触问题中，接触面的一个或多个被当作刚体（与它接触的变形体相比，有大得多的刚度），一般情况下，一种软材料和一种硬材料接触时，问题可以被假定为刚体-柔体的接触，许多金属成形问题归为此类接触，另一类柔体-柔体的接触，是一种更普遍的类型，在这种情况下，两个接触体都是变形体（有近似的刚度）。

本节通过一对接触的齿轮进行接触应力分析，来介绍 ANSYS 接触问题的分析过程。

6.4.1 分析问题

一对啮合的齿轮在工作时产生接触，分析其接触的位置、面积和接触力的大小。
标准齿轮如图6-76所示。

齿顶直径：48
齿底直径：30
齿数：10
厚度：4
弹性模量：2.06E11
摩擦系数：0.1
中心距：40

图6-76 齿轮模型

6.4.2 建立模型

建立模型包括设定分析作业名和标题、定义单元类型和实常数、定义材料属性、建立几何模型、划分有限元网格。

1. 设定分析作业名和标题

在进行一个新的有限元分析时，通常需要修改数据库名，并在图形输出窗口中定义一个标题来说明当前进行的工作内容。另外，对于不同的分析范畴（结构分析、热分析、流体分析、电磁场分析等），ANSYS所用的主菜单的内容不尽相同，为此，需要在分析开始时选定分析内容的范畴，以便ANSYS显示出与其相对应的菜单选项。

（1）从实用菜单中选择 Utility Menu：File > Change Jobname 命令，将打开"Change Jobname（修改文件名）"对话框，如图6-77所示。

图6-77 修改文件名对话框

（2）在"Enter new jobname（输入新的文件名）"文本框中输入文字"example6-4"，为本分析实例的数据库文件名。

（3）单击"OK"按钮，完成文件名的修改。

（4）从实用菜单中选择Utility Menu：File＞Change Title命令，将打开"Change Title（修改标题）"对话框，如图6-78所示。

图6-78 "修改标题"对话框

（5）在"Enter new title（输入新标题）"文本框中输入文字"contact analysis of two gears"，为本分析实例的标题名。

（6）单击"OK"按钮，完成对标题名的指定。

（7）从实用菜单中选择Utility Menu：Plot＞Replot命令，指定的标题"contact analysis of two gears"将显示在图形窗口的左下角。

（8）从主菜单中选择Main Menu：Preference命令，将打开"Preference of GUI Filtering（菜单过滤参数选择）"对话框，选中"Structural"复选框，单击"OK"按钮确定。

2．定义单元类型

在进行有限元分析时，首先应根据分析问题的几何结构、分析类型和所分析的问题精度要求等，选定适合具体分析的单元类型。本例中选用四节点四边形板单元PLANE182。PLANE182不仅可用于计算平面应力问题，还可以用于分析平面应变和轴对称问题。

（1）从主菜单中选择Main Menu：Preprocessor＞Element Type＞Add/Edit/Delete命令，将打开"Element Type（单元类型）"对话框。

（2）单击"OK"按钮，将打开"Library of Element Type（单元类型库）"对话框，如图6-79所示。

（3）选择"Solid"选项，选择实体单元类型。

（4）在右边的列表框中选择"Quad 4node 182"选项，选择四节点四边形板单元PLANE182。

（5）单击"OK"按钮，将PLANE182单元添加，并关闭单元类型对话框，同时返回到第（1）步打开的"单元类型"对话框，如图6-80所示。

（6）单击"Options…"按钮，打开如图6-81所示的"PLANE182 element type option（单元选项设置）"对话框，对"PLANE182"单元进行设置，使其可用于计算平面应力问题。

（7）在"Element technology"下拉列表框中选择"Reduced integration"选项。

（8）在"Element behavior（单元行为方式）"下拉列表框中选择"Plane stresss（平面应力）"选项。

（9）单击"OK"按钮，接受选项，关闭单元选项设置对话框，返回到如图6-80所示的单元类型对话框。

（10）单击"Close"按钮，关闭单元类型对话框，结束单元类型的添加。

3．定义实常数

图6-79 "单元类型库"对话框 图6-80 "单元类型"对话框

图6-81 单元选项设置对话框

实例中平面应力行为方式的 PLANE182 单元，需要设置其厚度实常数。

（1）从主菜单中选择 Main Menu：Preprocessor > Real Constants > Add/Edit/Delete命令，打开如图 6-82 所示的"Real Constants（实常数）"对话框。

图6-82 "实常数"对话框 图6-83 选择单元类型

（2）单击"Add"按钮按钮，打开如图 6-83 所示的"Element Type for Real Constants（实常数单元类型）"对话框，要求选择欲定义实常数的单元类型。

（3）本例中只定义了一种单元类型，在已定义的单元类型列表中选择"Type 1

PLANE182",将为PLANE182单元类型定义实常数,在弹出的对话框中,将厚度设置为4。

(4)单击"OK"按钮确定,关闭选择单元类型对话框,打开该单元类型"Real Constant Set(实常数集)"对话框。

(5)单击"OK"按钮,关闭实常数集对话框,返回到实常数设置对话框,如图6-84所示,显示已经定义了一组实常数。

(6)单击"Close"按钮,关闭实常数对话框。

4. 定义材料属性

考虑惯性力的静力分析中必须定义材料的弹性模量和密度。具体步骤如下:

(1)从主菜单中选择 Main Menu: Preprocessor > Material Props > Materia Model 命令,将打开"Define Material Model Behavior(定义材料模型属性)"窗口,如图6-85所示。

图6-84 已经定义的实常数　　　　图6-85 "定义材料模型属性"窗口

(2)依次单击 Structural > Linear > Elastic > Isotropic,展开材料属性的树形结构。将打开1号材料的弹性模量 EX 和泊松比 PRXY 的定义对话框,如图6-86所示。

图6-86 线性各向同性材料的弹性模量和泊松比　　图6-87 "定义材料密度"对话框

(3)在对话框的 EX 文本框中输入弹性模量 2.06e11,在 PRXY 文本框中输入泊松比0.3。

(4)单击"OK"按钮,关闭对话框,并返回到定义材料模型属性窗口,在此窗口的左边一栏出现刚刚定义的参考号为1的材料属性。

(5)依次单击 Structural > Friction Coefficient,打开定义材料密度对话框,

如图 6-87 所示。

（6）在 MU 文本框中输入密度数值 0.3。

（7）单击"OK"按钮，关闭对话框，并返回到定义材料模型属性窗口，在此窗口的左边一栏参考号为 1 的材料属性下方出现密度项。

（8）在"Define Material Model Behavior"窗口中，从菜单选择 Material＞Exit 命令，或者单击右上角的"X"按钮，退出定义材料模型属性窗口，完成对材料模型属性的定义。

5．建立齿轮面模型

在使用 PLANE 系列单元时，要求模型必须位于全局 XY 平面内。默认的工作平面即为全局 XY 平面内，因此可以直接在默认的工作平面内创建齿轮面。

按照第 5 章第 2 节的方法建立一个齿轮面模型，如图 6-88 所示。

（1）将激活的坐标系设置为总体直角坐标系。从实用菜单中选择 Utility Menu：WorkPlane ＞ Change Active CS to ＞ Global Cartesian 命令。

（2）在直角坐标系下进行复制面。

1）从主菜单中选择 Main Menu：Preprocessor ＞ Modeling ＞ Copy ＞ Areas 命令。

2）单击"Pick All"按钮，如图 6-89 所示。

3）ANSYS 会提示复制的数量和偏移的坐标，在"Number of copies"文本框中输入 2，在"X-offset in active CS"文本框中输入 40，单击"OK"按钮，如图 6-90 所示。

所得结果如图 6-91 所示。

（3）创建局部坐标系。

1）从实用菜单中选择 Utility Menu：WorkPlane ＞ Local Coordinate Systems ＞ Create Local CS ＞ At Specified Loc 命令。

图6-88　第5章第2节建立的模型

图6-89　复制面　　　　　　　　　　图6-90　输入坐标

2）在"Global Cartesian"文本框中输入：40,0,0，如图 6-92 所示.然后单击"OK"按钮，得到"Create Local CS at Specified Location"对话框，如图 6-93 所示。

图6-91　复制面的结果　　　　　　　图6-92　输入坐标

3）在"Ref number of new coord sys"中输入 11，在"Type of coordinate system"中选择"Cylindrical 1"，在"Origin of coord system"文本框中分别输入"40,0,0"，单击"OK"按钮，如图 6-93 所示。

（4）将激活的坐标系设置为局部坐标系。

1）从应用菜单中选择 Utility Menu：WorkPlane＞Change Active CS to＞Specified Coord Sys 命令。

2）在文本框中输入 11，如图 6-94 所示。

（5）在局部坐标系下进行复制面。

1）从主菜单中选择 Main Menu：Preprocessor＞Modeling＞Copy＞Areas命令。

2）选择生成的第二个面，单击"OK"按钮，如图6-95所示。

3）ANSYS 会提示复制的数量和偏移的坐标，在"Number of copies"文本框中输入2，在"Y-offset in active CS"文本框中输入-1.8，单击"OK"按钮，将产生第三个面。

图6-93　创建局部坐标

图6-94　激活局部坐标

图6-95　选择面

（6）删除第二个面。

1）从主菜单中选择 Main Menu：Preprocessor > Modeling > Delete > Area and Below 命令。

2）选择第二个面，由于第二个面和第三个面的位置接近，所以 ANSYS 会产生提示如图 6-96 所示。

3）在提示窗口中单击"OK"按钮。最后生成的结果如图 6-97 所示。

（7）存储数据库 ANSYS。拾取"SAVE_DB"。

6．对齿面划分网格

本节选用 PLANE182 单元对齿面划分映射网格。

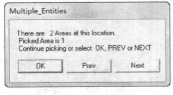

图6-96 提示选择   图6-97 生成的结果

（1）从主菜单中选择 Main Menu：Preprocessor > Meshing > MeshTool 命令，打开"Mesh Tool（网格工具）"，如图 6-98 所示。

（2）选择"Mesh 域中的 Areas"，单击"Mesh"按钮，打开面选择对话框，要求选择要划分数的面。单击"Pick All"按钮，如图 6-99 所示。

图6-98 网格工具   图6-99 进行面选择

（3）ANSYS 会根据进行的线控制划分面，划分网格会出现 ANSYS 的提示，在提示对话框中单击"OK"按钮。划分后的面如图 6-100 所示。

7．定义接触对

（1）从应用菜单中选择 Utility Menu：Select > Entities 命令先选择线，在类

型下拉列表中选择"Lines"，单击"Apply"按钮，如图 6-101 所示。

图6-100　对面划分的结果　　　　　　　　图6-101　选择线控制

（2）打开线选择对话框，选择一个齿轮上可能与另一个齿轮相接触的线，单击"OK"按钮，如图 6-102 所示。

（3）从应用菜单中选择 Utility Menu：Select > Entities 命令先选择线，在实体选择对话框中的类型下拉列表中选择"Nodes"，在选择方式下拉列表中选择"Attached to"，在单选列表中选择"Lines，all"，如图 6-103 所示。

图6-102　选择线　　　　　　图6-103　选择节点

（4）从应用菜单中选择Utility Menu：Select > Comp/Assembly > Create Component命令在"Component name"文本框中输入"node 1"。

（5）单击"OK"按钮，如图 6-104 所示。

（6）从应用菜单中选择 Utility Menu：Select > Entities 命令。

（7）先选择线，在类型下拉列表中选择"Lines"，在选择方式下拉列表中选择"By

Num/Pick"，单击"Apply"按钮。

Create Component

[CM] Create Component

Cname Component name | node 1

Entity Component is made of | Nodes

OK   Apply   Cancel   Help

图6-104　定义部件

（8）打开线选择对话框，选择另一个齿轮上可能与前一个齿轮相接触的线，单击"OK"按钮。

（9）从应用菜单中选择 Utility Menu：Select ＞ Entities 命令先选择线，在实体选择对话框中的类型下拉列表中选择"Nodes"，在选择方式下拉列表中选择"Attached to"，在单选列表中选择"Lines, all"。

（10）从应用菜单中选择 Utility Menu：Select ＞ Comp/Assembly ＞ Create Component 命令，在"Component name"文本框中输入"node 2"，单击"OK"按钮。这样就定义了节点集合。

（11）从应用菜单中选择 Utility Menu：Select ＞ Everything 命令。

（12）单击工具条中的接触定义向导按钮，如图 6-105 所示。

图6-105　接触定义向导按钮

（13）ANSYS 会打开"Contact Manager"对话框，如图 6-106 所示。

图6-106　定义接触向导

（14）选择工具条中的第一项"NODE1"，会打开下一步操作的向导，如图 6-107 所示。

（15）在对话框中选择"NODE1"，单击"Next"按钮，如图 6-108 所示。

（16）在对话框中单击"Create"按钮，如图 6-109 所示。

（17）ANSYS 会提示接触对建立完成，在提示对话框中单击"OK"按钮。所得的结果如图 6-110 所示。

图6-107　第二步向导　　　　　　　　图6-108　第三步向导

图6-109　第四步向导

图6-110　建立接触对的结果

6.4.3　定义边界条件并求解

建立有限元模型后，就需要定义分析类型和施加边界条件及载荷，然后求解。本实例中载荷为第一个齿轮的转角位移，位移边界条件是第一个齿轮内孔边缘节点的径向位移固定，另一个齿轮内孔边缘节点的各个方向位移固定。

1. 施加位移边界

2. 本实例的位移边界条件为将第一个齿轮内径边缘节点的径向位移固定，为施加周向位移，需要将节点坐标系旋转到柱坐标系下。具体步骤如下：

（1）从实用菜单中选择 Utility Menu：WorkPlane > Change Active CS to > Global Cylindrical 命令，将激活坐标系切换到总体柱坐标系下。

（2）从主菜单中选择 Main Menu：Preprocessor > Modeling > Move/Modify > Rotate Node CS > To Active CS 命令，打开节点选择的对话框，要求选择欲旋转的坐标系的节点。

（3）选择第一个齿轮内径上的所有节点，单击"Apply"按钮，节点的节点坐标系都将被旋转到当前激活坐标系即总体坐标系下，如图 6-111 所示。

（4）从主菜单中选择 Main Menu：Solution > Define Loads > Apply > Structural > Displacement > on Nodes 命令，打开节点选择对话框，要求选择欲施加位移约束的节点。

（5）选择第一个齿轮内径上的所有节点，单击"Apply"按钮，打开"Apply U, Rot on Nodes（在节点上施加位移约束）"对话框，如图 6-112 所示。

（6）选择 UX（X 方向位移），此时节点坐标系为柱坐标系，X 方向为径向，即施加径向位移约束。

（7）单击"OK"按钮，ANSYS 在选定节点上施加指定的位移约束。

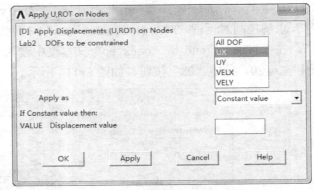

图6-111　选择节点　　　　图6-112　"在节点上施加位移约束"对话框

3．施加第一个齿轮位移载荷及第二个齿轮的位移边界条件并求解

（1）从主菜单中选择 Main Menu：Solution > Define Loads > Apply > Structural > Displacement > on Nodes 命令，打开节点选择对话框，要求选择欲施加位移约束的节点。

（2）选择第一个齿轮内径上的所有节点，单击"Apply"按钮，打开"Apply U, Rot on Nodes（在节点上施加位移约束）"对话框，如图 6-112 所示。

（3）选择 UY（Y 方向位移），此时节点坐标系为柱坐标系，Y 方向为周向，即施加周向位移约束，在"Displacement value"文本输入框中输入-0.2，单击"OK"按钮。

（4）将激活的坐标系设置为总体柱坐标系。从实用菜单中选择 Utility Menu：

WorkPlane ＞ Change Active CS to ＞ Global Cartesian 命令。

（5）从主菜单中选择 Main Menu：Solution ＞ Define Loads ＞ Apply ＞ Structural ＞ Displacement ＞ on Nodes 命令，打开节点选择对话框，要求选择欲施加位移约束的节点。

（6）选择第二个齿轮内径上的所有节点，单击"Apply"按钮，打开"Apply U, Rot on Nodes（在节点上施加位移约束）"对话框。

（7）选择"All DOF"选项（各方向位移），施加各个方向位移约束，在"Displacement value"文本输入框中输入 0，单击"OK"按钮。所得结果如图 6-113 所示。

图6-113　施加载荷和边界

（8）单击"SAVE-DB"按钮，保存数据库。

（9）从主菜单中选择 Main Menu：Solution ＞ Analysis Type ＞ Sol'n Controls 命令，打开求解控制对话框，在"Analysis Options"下拉列表中选择"Large Displacement Static"，在"Time at end of Loadstep"文本框中输入 1，在"Number of substeps"文本框中输入 20，单击"OK"按钮，如图 6-114 所示。

图6-114　求解控制

（10）从主菜单中选择 Main Menu：Solution ＞ Solve ＞ Current LS 命令，打开一个确认对话框和状态列表，如图 6-115 所示，要求查看列出的求解选项。

图6-115　求解当前载荷步确认对话框

（11）查看列表中的信息确认无误后，单击"OK"按钮，开始求解。

（12）求解过程中会出现结果收敛与否的图形显示，如图 6-116 所示。

图6-116　结果收敛批示

（13）求解完成后打开如图 6-117 所示的提示求解完成对话框。

（14）单击"Close"按钮，关闭提示求解完成对话框。

图6-117　提示求解完成

6.4.4　查看结果

求解完成后，就可以利用 ANSYS 软件生成的结果文件进行后处理。静力分析中通常通过 POST1 后处理器就可以处理和显示大多数感兴趣的结果数据。

1. 查看 von Mises 等效应力

（1）从主菜单中选择 Main Menu：General Postproc＞Plot Results＞Contour Plot

> Nodal Solu 命令，打开"Contour Nodal Solution Data"对话框。

（2）在"Item to be contoured"域中选择"Stress"选项。

（3）在列表框中选择"von Mises stress"选项，如图6-118所示。

图6-118　选择控制数据

（4）选择"Deformed shape only"单选按钮。

（5）单击"OK"按钮，图形窗口中显示出"von Mises"等效应力分布图，如图6-119所示。

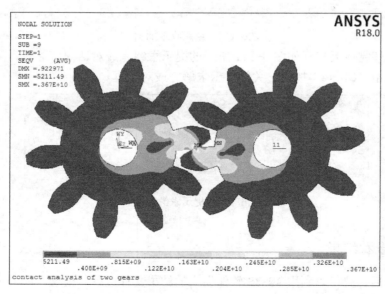

图6-119　von Mises等效应力图

2. 查看接触应力

（1）从主菜单中选择Main Menu：General Postproc > Plot Results > Contour Plot

> Nodal Solu 命令，打开"Contour Nodal Solution Data"对话框。

（2）在域中选择"Contact"选项。

（3）在列表框中选择"Contact Pressure"选项，如图 6-120 所示。

图6-120　选择控制数据

（4）选择"Deformed shape only"单选按钮。

（5）单击"OK"按钮，图形窗口中显示出"Pressure FRES"等效应力分布图，如图 6-121 所示。

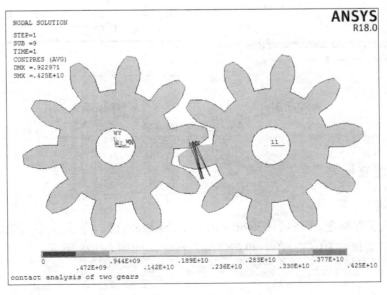

图6-121　接触应力

6.4.5　命令流方式

命令流执行方式这里不再详细介绍，读者可参见电子文档。

6.5 非线性蠕变分析实例——螺栓蠕变

在该例中,通过一个螺栓的蠕变分析实例,详细介绍蠕变分析的过程和技巧。另外,本文是直接通过结点和单元建立有限元模型。

6.5.1 问题描述

如图 6-122 所示,一个长为 1,截面积为 A 的螺栓,受到预应力 σ_o 的作用。该螺栓在高温 T0 下放置一段很长的时间 t1。螺栓的材料有蠕变效应,其蠕变应变率为 $d\varepsilon/dt = k\sigma^n$,见表 6-2。下面求解在这个应力松弛的过程中螺栓的应力 σ。

表6-2 材料性质、几何尺寸以及载荷情况

材料属性	几何尺寸	载荷
E = 30 x 106 psi	L= 10 in	σ_o = 1000 psi
n = 7	A = 1 in^2	To = 900° F
k = 4.8 x 10-30/hr		t1 = 1000 h

模型简图   有限元简图

图6-122 结构简图

6.5.2 建立模型

1. 前处理

(1)定义工作标题。Utility Menu > File > ChangeTitle,输入文字"STRESS RELAXATION OF A BOLT DUE TO CREEP",单击"OK"按钮,如图 6-123 所示。

图6-123 设定工作标题

(2)定义单元类型。Main Menu > Preprocessor > Element Type > All/Edit/Delete,出现"Element Types"对话框,单击"Add"按钮,弹出"Library of Element Types"

对话框，如图 6-124 所示，在左边的列表中单击 "Structural Link"，在右边的列表中单击 "3D finit stn 180"，单击 "OK" 按钮。单击 "Element Types" 对话框的 "OK" 按钮，关闭该对话框，最后单击 "Close" 按钮关闭 "Element Types" 对话框。

图6-124　单元类型选择对话框

（3）定义实常数。Main Menu > Preprocessor > Real Constants > Add/Edit/Delete，弹出 "Real Constants" 对话框，单击 "Add" 按钮，弹出 "Element Type for Real Constants" 对话框。单击 "OK" 按钮，弹出如图 6-125 所示的 "Real Constants Set Number 2，for LINK180" 对话框，在 "Cross—sectional area AREA" 后面输入 "1"，在 "Added Mass（Mass/Lenth）ADDMAS" 后面输入 "1/30000"，单击 "OK" 按钮。最后单击 "Real Constants" 对话框的 "Close" 按钮，关闭该对话框。

图6-125　定义LINK1的实常数

（4）定义线性材料性质。Main Menu > Preprocessor > Material Props > Material Models，弹出如图 6-126 所示的 "Define Material Model Behavior" 对话框，在 "Material Models Available" 栏目中连续单击 Favorites > Linear Static > Linear Isotropic，弹出如图 6-127 所示的 "Linear Isotropic Properties for Material Number 1" 对话框，在 "EX" 后输入 "3E+007" "PRXY" 后输入 "0.3"，单击 "OK" 按钮。

（5）定义蠕变材料性质。在 Material Models Available 栏目中连续单击 Structural > Nonlinear > Inelastic > Rate Dependent > Creep > Creep only > Mises Potential > Implicit > 1：Strain Hardening（Primary），如图 6-128 所示，弹出如图 6-129 所示的 "Creep Table" 对话框，在 "C1" 项输入 "4.8E-30"，"C2" 输入 "7"，单击 "OK" 按钮。最后在 "Define Material Model Behavior" 对话框中，选择菜单路径 Material > Exit，退出材料定义窗口。

2. 创建模型

（1）定义节点。Main Menu > Preprocessor > Modeling > Create > Node > In Active

CS，弹出"Create Nodes in Active Coordinate System"对话框，如图6-130所示，在"NODE Node number"后面输入"1"，单击"Apply"按钮，继续在"NODE Node number"后面输入"2"，在"X，Y，Z Location in active CS"后面依次输入"10，0，0"，单击"OK"按钮。

图6-126　材料定义框

图6-127　定义线弹性材料属性

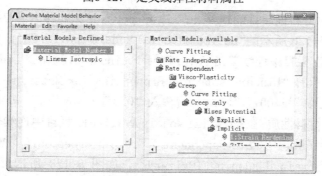

图6-128　定义蠕变材料属性的路径

（2）定义单元。Main Menu > Preprocessor > Modeling > Create > Elements > Auto Numbered > Thru Nodes，弹出"Elements form Nodes"拾取菜单，用鼠标在屏幕上单击拾取刚建立的两个节点，单击"OK"按钮，屏幕显示如图6-131所示。

图6-129　定义蠕变材料属性

图6-130　"Create Nodes in Active Coordinate System"对话框

X

图6-131　模型简图

6.5.3　设置分析并求解

1. 设置求解控制器

（1）设定分析类型。Main Menu > Solution > Unabridged Menu > Analysis Type > New Analysis，弹出"New Analysis"对话框，如图 6-132 所示，单击"OK"按钮接受默认设置（Static）。

图6-132　设置分析类型

（2）设定分析选项。Main Menu > Solution > Analysis Type > Sol's Controls，弹出如图6-133所示的"Solution Controls"对话框，在"Time at end of loadsteps"后面输入"1000"，在"Automatic time stepping"下拉列表中选择"Off"，选中"Number of substeps"单选按钮，在"Number of substeps"文本框中输入"100"，在"Frequency"的下拉列表中选择"Write every substep"，单击"OK"按钮。

图6-133 "Solution Controls"对话框

2. 设置其他求解选项

（1）关闭优化选项。Main Menu > Solution > Load Step Opts > Solution Ctrl，弹出"Nonlinear Solution Control"对话框，如图6-134所示，在"[SOLCONTROL] Solution Control"后面选择"Off"（通常它是默认选项），单击"OK"按钮。

图6-134 "Nonlinear Solution Control"对话框

💡 注意

如果在Main Menu > Solution > Load Step Opts下没有找到Solution Ctrl菜单，可以单击菜单路径：Main Menu > Solution > Unabridged menu。

（2）设置载荷形式为阶跃载荷。Main Menu > Solution > Load Step Opts > Time/Frequenc > Time and Substps，弹出"Time and Substep Options"对话框，如图6-135所示，在"[KBC] Stepped or ramped b.c."后面选择"Stepped"，其他选项保持不变，然后单击"OK"按钮。

3. 加载和求解

（1）设置环境温度。Main Menu > Solution > Define Loads > Settings > Uniform

TEMP，弹出"Uniform Temperature"对话框，如图6-136所示，在文本框中输入"900"，单击"OK"按钮。

图6-135 "Time and Substep Options"对话框

图6-136 "Uniform Temperature"对话框

（2）施加位移约束。Main Menu > Solution > Define Loads > Apply > Structural > Dispacement > On Nodes，弹出"Apply U, ROT on Nodes"拾取菜单，单击"Pick All"按钮，弹出"Apply U, ROT on Nodes"对话框，如图6-137所示，选择"ALL DOF"，单击"OK"按钮。

（3）求解。Main Menu > Solution > Solve > Current LS，弹出"/STATUS Command"信息提示窗口和"Solve Current Load Step"对话框。仔细浏览信息提示窗口中的信息，如果无误则单击File > Close关闭之。单击"OK"按钮开始求解。当屈曲求解结束时，屏幕上会弹出"Solution is done"提示框，单击"Close"关闭它，此时屏幕显示求解追踪曲线，如图6-138所示。

图6-137 "Apply U, ROT on Nodes"对话框

图6-138　蠕变求解追踪曲线

（4）退出求解器。Main Menu > Finish。

6.5.4　查看结果

（1）进入时间历程后处理。Main Menu > TimeHist PostPro，弹出如图6-139所示的"Time History Variables-Grain.rst"对话框，里面已有默认变量时间（TIME）。

图6-139　"Time History Variables – Grain.rst"对话框（1）

（2）定义单元应力变量。在图6-139所示的对话框中单击左上角的＋按钮，弹出"Add Time-History Variable"对话框，如图6-140所示。

（3）在图6-140所示的"Add Time-History Variables"对话框中单击 Element Solution > Miscellaneous Items > Line stress（LS，1），弹出"Miscellaneous Sequence Number"对话框，如图6-141所示。在"Sequence number LS"后面输入"1"，单击"OK"按钮。

（4）返回到图6-140所示的对话框，在"Variable Name"文本框中输入"SIG"，单击"OK"按钮。弹出"Element for Data"拾取框，然后鼠标拾取此单元，单击"OK"按钮，又弹出"Node for Data"拾取框，鼠标拾取左面的节点，然后单击"OK"按钮。返回到"Time History Variables-Grain.rst"对话框，如图6-142所示。此时变量列表里面多了一项SIG变量。

图6-140 "Add Time-History Variable"对话框

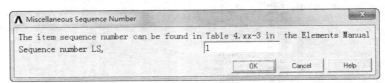

图6-141 "Miscellaneous Sequence Number"对话框

（5）绘制变量曲线（以时间TIME为横坐标，以自定义的单元应力变量SIG为纵坐标）。在图6-142所示的"Time History Variables-creep.rst"对话框中单击左上角的第三个按钮，屏幕显示如图6-143所示。

图6-142 "Time History Variables – Grain.rst"对话框（2）

（6）列表显示变量随时间的变化。在图6-142所示的对话框中单击左上角的第四个

265

按钮，屏幕显示如图 6-144 所示。

图6-143　变量时间曲线

图6-144　变量随时间变化值

（7）退出 ANSYS 程序。单击 ANSYS 程序窗口左上角的"QUIT"按钮，选择想保存的项，然后退出。

6.5.5　命令流方式

命令流执行方式这里不再详细介绍，读者可参见电子文档。

6.6　接触问题分析实例——深沟球轴承

6.6.1　问题描述

如图 6-145 所示，以 6300 为例进行分析：材料选择 GCr15 制造，该型号的几何参数为：外径 D 为 Φ35，内径 d 为 Φ10，宽度 B 为 11，钢球直径 Dw 为 6.4，接触角 α 为零，钢球数量 Z 为 7 个。材料参数：弹性模量 E=207000MPa，泊松比 μ=0.3。接触面应力为 3472N。观察深沟球轴承接触面的应力。

图6-145　圆柱套筒示意图

6.6.2　GUI 方式

1. 建立模型

（1）定义工作文件名。Utility Menu > File > Change Jobname，弹出 "ChangeJobname" 对话框，在 "Enter new jobname" 文本框中输入 "Bearing"，并将 "New Log and error files" 复选框选为 "yes"，单击 "OK" 按钮。

（2）设置分析标题。Utility Menu > File > ChangeTitle，在输入栏中输入 "Contact Analysis"，单击 "OK" 按钮。

（3）定义单元类型。Main Menu > Preprocessor > Element Type > Add/Edit/Delete，出现 "Element Types" 对话框，如图 6-146 所示，单击 "Add" 按钮，弹出如图 6-147 所示的 "Library of Element Types" 对话框，单击选择 "Structural Solid 和 Brick 8node 185"，单击 "OK" 按钮，然后单击 "Element Types" 对话框的 "Close" 按钮。

图6-146　"Element Types" 对话框

图6-147　"Library of Element Types" 对话框

（4）定义材料性质。Main Menu > Preprocessor > Material Props > Material

Models，弹出如图6-148所示的"Define Material Model Behavior"对话框，在"Material Models Available"栏目中连续单击 Structural > Linear > Elastic > Isotropic，弹出如图6-149所示"Linear Isotropic Properties for Material"对话框，在"EX"后面输入"3E007"，在"PRXY"后面输入0.25，单击"OK"按钮。然后执行"Define Material Models Behavior"对话框上的 Material > Exit 退出。

图6-148　"Define Material Model Behavior"对话框

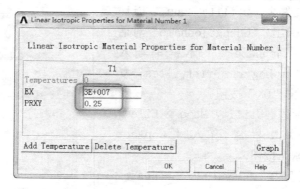

图6-149　"Linear Isotropic Propertities for Material"对话框

（5）偏移工作平面到给定位置。从应用菜单中选择Utility Menu：WorkPlane > Offset WP to > XYZ Locations +。打开设置点对话框，在 ANSYS 输入窗口输入 "0,0,-5.5"，单击 "OK" 按钮，如图 6-150 所示。

（6）生成外环。Main Menu > Preprocessor > Modeling > Create > Volumes > Cylinder > Hollow Cylinder，弹出如图 6-151 所示的 "Hollow Cylinder" 对话框，在 "WP X" 后面输入 0，"WP Y" 后面输入 0，"Rad-1" 后面输入 17.5，"Rad-2" 后面输入 13.8，在 "Depth" 后面输入 11，单击 "Apply" 按钮。

（7）生成内环。在弹出的 "Hollow Cylinder" 对话框中，"WP X" 后面输入 0，"WP Y" 后面输入 0，"Rad-1" 后面输入 9.7，"Rad-2" 后面输入 5，在 "Depth" 后面输入 11，单击 "OK" 按钮。绘制的结果如图 6-152 所示。

（8）恢复工作平面到原始位置。从应用菜单中选择 Utility Menu：WorkPlane > Offset WP to > Global Origin。

（9）生成圆环。Main Menu > Preprocessor > Modeling > Create > Volumes > Torus，弹出如图 6-153 所示的 "Create Torus by Dimensions" 对话框，在 "RAD1" 后面输入

3.2,"RAD2"后面输入 0,"RADMAJ"后面输入 11.75,单击"OK"按钮。

图6-150 偏移工作平面　　图6-151 "Hollow Cylinder"对话框　　图6-152 内外环模型

（10）从内外环中"减"去圆环形成滚珠轨道。从主菜单中选择 Main Menu：Preprocessor > Modeling > Operate > Booleans > Subtract > Volumes。在图形窗口中拾取外环及内环，作为布尔"减"操作的母体，单击"Apply"按钮。在图形窗口中拾取刚刚建立的圆环作为"减"去的对象，单击"OK"按钮，所得结果如图 6-154 所示。

（11）生成滚珠。Main Menu > Preprocessor > Modeling > Create > Volumes > Sphere > Solid Sphere，弹出如图 6-155 所示的"Solid Sphere"对话框，在"WP X"后面输入 0,"WP Y"后面输入-11.75,"Radius"后面输入 3.2，单击"OK"按钮，结果如图 6-156 所示。

图6-153 "Create Torus by Dimensions"对话框　　图6-154 形成滚珠轨道

（12）将激活的坐标系设置为总体柱坐标系。从实用菜单中选择 Utility Menu：WorkPlane > Change Active CS to > Global Cylindrical。

（13）将滚珠沿周向方向复制。从主菜单中选择 Main Menu：Preprocessor > Modeling > Copy > Volumes。选择刚刚建立的滚珠，如图 6-157 所示。ANSYS 会提示复制的数量和偏移的坐标，在"Number of copies"文本框中输入"7"，在"Y-offset in active CS"文本框中输入"51.42857"，单击"OK"按钮，如图6-158所示。

图6-155　"Solid Sphere"对话框

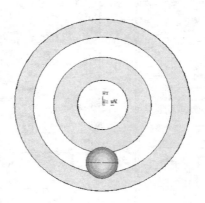

图6-156　生成滚珠

（14）打开体编号显示。Utility Memu > PlotCtrls > Numbering，弹出"Plot Numbering Controls"对话框，在"VOLU Volume numbers"后面单击使其显示为"On"，如图6-159所示，单击"OK"按钮。

（15）重新显示。Utility Menu > Plot > Replot，结果显示如图6-160所示。

（16）保存数据。单击工具条上的SAVE_DB按钮。

图6-157　复制体

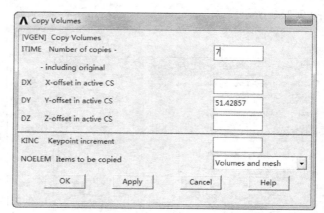

图6-158　输入复制的数量和坐标

2．对轴承划分网格

（1）从主菜单中选择Main Menu：Preprocessor > Meshing > MeshTool命令，打开"Mesh Tool"（网格工具），如图6-161所示。

（2）选择"Smart Size"复选框，然后向左拖动滑块到3。然后选择"Mesh"域中的"Volumes"，单击"Mesh"按钮，打开面选择对话框，要求选择要划分数的体。单击"Pick All"按钮，如图 6-162 所示。

图6-159 "Plot Numbering Controls"对话框 图6-160 深沟球轴承显示

（3）ANSYS 会根据进行的控制划分体，划分过程中 ANSYS 会产生提示，如图 6-163 所示，单击"Close"按钮。

划分后的体如图 6-164 所示。

图6-161 网格工具　　图6-162 进行体选择　　图6-163 分网提示

（4）优化网格。Utility Menu > PlotCtrls > Style > Size and Shape，弹出如

图 6-165 所示的"Size and Shape"对话框，在"[EFACET] Facets/element edge"后面的下拉列表选择"2 facets/edge"，单击"OK"按钮。

图6-164 对体划分的结果　　　　　图6-165 "Size and Shape"对话框

（5）保存数据。单击 ANSYS Toolbar 上的"SAVE_DB"按钮。

3. 定义外环与滚珠接触对

（1）创建目标面。Main Menu > Prerprocessor > Modeling > Create > Contact Pair，弹出如图 6-166 所示的"Contact Manager"对话框，单击"Contact Wizard"按钮（对话框左上角）。弹出如图 6-167 所示的"Contact Wizard"对话框，接受默认选项，单击"Pick TARGEt"按钮，弹出一个拾取框，在图形上单击拾取外环的轨道槽，如图 6-168 所示，单击"OK"按钮。

图6-166 "Contact Manager"对话框

图6-167 选择目标面对话框　　　　　图6-168 选择目标面的显示

（2）创建接触面。屏幕再次弹出"Contact Wizard"对话框，单击"Next"按钮，弹出如图6-169所示的"Contact Wizard"对话框，在"Contact Element Type"下面的单选栏中选中"Surface-to-Surface"，单击"Pick Contact"按钮，弹出一个拾取框，在图形上单击拾取滚珠与外环的接触面，如图6-170所示，单击"OK"按钮，再次弹出"Contact Wizard"按钮，单击"Next"按钮。

图6-169　选择接触面对话框　　　　　　　图6-170　选择接触面的显示

（3）设置接触面。又弹出"Contact Wizard"对话框，如图6-171所示，在"Coefficient of Friction"后面输入0.2，单击"Optional settings"按钮，弹出如图6-172所示的对话框，在"Normal Penalty Stiffness"后面输入0.1。单击"Friction"标签，选择"Stiffness matrix"后下拉列表中的"Unsymmetric"，如图6-173所示。单击"OK"按钮。

图6-171　定义接触面性质对话框

图6-172 "Contact Properties"对话框

图6-173 "Friction"标签

（4）接触面的生成。又回到"Contact Wizard"对话框，单击"Create"按钮，弹出"Contact Wizard"对话框，如图 6-174 所示，单击"Finish"按钮，结果如图 6-175 所示。然后关闭对话框。

图6-174 创建完成接触面提示框

图6-175 接触面显示

4. 定义内环与滚珠接触对

（1）创建目标面。在 "Contact Manager" 对话框中单击"Contact Wizard"按钮（对话框左上角）。弹出"Contact Wizard"对话框，接受默认选项，单击"Pick

TARGEt"按钮，弹出一个拾取框，在图形上单击拾取内环的轨道槽，如图6-176所示，单击"OK"按钮。

（2）创建接触面。屏幕再次弹出"Contact Wizard"对话框，单击"Next"按钮，弹出"Contact Wizard"对话框，在"Contact Element Type"下面的单选栏中选中"Surface-to-Surface"，单击"Pick Contact"按钮，弹出一个拾取框，在图形上单击拾取滚珠与内环的接触面，如图6-177所示，单击"OK"按钮，再次弹出"Contact Wizard"按钮，单击"Next"按钮。

图6-176　选择目标面的显示　　　　图6-177　选择接触面的显示

（3）设置接触面。又弹出"Contact Wizard"对话框，在"Coefficient of Friction"后面输入0.2，单击"Optional settings"按钮，在"Normal Penalty Stiffness"后面输入0.1。单击"Friction"标签，选择"Stiffness matrix"后下拉列表中的"Unsymmetric"。单击"OK"按钮。

（4）接触面的生成。又回到"Contact Wizard"对话框，单击"Create"按钮，弹出"Contact Wizard"对话框，单击"Finish"按钮，结果如图6-178所示。

图6-178　接触面显示

5．施加载荷并求解

（1）打开面编号显示。Utility Menu > PlotCtrls > Numbering，弹出"Plot Numbering Controls"对话框，选中"AREA Area numbers"复选框使其显示为"On"，单击"OK"按钮。

（2）施加面约束条件。Main Menu > Solution > Define Loads > Apply > Structural > Displacement > On Areas，弹出一个拾取框，在图形上拾取编号为1、2、3、4的面，即外环的侧面及外表面，如图6-179所示，单击"OK"按钮，又弹出如图6-180所示的

"Apply U, ROT on Areas"对话框，单击选择"All DOF"选项，然后单击"OK"按钮。

图6-179 选择压力面

图6-180 施加位移约束

（3）施加载荷。Main Menu > Solution > Define Loads > Apply > Structural > Pressure > On Areas，弹出"Apply PRES on aareas"拾取菜单。拾取最内环面的下半部分，然后单击"OK"按钮，弹出"Apply PRES on areas"对话框，如图 6-181 所示。在"VALUE Load PRES value"后面输入 3472，单击"OK"按钮接受其余默认设置。

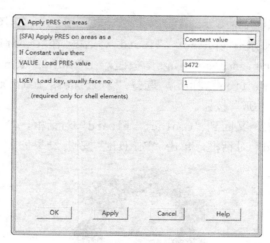

图6-181 施加面载荷

（4）设定求解选项。Main Menu > Solution > Analysis Type > Sol'n Controls，弹出"Solution Controls"对话框，在"Analysis Options"的下拉列表中选择"Large Displacement Static"，在"Time at end of loadstep"后面输入 100，在"Automatic time stepping"下拉列表中选择"Off"，在"Number of substeps"后面输入 1，如图 6-182 所示，单击"OK"按钮。

（5）求解：Main Menu > Solution > Solve > Current LS，弹出"/STATUS Command"状态窗口和"Solve Current Load Step"对话框，仔细浏览状态窗口中的信息然后关闭它，单击"Solve Current Load Step（求解当前载荷步）"对话框中的"OK"按钮开始求解。求解完成后会弹出"Solution is done"提示框，单击"Close"按钮。

图6-182　"Solution Controls"对话框

6.6.3　查看结果

求解完成后,就可以利用 ANSYS 软件生成的结果文件(对于静力分析,就是 Jobname. RST)进行后处理。静力分析中通常通过 POST1 后处理器就可以处理和显示大多数感兴趣的结果数据。

1. 查看变形

(1)从主菜单中选择 Main Menu: General Postproc > Plot Result > Contour Plot > Nodal Solu 命令,打开"Contour Nodal Solution Data(等值线显示节点解数据)"对话框,如图 6-183 所示。

图6-183　"等值线显示节点解数据"对话框

（2）在"Item to be contoured"（等值线显示结果项）域中选择"DOFsolution（自由度解）"选项。

（3）在列表框中选择"Y-Component of displacement（Y向位移）"选项，Y向位移即为轴承竖直方向的位移。

（4）选择"Deformed shape with undeformed dge（变形后和未变形轮廓线）"单选按钮。

（5）单击"OK"按钮，在图形窗口中显示出变形图，包含变形前的轮廓线，如图6-184所示，图中下方的色谱表明不同的颜色对应的数值（带符号）。

图6-184　Y向变形图

2. 查看应力

（1）从主菜单中选择 Main Menu：General Postproc > Plot Results > Contour Plot > Nodal Solu 命令，打开"Contour Nodal Solution Data（等值线显示节点解数据）"对话框，如图6-185所示。

图6-185　"等值线显示节点解数据"对话框

（2）在"Item to be contoured（等值线显示结果项）"域中选择"Total Mechanical Strain（应变）"选项。

（3）在列表框中选择"von Mises total mechanical strain（von Mises 应变）"选项。

（4）选择"Deformed shape only"（仅显示变形后模型）单选按钮。

（5）单击"OK"按钮，图形窗口中显示出"von Mises"应变分布图，如图 6-186 所示。

图6-186　"von Mises"应变分布图

3．动画显示模态形状。

（1）从应用菜单中选择 Utility Menu： PlotCtrls ＞ Animate ＞ Mode Shape。

（2）选择"DOF solution"，选择"Translation UY"，单击"OK"按钮，如图 6-187 所示。

图6-187　设置动画显示

ANSYS 将在图形窗口中进行动画显示，如图 6-188 所示。

图6-188　动画显示

6.6.4　命令流方式

命令流执行方式这里不再详细介绍，读者可参见电子文档。

第 **7** 章

动力学分析

本章介绍动力学分析。在实际工程结构的设计工作中,动力学设计和分析是必不可少的一部分,几乎现代的所有工程结构都面临着动力问题。在航空航天、船舶、汽车等行业,动力学问题更加突出,在这些行业中将会接触大量的旋转结构（如轴、轮盘等）。

学 习 要 点

- 动力分析介绍
- 结构模态分析
- 谐响应分析
- 瞬态动力学分析
- 响应谱分析

7.1　动力分析介绍

在实际工程结构的设计工作中，动力学设计和分析是必不可少的一部分。几乎现代的所有工程结构都面临着动力问题。在航空航天、船舶、汽车等行业，动力学问题更加突出，在这些行业中将会接触大量的旋转结构（如轴、轮盘等）。这些结构一般来说在整个机械中占有极其重要的地位，它们的损坏大部分都是由于共振引起较大振动应力造成的。同时由于处于旋转状态，它们所受外界激振力比较复杂，更要求对这些关键部分进行完整的动力学设计和分析。

7.1.1　动力分析简介

通常动力分析的工作主要由系统的动力特性分析（即求解结构的固有频率和振型）和系统在受到一定载荷时的动力响应分析两部分构成。根据系统的特性可分为线性动力分析和非线性动力分析两类。根据载荷随时间变化的关系可以分为稳态动力分析和瞬态动力分析。谐响应分析是用于确定线性结构在承受随时间按正弦（简谐）规律变化的载荷时稳态响应的一种技术。可以用瞬态动力学分析确定结构在静载荷、瞬态载荷和简谐载荷的随意组合作用下随时间变化的位移、应变、应力及力。而谐响应分析主要用于确定结构对随机载荷或随时间变化载荷的动力响应情况。

ANSYS 提供了强大的动力分析工具，可以很方便地进行各类动力分析问题，如模态分析、谐响应分析、瞬态动力分析和谱分析等。

7.1.2　动力分析的类型

动力分析的类型可分为：
◆ 模态分析。
◆ 谐响应分析。
◆ 瞬态动力分析。
◆ 谱分析。

模态分析用于确定设计中的结构或机器部件的振动特性（固有频率和振型）。它也是更详细的动力学分析的起点。

谐响应分析用于分析持续的周期载荷在结构系统中产生的持续的周期响应（谐响应），以及确定线性结构承受随时间按正弦（简谐）规律变化的载荷时稳态响应的一种技术。这种分析技术只是计算结构的稳态受迫振动，发生在激励开始时的瞬态振动不在谐响应分析中考虑。谐响应分析是一种线性分析，但也可以分析有预应力的结构。

瞬态动力分析（亦称时间历程分析）是用于确定承受任意随时间变化载荷的结构的动力学响应的一种方法。可以用瞬态动力学分析确定结构在静载荷、瞬态载荷和简谐载荷的随意组合作用下随时间变化的位移、应变、应力及力。载荷和时间的相关性使得惯性力和阻尼作用比较重要。

谱分析是一种将模态分析的结果与一个已知的谱联系起来计算模型的位移和应力的分析技术。谱分析替代时间历程分析,主要用于确定结构对随机载荷或随时间变化载荷(如地震、风载、海洋波浪、喷气发动机推力、火箭发动机振动等)的动力响应情况。

谱是谱值与频率的关系曲线,它反映了时间历程载荷的强度和频率信息。

7.1.3 动力分析基本步骤

各类动力分析在求解过程和求解选项上有较大的区别,所以这里对其基本分析过程分别给予介绍。

1. 模态分析的基本步骤

(1)模型的建立。建模过程和其他类型的分析类似,但应注意以下两点:

◆ 在模态分析中只有线性行为是有效的。如果指定了非线性单元,将作为线性单元来对待。

◆ 材料性质可以是线性的或非线性的、各向同性的或正交各向异性的、恒定的或和温度相关的。在模态分析中必须指定弹性模量 EX(或某种形式的刚度)和密度 DENS(或某种形式的质量),而非线性特性将被忽略。

(2)加载并求解。

◆ 进入 ANSYS 求解器。

◆ 指定分析类型和分析选项。

◆ 定义主自由度。

◆ 在模型上加载。

◆ 指定载荷步选项。

◆ 开始求解计算。

◆ 退出 SOLUTION。

(3)模态扩展。求解器的输出内容主要是固有频率,固有频率被写到输出文件 Jobname.OUT 及振型文件 Jobname.MODE 中。输出内容中也可以包含缩减的振型和参与因子表,这取决于对分析选项和输出控制的设置。由于振型现在还没有被写到数据库或结果文件中,因此还不能对结果进行后处理。要进行后处理,则还需对模态进行扩展。

从严格意义上讲,"扩展"这个词意味着将缩减解扩展到完整的 DOF 集上。"缩减解"常用主 DOF 表达。而在模态分析中,我们用"扩展"这个词指将振型写入结果文件。也就是说,"扩展模态"不仅适用于 Reduced 模态提取方法得到的缩减振型,而且也适用于其他模态提取方法得到的完整振型。因此,如果想在后处理器中观察振型,必须先扩展之(也就是将振型写入结果文件)。

模态扩展要求振型文件 Jobname.MODE、Jobname.EMAT、Jobname.ESAV 及 Jobname.TRI(如果采用 Reduced 法)必须存在。数据库中必须包含和解算模态时所用模型相同的分析模型。

扩展模态的方法是:

◆ 再次进入 ANSYS 求解器。

◆ 激活扩展处理及相关选项。

◆ 指定载荷步选项。

◆ 开始扩展处理。

◆ 退出 SOLUTION。

（4）观察结果。模态分析的结果（即模态扩展处理的结果）被写入到结构分析结果文件 Jobname.RST 中。分析结果包括：

◆ 固有频率。

◆ 已扩展的振型。

◆ 相对应力和力分布（如果需要）。

可以在 POST1 即普通后处理器中观察模态分析的结果。模态分析的一些常用后处理操作将在下面予以描述。如果要在 POST1 中观察结果，则数据库中必包含和求解相同的模型。而且结果文件 Jobname.RST 必须存在。

观察结果数据的过程是：

◆ 读入合适子步的结果数据。

◆ 执行任何想做的 POST1（通用后处理）操作。

2．谐响应分析的基本步骤

用不同的谐响应分析方法时，进行谐响应分析的过程不尽相同，下面首先描述如何用完全法进行谐响应分析的基本步骤，然后再列出用缩减法和模态叠加法时的不同地方。

完全法谐响应分析过程由 3 个主要步骤组成：

（1）建模。建模过程和其他类型的分析类似，需要指定文件名和标题，定义单元类型、单元实常数、材料特性以及几何模型，并划分有限元网格。谐响应分析需要注意以下两点：

◆ 在谐响应分析中只有线性行为是有效的。如果指定了非线性单元，将作为线性的来对待。

◆ 材料性质可以是线性的或非线性的、各向同性的或正交各向异性的、恒定的或和温度相关的。在模态分析中必须指定弹性模量 EX（或某种形式的刚度）和密度 DENS（或某种形式的质量），而非线性特性将被忽略。

（2）加载及求解。

◆ 进入 ANSYS 求解器。

◆ 指定分析类型和分析选项。

◆ 在模型上加载。

◆ 指定载荷步选项。

◆ 开始求解计算。

如果要做时间历程后处理（在 POST26 中），则一个载荷步和另一个载荷步的频率范围时间不能存在重叠。还有一种用于处理多步载荷的方法，它允许将载荷步保存到文件中然后用一个宏进行一次性求解。

（3）观察结果。谐响应分析的结果被写入到结构分析结果文件 Jobname.RST 中。文件中包含下述数据，所有数据在解所对应的强制频率处按简谐规律变化。这些数据是：基本数据、节点位移（UX、UY、UZ、ROTX、ROTY、ROTZ）、派生数据、节点和单元应力、应变、单元力和节点反作用力等。

如果在结构中定义了阻尼，响应将与载荷异步。所有结果将是复数形式的，并以实部和虚部存储。如果施加的是异步载荷，两样也会产生复数结果。

可以用 POST26 或 POST1 观察结果。通常的处理顺序是首先用 POST26 找到临界强制频率–模型中所关注的点中产生最大位移（或应力）时的频率，然后用 POST1 在这些临界强制频率处处理整个模型。

（4）缩减法谐响应分析。

◆ 建模。

◆ 加载并求得缩减解。

◆ 观察缩减解结果。

◆ 扩展解。

◆ 观察已扩展的解结果。

跟完全法相比，缩减法谐响应分析过程的主要区别是：

◆ 在加载的同时需要定义主自由度。主自由度是表征结构力学特性的基本自由度或动力学自由度。在缩减法谐响应动力分析中，要求在施加了力或非零位移的位置处也要设置主自由度。

◆ 缩减法的解只是由主自由度处的位移组成。可处理的只有节点主自由度处的数据。如果想确定非主自由度的位移，或者对应力解感兴趣，就需要对结果进行扩展处理。扩展处理根据缩减解计算出在所有自由度处的位移、应力和力的解。这些计算只对指定的频率和相位解。扩展后的结果观察方法和完全法的基本相同。

（5）模态叠加法谐响应分析。模态叠加法通过对振型（由模态分析得到）乘以因子并求和来计算谐响应。它是 ANSYS/Linear Plus 程序中唯一可用的谐响应分析方法。模态叠加法的分析过程由 5 个基本步骤组成。

◆ 建模。

◆ 获取模态分析解。

◆ 获取模态叠加法谐响应分析解。

◆ 扩展模态叠加解。

◆ 观察结果。

3．瞬态动力学分析的基本步骤

用不同的瞬态动力学分析方法时，进行瞬态动力学的过程不尽相同，下面首先描述如何用完全法进行瞬态动力学分析的基本步骤，然后再列出用缩减法和模态叠加法时的不同地方。

完全法瞬态动力学分析过程由 3 个主要步骤组成：

◆ 建模。

◆ 加载及求解。

◆ 结果后处理。

（1）建模。建模过程和其他类型的分析类似，但应注意以下几点：

◆ 可以用线性和非线性单元。

◆ 必须指定弹性模量 EX（或某种形式的刚度）和密度 DENS（或某种形式的质量），材料性质可以是线性的或非线性的、各向同性的或正交各向异性的、恒定的或与温度相关的。

◆ 网格应当细到足以确定感兴趣的最高振型，要考虑其应力或应变的区域网格应比只考虑位移的区域网格细一些。

◆ 如果想包含非线性，网格应当细到能够捕捉到非线性效果，如果对波传播效果感兴趣，网格应当细到足以解算出波。基本准则是沿波的传播方向第一波长至少有 20 个单元。

（2）加载并求解。

◆ 进入 ANSYS 求解器。

◆ 指定分析类型和分析选项。

◆ 在模型上加载。

◆ 指定载荷步选项。

◆ 保存当前载荷步设置到载荷步文件中。

◆ 开始求解计算。

◆ 退出 SOLUTION。

（3）观察结果。瞬态动力学分析的结果被写入到结构分析结果文件 Jobname. RST 中。文件中包含下述数据。所有数据都是时间的函数：基本数据、节点位移（UX、UY、UZ、ROTX、ROTY、ROTZ）、派生数据、节点和单元应力、应变、单元力和节点反作用力等。

可以用 POST26 或 POST1 观察结果。用 POST26 观察模型中指定点处呈现为时间的函数结果，用 POST1 观察在给定时间点整个模型的结果。

（4）缩减法瞬态动力学分析。

◆ 建模。

◆ 加载并求得缩减解。

◆ 观察缩减解结果。

◆ 扩展解。

◆ 观察已扩展的解结果。

跟完全法相比，缩减法瞬态动力学分析过程的应注意如下几点：

◆ 不可采用非线性选项；不可用 Restart；可以包含预应力效果，需要预先做静力分析；不能使用求解控制对话框定义缩减法瞬态动力学分析类型和分析设置。

◆ 在加载的同时需要定义主自由度。主自由度是表征结构动力学特性的基本自由度或动力学自由度。缩减法瞬态动力学分析要求在定义了间隙条件、力或非零位移的位置处定义主自由度。

◆ 如有间隙条件，就指定间隙条件。间隙条件类似于间隙单元，是被指定在瞬态动力学分析过程中预期会发生接触的表面之间。ANSYS 软件通过使用一个等效的节点载荷向量表示在间隙关闭时会产生的间隙力。间隙条件只能指定在两个主节点之间或主节点和基础之间。

◆ 在缩减法瞬态动力学分析中只可加位移、力和平移加速度（如重力）。如果模型中包含指定在采用旋转地点坐标系的节点处的主自由度，则不允许有加速度载荷。且力和非零位移只能加在主自由度处。

（5）模态叠加法谐响应分析。模态叠加法通过对振型（由模态分析得到）乘以因子并求和来计算谐响应。它是 ANSYS/Linear Plus 程序中唯一可用的谐响应分析方法。模态叠加法的分析过程由 5 个基本步骤组成：

◆ 建模。

◆ 获取模态分析解。

◆ 获取模态叠加法谐响应分析解。

◆ 扩展模态叠加解。

◆ 观察结果。

4. 谱分析的基本步骤

ANSYS 中的谐分析共有 3 种类型：谐响应分析、动力设计分析方法、功率谱密度。下面先以单点响应谱（SPRS）分析为例讲解进行谱分析的基本步骤，然后列举其他谱分析的不同点。单点响应谱分析基本步骤：

（1）建模。建模过程和其他类型的分析类似，但应注意以下 3 点：

◆ 在谱分析中只有线性行为是有效的。如果指定了非线性单元，将作为线性的来对待。

◆ 如果含有接触单元，那么它们的刚度始终是初始刚度，不再改变。

◆ 材料性质可以是线性的或非线性的、各向同性的或正交各向异性的、恒定的或和温度相关的。在模态分析中必须指定弹性模量 EX（或某种形式的刚度）和密度 DENS（或某种形式的质量），而非线性特性将被忽略。

（2）获得模态解。结构的模态解（自然频率和振型）是计算谱解必须的。这里必须注意以下几点：

◆ 只能用子空间法（Subspace）、分块兰索斯法（Blact Lanczos）和凝聚法提取模态。非对称法、阻尼法、PowerDynamic 法对下一步谱分析是无效的。

◆ 所提取的模态数应足以表征在感兴趣的频率范围内结构所具有的响应。

◆ 如果使用 GUI 交互式方法进行分析，不同时进行扩展模态计算，以便在模态没有扩展的情况下进行有选择地扩展模态。否则，同时将进行所有模态的扩展计算。

◆ 一旦有材料相关的阻尼则必须在模态分析中定义。

◆ 必须在施加激励谱的位置添加自由度约束。

◆ 求解结束后退出 SOLUTION 处理器。

（3）获得谱解。

◆ 进入 ANSYS 求解器。

◆ 指定分析类型和分析选项。

◆ 指定载荷步选项。

◆ 扩展模态。

◆ 开始求解计算。

◆ 退出 SOLUTION。

（4）扩展模态。无论使用 Subspace（子空间法）、Black Lanczos（分块兰索斯法）还是凝聚法，都必须进行模态扩展。

（5）合并模态。作为一个独立的求解阶段，包括如下步骤：

◆ 进入求解器，并指定分析类型为单点响应谱分析。

◆ 选择模态合并方法。

◆ 开始求解。

◆ 退出求解器。

（6）观察结果。单点响应谱分析的结果以 POST1 命令的形式写入 Jobname.MCOM（模态合并）文件中，这些命令依据（模态合并方法指定的）某种方式合并最大模态响应，最终计算出结构的总响应。总响应包括总的位移（或总速度、或总加速度）以及在模态扩展过程中得到的结果——总应力（或总应力速度，或总应力加速度）、总应变（或总应变速度，或总应变加速度）、总的反作用力（或总反作用力速度，或总反作用力加速度）。

其方法是：

◆ 读入 Jobname.MCOM 文件。

◆ 显示结果。

（7）设计动力学分析方法（DDAM）谱分析。在以下几点与单点谱分析是不一样的。

◆ 所有的输入数据（几何尺寸、材料性质、单元实常数等）必须采用英制单位（英寸、磅等）。

◆ 选 DDAM 而不是 SPRS 作为谱分析类型。

◆ 使用 ADDAM 和 VDDAM 命令，而不是使用 SVTYPE、SV 和 FREQ 等命令来定义谱值及其类型。使用 SED 命令指定激励的总方向。

◆ NRL 求和法是最适用的模态合并法。模态合并处理方法与单点响应谱分析时是一样的。模态合并要求指定阻尼。

◆ 执行 ADDAM 和 VDDAM 命令时已经指定阻尼，在求解中也就无须定义阻尼。如果定义阻尼，只将其用于模态合并中，在求解过程中将被忽略。

（8）随机振动（PSD）分析。

◆ 建立模型。

◆ 求得模态解。

◆ 扩展模态解。

◆ 求得谱解。

◆ 合并模态。

◆ 观察结果。

（9）多点响应谱（MPRS）分析。设计动力学分析方法（DDAM）谱分析在以下几点与单点谱分析是不一样的：

◆ 选用 MPRS 而不是 PSD 作为谱分析类型。此时，"PSD-频率"关系表对应谱值-频率关系。

◆ 各谱之间不能定义任何程度的相关性（即假定各谱之间不是相关的）。

◆ 只计算相对于基础力的相对结果，不计算绝对结果。

◆ 除了 PSDCOM 的模态合并方法外，其他所有模态合并方法都可以选用。

◆ 多点响应谱分析的结果是以 POST1 的命令格式写入到 Jobname.MCOM（模态合并）文件中。这些命令以及某种方式合并到最大的模态响应，最终计算出结构的总响应。总响应包括总位移，如果在模态扩展过程中要求有这些结果，那么还包括总应力、总应变和总的反作用力。

7.2 结构模态分析实例——齿轮结构

模态分析是用来确定结构的振动特性的一种技术，通过它可以确定自然频率、振型和振型参与系数（即在特定方向上某个振型在多大程度上参与了振动）。模态分析是所有动力学分析类型的最基础内容。

进行模态分析有许多好处：可以使结构设计避免共振或以特定频率进行振动（如扬声器）；使工程师认识到结构对于不同类型的动力载荷是如何响应的；有助于在其他动力分析中估算求解控制参数（如时间步长）。由于结构的振动特性决定结构对于各种动力载荷的响应情况，所以在准备进行其他动力分析之前首先要进行模态分析。

在 ANSYS 中有以下几种提取模态的方法：

◆ Block Lanczos 法。

◆ 子空间法。

◆ PowerDynamics 法。

◆ 缩减法。

◆ 不对称法。

◆ 阻尼法。

使用何种模态提取方法主要取决于模型大小（相对于计算机的计算能力而言）和具体的应用场合。

本节通过对齿轮进行模态分析，来介绍 ANSYS 的模态分析过程。

7.2.1 分析问题

齿轮结构的工作状态是变化的，即动态的，由于结构的振动特性决定结构对于各种动力载荷的响应情况，所以在准备进行其他动力分析之前首先要进行模态分析。齿轮实体如图 7-1 所示。

标准齿轮。

齿顶直径：48mm

齿底直径：40mm

齿数：10

厚度：8mm，中间厚：3mm

弹性模量：2.06E11

密度：$7.8e3kg/m^3$

图7-1 齿轮实体

7.2.2 建立模型

建立模型包括设定分析作业名和标题、定义单元类型和实常数、定义材料属性、建立几何模型、划分有限元网格。

1. 设定分析作业名和标题

在进行一个新的有限元分析时，通常需要修改数据库名，并在图形输出窗口中定义一个标题来说明当前进行的工作内容。另外，对于不同的分析范畴（结构分析、热分析、流体分析、电磁场分析等），ANSYS 所用的主菜单的内容不尽相同，为此，需要在分析开始时选定分析内容的范畴，以便 ANSYS 显示出与其相对应的菜单选项。

（1）从实用菜单中选择 Utility Menu：File > Change Jobname 命令，将打开 "Change

Jobname（修改文件名）"对话框，如图 7-2 所示。

（2）在"Enter new jobname（输入新的文件名）"文本框中输入文字"example7-2"，为本分析实例的数据库文件名。

图7-2　"修改文件名"对话框

（3）单击"OK"按钮，完成文件名的修改。

（4）从实用菜单中选择 Utility Menu：File ＞ Change Title 命令，将打开"Change Title（修改标题）"对话框，如图 7-3 所示。

图7-3　"修改标题"对话框

（5）在"Enter new title（输入新标题）"文本框中输入文字"dynamic analysis of a gear"，为本分析实例的标题名。

（6）单击"OK"按钮，完成对标题名的指定。

（7）从实用菜单中选择 Utility Menu：Plot ＞ Replot 命令，指定的标题"dynamic analysis of a gear"将显示在图形窗口的左下角。

（8）从主菜单中选择 Main Menu：Preference 命令，将打开 Preference of GUI Filtering（菜单过滤参数选择）对话框，选中"Structural"复选框，单击"OK"按钮确定。

2．定义单元类型

在进行有限元分析时，首先应根据分析问题的几何结构、分析类型和所分析的问题精度要求等，选定适合具体分析的单元类型。本例中选用二十节点体单元 SOLID186。

（1）从主菜单中选择 Main Menu：Preprocessor ＞ Element Types ＞ Add/Edit/Delete 命令，将打开 Element Type（单元类型）对话框。

（2）单击"OK"按钮，将打开"Library of Element Type（单元类型库）"对话框，如图 7-4 所示。

（3）在左边的列表框中选择 Solid 选项，选择实体单元类型。

（4）在右边的列表框中选择 20node 186 选项，选择二十节点三维单元 SOLID 186。

（5）单击"OK"按钮，将 SOLID 186 单元添加，并关闭单元类型对话框，同时返回到第（1）步打开的"单元类型"对话框，如图 7-5 所示。

（6）单击"Close"按钮，关闭"单元类型"对话框，结束单元类型的添加。

3．定义实常数

本实例中选用三维 SOLID 186 单元，不需要设置其厚度实常数。

4. 定义材料属性

考虑惯性力的静力分析中必须定义材料的弹性模量和密度。具体步骤如下：

图7-4　"单元类型库"对话框　　　　图7-5　"单元类型"对话框

（1）从主菜单中选择 Main Menu: Preprocessor > Material Props > Materia Model 命令，将打开"Define Material Model Behavior（定义材料模型属性）"窗口，如图 7-6 所示。

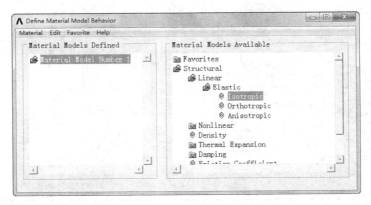

图7-6　"定义材料模型属性"窗口

（2）依次单击 Structural > Linear > Elastic > Isotropic，展开材料属性的树形结构。将打开 1 号材料的弹性模量 EX 和泊松比 PRXY 的定义对话框，如图 7-7 所示。

（3）在对话框的 EX 文本框中输入弹性模量 2.06e11，在 PRXY 文本框中输入泊松比 0.3。

（4）单击"OK"按钮，关闭对话框，并返回到定义材料模型属性窗口，在此窗口的左边一栏出现刚刚定义的参考号为 1 的材料属性。

（5）依次单击 Structural > Density，打开定义材料密度对话框，如图 7-8 所示。

（6）在 DENS 文本框中输入密度数值"7.8e3"。

（7）单击"OK"按钮，关闭对话框，并返回到定义材料模型属性窗口，在此窗口的左边一栏参考号为 1 的材料属性下方出现密度项。

（8）在 Define Material Model Behavior 窗口中，从菜单选择 Material > Exit 命

令，或者单击右上角的 X 按钮，退出定义材料模型属性窗口，完成对材料模型属性的定义。

图7-7　线性各向同性材料的弹性模量和泊松比　　　　图7-8　定义材料密度对话框

　5．建立齿轮的三维实体模型

　　按照前面章节中介绍的方法建立齿轮面，如图 7-9 所示，下面将继续建模直至建立三维的齿轮模型。

图7-9　第5章第5.2节的模型

　（1）用当前定义的面创建一个体。

　1）从主菜单中选择 Main Menu： Preprocessor > Modeling > Operate > Extrude > Areas > along Normal。

　2）选择创建体的面，单击"OK"按钮，如图 7-10 所示。

　3）这时会打开"Extrude Area along Normal"对话框，在"Length of extrusion"文本框中输入 8，如图 7-11 所示。

　（2）创建一个圆柱体。

　1）从主菜单中选择 Main Menu：Preprocessor > Modeling > Create > Volumes > Cylinder > Solid Cylinder。

　2）WP X 输入 0，WP Y 输入 0，Radius 输入 12， Depth 输入 2.5，单击"OK"按钮，生成一个圆柱体，如图 7-12 所示。

（3）偏移工作平面。

1）从实用菜单中选择 Utility Menu： WorkPlane > Offset WP to > XYZ Locations + 。

图7-10　用面创建体　　　　　　　　　　　图7-11　创建体

2）在"Global Cartesion"文本框中输入 0, 0, 8，单击"OK"按钮，如图 7-13 所示。

图7-12　创建圆柱体　　　　　　　　图7-13　平移工作平面

（4）创建另一个圆柱体。

1）从主菜单中选择 Main Menu：Preprocessor > Create > Volumes > Cylinder > Solid Cylinder。

2）WP X 输入 0，WP Y 输入 0，Radius 输入 12， Depth 输入-2.5，单击"OK"按钮，生成另一个圆柱体。

（5）将激活的坐标系设置为总体柱坐标系。从实用菜单中选择 Utility Menu：WorkPlane > Change Active CS to > Global Cylindrical。

（6）定义一个关键点。

1）从主菜单中选择 Main Menu：Preprocessor ＞ Modeling ＞ Create ＞ Keypoints ＞ In Active CS …命令。

2）在 NPT 一栏中输入 10000，在文本框中输入 X=8.5，Y=-5，单击"OK"按钮，如图 7-14 所示。

图7-14　创建关键点　　　　　　　　　　　　　图7-15　体相"减"

（7）偏移工作平面到给定位置。

1）从应用菜单中选择 Utility Menu：WorkPlane ＞ Offset WP to ＞ Keypoints +。

2）在 ANSYS 图形窗口选择刚刚建立的关键点，单击"OK"按钮。

（8）将激活的坐标系设置为工作平面坐标系。从应用菜单中选择 Utility Menu：WorkPlane ＞ Change Active CS to ＞ Working Plane。

（9）创建一个圆柱体。

1）从主菜单中选择 Main Menu：Preprocessor ＞ Modeling ＞ Create ＞ Volumes ＞ Cylinder ＞ Solid Cylinder命令。

2）WP X 输入 0，WP Y 输入 0，Radius 输入 2， Depth 输入 8，单击"OK"按钮，生成另一个圆柱体。

（10）从齿轮体中"减"去 3 个圆柱体。

1）从主菜单中选择 Main Menu：Preprocessor ＞ Modeling ＞ Operate ＞ Booleans ＞ Subtract ＞ Volumes命令。

2）拾取齿轮体，作为布尔"减"操作的母体，单击"Apply"按钮，如图 7-15 所示。

3）拾取刚刚建立的 3 个圆柱体作为"减"去的对象，单击"OK"按钮。

（11）从实用菜单中选择 Utility Menu：Plot ＞ Volumes，所得结果如图 7-16 所示。

（12）创建一个圆柱体

1）从主菜单中选择 Main Menu：Preprocessor ＞ Create ＞ Cylinder ＞ Solid Cylinder。

2）WP X 输入 0，WP Y 输入 0，Radius 输入 2，Depth 输入 8，单击"OK"按钮，生成另一个圆柱体。

（13）将激活的坐标系设置为总体柱坐标系。从实用菜单中选择 Utility Menu：WorkPlane ＞ Change Active CS to ＞ Global Cylindrical 命令。

（14）将小圆柱沿周向方向复制。

1）从主菜单中选择 Main Menu：Preprocessor ＞ Modeling ＞ Copy ＞ Volumes 命令。

2）选择刚刚建立的小圆柱，如图 7-17 所示。

图7-16　体相减的结果

图7-17　复制体

3）ANSYS 会提示复制的数量和偏移的坐标，在"Number of copies"文本框中输入 10，在"Y-offset in active CS"文本框中输入"36"，单击"OK"按钮，如图 7-18 所示。

图7-18　输入复制的数量和坐标

（15）从齿轮体中"减"去 10 个圆柱体

1）从主菜单中选择 Main Menu：Preprocessor ＞ Modeling ＞ Operate ＞ Booleans ＞ Subtract ＞ Volumes。

2）拾取齿轮体，作为布尔"减"操作的母体，单击"Apply"按钮。

3）拾取刚刚建立的 3 个圆柱体作为"减"去的对象，单击"OK"按钮。

（16）从实用菜单中选择 Utility Menu：Plot ＞ Volumes。所得结果如图 7-19 所示。

（17）存储数据库 ANSYS。拾取 "SAVE_DB"。

6．对齿轮体进行划分网格

本节选用 SOLID 186 单元对盘面划分网格。

（1）从主菜单中选择 Preprocessor ＞ Meshing ＞ MeshTool 命令，打开"Mesh Tool（网格工具）"，如图 7-20 所示。

图7-19　最终创建的模型　　　　　　　　　图7-20　网格划分工具

（2）激活"Smart Size"，将滑标设置为 3，按"Mesh"按钮，这时出现"Mesh Volumes"对话框，单击"Pick All"按钮，如图 7-21 所示。网格划分后的结果如图 7-22 所示。

图7-21　选择分网的体　　　　　　　　　图7-22　网格划分的结果

7.2.3 进行模态设置、定义边界条件并求解

在进行模态分析中，建立有限元模型后，就需要进行模态设置、施加边界条件、进行模态扩展设置、进行扩展求解。

1. 进行模态分析设置

（1）从主菜单中选择 Main Menu：Solution > Analysis Type > New Analysis 命令，打开"New Analysis"设置对话框，要求选择分析的种类，选择"Modal"，单击"OK"按钮，如图 7-23 所示。

图7-23 选择模态分析

（2）从主菜单中选择 Main Menu：Solution > Analysis Type > Analysis Options 命令，打开"Modal Analysis"设置对话框，要求进行模态分析设置，选择"Block Lanczos"，在"No. of nodes to extract"文本框中输入 15，将"Expand mode shaps"设置为"Yes"，在"No. of nodes to expand"文本框中输入 15，单击"OK"按钮，如图 7-24 所示。

图7-24 选择模态分析方法

（3）打开"Block Lanczos Method"对话框，在"Start Freq（initial shift）"文本框中输入 0，在"End Frequency"文本框中输入 100000，单击"OK"按钮，如图 7-25所示。

2. 施加边界条件

（1）从主菜单中选择 Main Menu：Solution > Define Loads > Apply > Structural > Displacement > on Keypoints 命令，打开关键点选择对话框，要求选择欲施加位移约束的关键点，选择内径上的一个关键点，如 405 号关键点，单击"OK"按钮，如图 7-26 所示。

（2）打开约束种类的对话框，在列表框中选择"All DOF"按钮，单击"OK"按钮，如图 7-27 所示。

图7-25　选择频率范围

图7-26　选择关键点

图7-27　选择约束的种类

3. 进行求解

（1）从主菜单中选择 Main Menu：Solution > Solve > Current LS 命令，打开一个确认对话框和状态列表，如图 7-28 所示，要求查看列出的求解选项。

（2）查看列表中的信息确认无误后，单击"OK"按钮，开始求解。

（3）ANSYS 会显示求解过程中的状态，如图 7-29 所示。

（4）求解完成后打开如图 7-30 所示的提示求解结束对话框。

（5）单击"Close"按钮，关闭提示求解结束对话框。

（6）从主菜单中选择 Main Menu：Finish 命令。

4. 进行模态扩展设置

（1）重新进入求解器，从主菜单中选择 Main Menu：Solution > Load Step Opts > ExpansionPass > Single Expand > Expand modes 命令，打开"Expand Analysis"设置

对话框，要求进行模态扩展设置，在"No. of nodes to expand"文本框中输入 15，在 "Frequency range"文本框中输入 0、100000，将"Calculate elem results"设为"Yes"，单击"OK"按钮，如图 7-31 所示。

图7-28　求解当前载荷步确认对话框　　　　　图7-29　求解状态

图7-30　提示求解完成

（2）从主菜单中选择 Main Menu：Solution > Load Step Opts > Output Ctrls > DB/Results Files 命令，打开数据输出设置对话框，在"Item to be controlled"列表框中选择"All Item"，在"File Write Frequency"单选列表中选择"Every substep"，单击"OK"按钮，如图 7-32 所示。

图7-31　设置频率范围

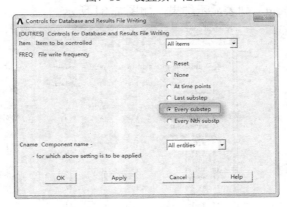

图7-32　数据输出设置

（3）从主菜单中选择 Main Menu：Solution > Load Step Opts > Output Ctrls > Solu Printout 命令，打开结果输出设置对话框，在"Item for printout Control"列表框中选择"All Item"，在"Print Frequency"单选列表中选择"Every substep"，单击"OK"

按钮，如图 7-33 所示。

5. 进行扩展求解

（1）从主菜单中选择 Main Menu：Solution > Solve > Current LS 命令。

（2）打开一个确认对话框和状态列表，要求查看列出的求解选项。

（3）查看列表中的信息确认无误后，单击"OK"按钮，开始求解。

（4）求解完成后打开提示求解结束对话框，单击"Close"按钮，关闭提示求解结束对话框。

图7-33　结果输出设置

7.2.4　查看结果

求解完成后，就可以利用 ANSYS 软件生成的结果文件（对于静力分析，就是 Jobname.RST）进行后处理。静力分析中通常通过 POST1 后处理器就可以处理和显示大多数感兴趣的结果数据。

1. 列表显示分析的结果

（1）从主菜单中选择 Main Menu：General Postproc > Results Summary 命令，打开"SET LIST Command"列表显示结果，如图 7-34 所示。

图7-34　分析结果的列表显示

（2）读取一个载荷步的结果，从主菜单中选择 Main Menu：General Postproc > Read Results > Last Set 命令。

2. 查看总变形

（1）从主菜单中选择 Main Menu：General Postproc > Plot Result > Contour Plot > Nodal Solu 命令，打开"Contour Nodal Solution Data（等值线显示节点解数据）"对话框，如图 7-35 所示。

图7-35　"等值线显示节点解数据"对话框

（2）在"Item to be contoured（等值线显示结果项）"域中选择"DOF solution（自由度解）"选项。

（3）在列表框中选择"Displayement Vector Sum（总位移）"选项。

（4）选择"Deformed shape with undeformed edge（变形后和未变形轮廓线）"单选按钮。

（5）单击"OK"按钮，在图形窗口中显示出变形图，包含变形前的轮廓线，如图 7-36 所示，图中下方的色谱表明不同的颜色对应的数值（带符号）。

图7-36　总变形图

3. 查看 von Mises 应力

（1）从主菜单中选择 Main Menu：General Postproc＞Plot Results＞Contour Plot ＞Nodal Solu 命令，打开"Contour Nodal Solution Data（等值线显示节点解数据）"对话框，如图 7-37 所示。

（2）在"Item to be contoured"域中选择"Stress"选项。

（3）在列表框中选择"von Mises Stress"选项。

（4）选择"Deformed shape only"单选按钮。

（5）单击"OK"按钮，图形窗口中显示出"von Mises"等效应力分布图，如图 7-38 所示。

4．动画显示模态形状

（1）从应用菜单中选择 Utility Menu：PlotCtrls＞Animate＞Mode Shape ...。

（2）选择"DOF solution"，．选择 "Translation USUM"，单击"OK"按钮，如图 7-39 所示。动画显示如图 7-40 所示。

图7-37 等值线显示节点解数据对话框

图7-38 "von Mises"等效应力图

（3）要停止播放变形动画，拾取"Stop"按钮。

图7-39　设置动画显示

7.2.5　命令流方式

命令流执行方式这里不再详细介绍，读者可参见电子文档。

图7-40　动画显示

7.3 谐响应分析实例——弹簧质子

本实例通过一个弹簧质子的谐响应分析来阐述谐响应分析的基本过程和步骤，谐响应分析有3种求解方法：完全法、减缩法和模态叠加法，本例采用的是模态叠加法，如果要采用其他两种方法，步骤也一样。

7.3.1 问题描述

已知一个质量弹簧系统，受到幅值为 F。、频率范围是 0.1～1.0Hz 的谐波载荷作用，如图 7-41 所示，求其固有频率和位移响应。材料属性和载荷数值见表 7-1。

表7-1 材料属性、载荷数值

材料属性	载荷
k1 = 6 N/m	Fo = 50 N
k2 = 16 N/m	
m1 = m2 = 2 kg	

7.3.2 建模及分网

（1）定义工作标题。Utility Menu > File > Change Title，弹出"Change Title"对话框，输入"HARMONIC RESPONSE OF A SPRING-MASS SYSTEM"，如图 7-42 所示，然后单击"OK"按钮。

模型简图　　　　　　有限元简图

图7-41　模型简图　　　　　　　　　　　图7-42　定义工作标题

（2）定义单元类型。Main Menu > Preprocessor > Element Type > Add/Edit/Delete，弹出"Element Types"对话框，如图 7-43 所示，单击"Add"按钮，弹出"Library of Element Types"对话框，在左面列表框中选择"Combination"，在右面的列表框中选中"Combination 40"，如图 7-44 所示，单击"OK"按钮，回到图 7-43 所示的对话框。

（3）定义单元选项。在图 7-43 所示的对话框中单击"Options"按钮，在弹出的对话框的"Element degree(s) of freedom K3"后面的下拉列表中选择"UY",如图 7-45 所示,单击"OK"按钮,回到图 7-43 所示的"Element Types"对话框,单击"Close"按钮关闭该对话框。

图7-43 "Element Types"对话框　　　　图7-44 "Library of Element Types"对话框

图7-45 "COMBIN40 element type options"对话框

(4) 定义第一种实常数。Main Menu > Preprocessor > Real Constants > Add/Edit/ Delete,弹出"Real Constants"对话框,如图 7-46 所示,单击"Add"按钮,弹出"Element Types"对话框,如图 7-47 所示。

图7-46 "Real Constant"对话框　　　　图7-47 "Element Type"对话框

(5) 在图 7-47 所示的对话框中单击选取"Type 1 COMBIN40",单击"OK"按钮。出现"Real Constants Set Number1, for COMBIN40"对话框，在"Spring constant K1"文本框中输入6，在"Mass M"文本框中输入2，如图7-48所示，单击"Apply"按钮。

（6）在弹出的对话框的"Real Constant Set No."文本框中输入2，在"Spring constant K1"文本框中输入16，在"Mass M"文本框中输入2，如图7-49所示，单击"OK"按钮。接着单击"Real Constants"对话框的"Close"按钮关闭该对话框，退出实常数定义。

图7-48　"Real Constants Set Number 1,　　　　图7-49　"Real Constants Set Number 2,
　　for COMBIN40"对话框（定义K1，M1）　　　　　　for COMBIN40"对话框（定义K1，M2）

（7）创建节点。Main Menu > Preprocessor > Modeling > Create > Nodes > In Active CS，弹出"Create Nodes in Active Coordinate System"对话框。在"NODE Node number"文本框中输入1，如图7-50所示，在"X,Y,Z　Location in active CS"文本框中分别输入"0、0、0"。单击"Apply"按钮。

图7-50　生成第一个节点

（8）在"Create Nodes in Active Coordinate System"对话框中，在"NODE Node number"文本框中输入3，在"X,Y,Z　Location in active CS"文本框中分别输入"0、2、0"，单击"OK"按钮。

（9）打开节点编号显示控制。Utility Menu > PlotCtrls > Numbering，弹出"Plot Numbering Controls"对话框，单击"NODE Node numbers"复选框使其显示为"On"，如图7-51所示，单击"OK"按钮。

（10）插入新节点。Main Menu > Preprocessor > Modeling > Create > Nodes > Fill between Nds，弹出如图7-52所示"Fill between Nds"拾取菜单，用鼠标在屏幕上单击拾取编号为1和3的两个节点，单击"OK"按钮，弹出"Create Nodes Between 2 Nodes"对话框。单击"OK"按钮接受默认设置，如图7-53所示。

（11）选择菜单路径。Utility Menu > PlotCtrls > Window Controls > Window Options，弹出对话框，在"[/TRIAD] Location of triad"下拉列表中选择"At top left"，单击

"OK"按钮关闭该对话框。窗口显示控制对话框设置如图 7-54 所示，此时屏幕显示如图 7-55 所示。

图7-51　打开节点编号显示控制

图7-52　"Fill between Nds"拾取菜单　　　图7-53　在两节点之间创建节点对话框

（12）定义梁单元属性。Main Menu > Preprocessor > Modeling > Create > Elements > Elem Attributes，弹出"Elements Attributes"对话框，在"[TYPE] Element type number"下拉列表框中选择"1 COMBIN40"，在"[REAL] Real constant set number"下拉列表中选择 1，如图 7-56 所示。

（13）创建梁单元。Main Menu > Preprocessor > Modeling > Create > Elements > Auto Numbered > Thru Nodes，弹出"Elements from Nodes"拾取菜单。用鼠标在屏幕上拾取编号为 1 和 2 的节点，单击"OK"按钮，屏幕上在节点 1 和节点 2 之间出现一条直线。

（14）定义梁单元属性。Main Menu > Preprocessor > Modeling > Create > Elements

〉Elem Attributes,弹出"Elements Attributes"对话框,在"[TYPE] Element type number"下拉列表中选择"1 COMBIN40",在"[REAL] Real constant set number"下拉列表中选择"2",单击"OK"按钮。

图7-54　窗口显示控制对话框

图7-55　窗口节点显示

图7-56　"Elements Attributes"对话框

（15）创建梁单元。Main Menu 〉 Preprocessor 〉 Modeling 〉 Create 〉 Elements 〉 Auto Numbered 〉 Thru Nodes,弹出"Elements from Nodes"拾取菜单。用鼠标在屏幕上拾取编号为 2 和 3 的节点,单击"OK"按钮,屏幕上在节点 2 和节点 3 之间出现一条直线。此时屏幕显示如图 7-57 所示。

7.3.3　模态分析

（1）定义求解类型。Main Menu 〉 Solution 〉 Analysis Type 〉 New Analysis。"New Analysis"对话框出现,选中"Modal",如图 7-58 所示,单击"OK"按钮。

（2）设置求解选项。Main Menu 〉 Solution 〉 Analysis Type 〉 Analysis Options,"Modal Analysis"对话框出现,在"[MODOPT] Mode extraction method"单选按钮中选择"Block Lanczos",在"No. of modes to extrct"文本框中输入"2",如图 7-59 所示,单击"OK"按钮。

（3）弹出"Block Lanczos Method"对话框,采取系统默认,如图 7-60 所示,单击"OK"按钮。

图7-57 单元模型

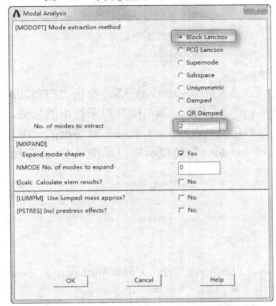

图7-58 定义分析类型为模态分析

图7-59 "Modal Analysis"对话框

图7-60 "Reduced Modal Analysis"对话框

（4）定义主自由度。Main Menu > Preprocessor > Modeling > CMS > CMS Interface > Define，弹出"Define Master DOFs"拾取菜单，用鼠标在屏幕上拾取编号为1的节点，单击"OK"按钮，弹出"Define Master DOFs"对话框，在"Labl 1st degree of freedom"下拉列表中选择"UY"，如图 7-61 所示，单击"Apply"按钮。

图7-61 定义主自由度

（5）弹出"Define Master DOFs"拾取菜单，用鼠标在屏幕上拾取编号为2的节点，单击"OK"按钮，弹出"Define Master DOFs"对话框，在"Lab1 1st degree of freedom"下拉列表中选择"UY"，如图7-61所示，单击"OK"按钮。

（6）施加约束。Main Menu > Solution > Define Loads > Apply > Structural > Displace ment > On Nodes，弹出"Apply U,ROT on Nodes"拾取菜单，用鼠标在屏幕上拾取编号为3的节点，单击"OK"按钮，弹出"Apply U,ROT on Nodes"对话框，在"Lab2 DOFs to be constrained"列表框中选择"All DOF"，如图7-62所示，单击"OK"按钮。

图7-62　施加约束

（7）模态分析求解。Main Menu > Solution > Solve > Current LS，弹出"/STATUS Command"信息提示栏和"Solve Current Load Step"对话框。浏览信息提示栏中的信息，如果无误则单击File > Close关闭之。单击"Solve Current Load Step"对话框的"OK"按钮，开始求解。求解完毕后会出现"Solution is done"的提示框，单击"Close"按钮关闭即可。

（8）退出求解器。Main Menu > Finish。

7.3.4　谐响应分析

（1）定义求解类型。Main Menu > Solution > Analysis Type > New Analysis。"New Analysis"对话框出现，选中"Harmonic"，如图7-63所示，单击"OK"按钮。

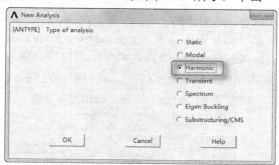

图7-63　定义分析类型为谐响应分析

（2）设置求解选项。Main Menu > Solution > Analysis Type > Analysis Options，弹出"Harmonic Analysis"对话框，在"[HROPT] Solution method"下拉列表中选择"Mode Superpos' n"，如图7-64所示，单击"OK"按钮。

（3）弹出"Mode Sup Harmonic Analysis"对话框，在"[HROPT] Maximum mode number"文本框中输入2，如图7-65所示，单击"OK"按钮。

图7-64 "Harmonic Analysis" 对话框

图7-65 "Mode Sup Harmonic Analysis" 对话框

（4）施加集中载荷。Main Menu > Solution > Define Loads > Apply > Structural > Force/Moment > On Nodes，弹出 "Apply F/M on Nodes" 拾取菜单，在屏幕上拾取编号为3的节点，单击 "OK" 按钮，弹出 "Apply F/M on Nodes" 对话框，在 "Lab Direction of force/mom" 下拉列表中选择 "FY"，在 "VALUE Real part of force/mom" 文本框中输入50，如图7-66所示，单击 "OK" 按钮。

图7-66 施加载荷

（5）设置载荷。Main Menu > Solution > Load Step Opts > Time/Frequenc > Freq and Substps，弹出 "Harmonic Frequency and Substep Options" 对话框，在 "[NSUBST] Number of substeps" 文本框中输入50，在 "[HARFRQ] Harmonic freq range" 文本框中依次输入0.1和1，在 "[KBC] Stepped or ramped b.c." 后面单击选择 "Stepped"，如图7-67所示，单击 "OK" 按钮。

（6）设置输出选项。Main Menu > Solution > Load Step Opts > Output Ctrls > DB/Results File，弹出 "Controls for Database and Results File Writing" 对话框，在 "[FREQ] File write frequency" 后面单击选中 "Every substep"，如图7-68所示，单击 "OK" 按钮。

图7-67　"Harmonic Frequency and Substep Options"对话框

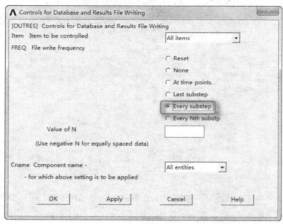

图7-68　"Controls for Database and Results File Writing"对话框

（7）谐响应分析求解。Main Menu＞Solution＞Solve＞Current LS，弹出"/STATUS Command"信息提示栏和"Solve Current Load Step"对话框。浏览信息提示栏中的信息，如果无误则单击File＞Close关闭之。单击"Solve Current Load Step"对话框的"OK"按钮按钮，开始求解。求解完毕后会出现"Solution is done"的提示框，单击"Close"按钮关闭即可。

（8）退出求解器。Main Menu＞Finish。

7.3.5　观察结果

（1）进入时间历程后处理。Main Menu＞TimeHist PostPro，弹出如图7-69所示的"Time History Variables"对话框，里面已有默认变量频率（FREQ）。

（2）定义位移变量UY1。在图7-69所示的对话框中单击左上角的＋按钮，弹出"Add Time-History Variables"对话框，连续单击Nodal Solution＞DOF Solution＞Y-Component of displacement，如图7-70所示，在"Variable Name"后面输入"UY_1"，单击"OK"按钮。

（3）弹出"Node for Data"拾取菜单，如图7-71所示，在拾取菜单的空白处输入1，单击"OK"按钮，返回到"Time History Variables"对话框，此时变量列表里面多了一项UY_1变量。

（4）定义位移变量UY1。在图7-69所示的对话框中单击左上角的＋按钮，弹出"Add Time-History Variables"对话框，连续单击Nodal Solution＞DOF Solution＞Y-Component of displacement，如图 7-70 所示，在"Variable Name"文本框中输入"UY_2"，单击"OK"按钮。

图7-69　"Time History Variables"对话框

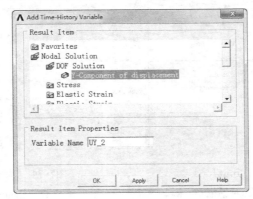

图7-70　"Add Time-History Variables"对话框

（5）弹出"Node for Data"拾取菜单，如图 7-71 所示，在拾取菜单的空白处输入 2，单击"OK"按钮。返回到"Time History Variables"对话框，此时变量列表里面多了一项"UY_2"变量，如图 7-72 所示。

（6）单击"Time History Variables"对话框左上角的 File > Close 关闭它。

（7）设置坐标 1。Utility Menu > PlotCtrls > Style > Graphs > Modify Grid，弹出"Grid Modifications for Graph Plots"对话框，在"[/GRID] Type of grid"后面的下拉列表中选择"X and Y lines"，如图 7-73 所示，单击"OK"按钮。

（8）设置坐标 2。Utility Menu > PlotCtrls > Style > Graphs > Modify Axes，弹出"Axes Modifications for Graph Plots"对话框，在"[/AXLAB] Y-axis label"文本框中输入"DISP"，如图 7-74 所示，单击"OK"按钮。

（9）绘制变量图。Main Menu > TimeHist PostPro > Graph Variables，弹出"Graph Time-History Variables"对话框，如图 7-75 所示。在"NVAR1"后面输入 2，在"NVAR2"后面输入 3，单击"OK"按钮，屏幕显示如图 7-76 所示。

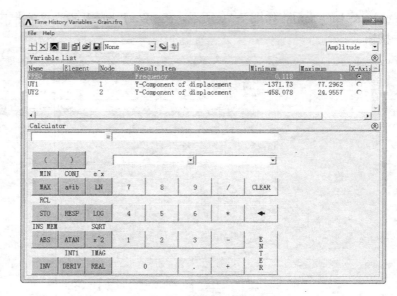

图7-71 "Node for Data"拾取菜单　　图7-72 "Time History Variables"对话框

图7-73 Grid Modifications
for Graph Plots对话框

图7-74 "Axes Modifications
for Graph Plots"对话框

图7-75 绘制变量时程图对话框　　　　图7-76 变量时程图显示

（10）列表显示变量。Main Menu＞TimeHist PostPro＞List Variables，弹出"List

Time-History Variables"对话框，如图 7-77 所示，在"NVAR1"文本框中输入 2，在"NVAR2"文本框中输入 3，单击"OK"按钮，屏幕显示如图 7-78 所示。

（11）退出 ANSYS。在"ANAYS Toolbar"中单击"Quit"，选择要保存的项后单击"OK"按钮。

图7-77 "List Time-History Variables"对话框 图7-78 列表显示变量

7.3.6 命令流方式

命令流执行方式这里不再详细介绍，读者可参见电子文档。

7.4 瞬态动力学分析实例——振动系统

瞬态动力分析是确定随时间变化载荷（如爆炸）作用下结构响应的技术。它的输入数据是作为时间函数的载荷，输出数据是随时间变化的位移和其他的导出量，如应力和应变。

瞬态动力分析可以应用在以下设计中：

◆ 承受各种冲击载荷的结构，如汽车中的门和缓冲器、建筑框架以及悬挂系统等。

◆ 承受各种随时间变化载荷的结构，如桥梁、地面移动装置以及其他机器部件。

◆ 承受撞击和颠簸的家庭和办公设备，如移动电话、笔记本电脑和真空吸尘器等。

瞬态动力分析主要考虑的问题如下：

◆ 运动方程。

◆ 求解方法。

◆ 积分时间步长。

本节通过对弹簧、质量、阻尼振动系统进行瞬态动力分析，来介绍 ANSYS 的瞬态动力分析过程。

7.4.1 分析问题

如图 7-79 所示振动系统，由 4 个系统组成，在质量块上施加随时间变化的力，计算在振动系统的瞬态响应情况，比较不同阻尼下系统的运动情况，并与理论计算值相比较，见表7-2。

图7-79 振动系统和载荷

表7-2 不同阻尼下的计算值

t = 0.09 sec	Target	ANSYS	Ratio
u, in (for damping ratio = 2.0)	0.47420	0.47637	1.005
u, in (for damping ratio = 1.0)	0.18998	0.19245	1.013
u, in (for damping ratio = 0.2)	−0.52108	−0.51951	0.997
u, in (for damping ratio = 0.0)	−0.99688	−0.99498	0.998

阻尼 1：$\xi = 2.0$

阻尼 2：$\xi = 1.0$ (critical)

阻尼 3：$\xi = 0.2$

阻尼 4：$\xi = 0.0$ (undamped)

位移：w = 10 lb

刚度：k = 30 lb/in

质量：$m = w/g = 0.02590673$ lb · sec^2/in

位移：$\Delta = 1$ in

重力加速度：g = 386 in/sec^2

7.4.2 建立模型

建立模型包括设定分析作业名和标题、定义单元类型和实常数、定义材料属性、建立几何模型、划分有限元网格。

1. 设定分析作业名和标题

在进行一个新的有限元分析时，通常需要修改数据库名，并在图形输出窗口中定义一个标题来说明当前进行的工作内容。另外，对于不同的分析范畴（结构分析、热分析、流体分析、电磁场分析等），ANSYS 所用的主菜单的内容不尽相同，为此，需要在分析开始时选定分析内容的范畴，以便 ANSYS 显示出与其相对应的菜单选项。

（1）从实用菜单中选择 Utility Menu：File＞Change Jobname 命令，将打开"Change Jobname（修改文件名）"对话框，如图 7-80 所示。

（2）在"Enter new jobname（输入新的文件名）"文本框中输入文字"example7-4"，为本分析实例的数据库文件名。

（3）单击"Add…"按钮，完成文件名的修改。

图7-80　"修改文件名"对话框

（4）从实用菜单中选择 Utility Menu：File＞Change Title 命令，将打开"Change Title（修改标题）"对话框，如图 7-81 所示。

图7-81　"修改标题"对话框

（5）在"Enter new title（输入新标题）"文本框中输入文字"transient response of a spring-mass-damper system"，为本分析实例的标题名。

（6）单击"OK"按钮，完成对标题名的指定。

（7）从实用菜单中选择 Utility Menu：Plot＞Replot 命令，指定的标题"transient response of a spring-mass-damper system"将显示在图形窗口的左下角。

（8）从主菜单中选择 Main Menu：Preference 命令，将打开"Preference of GUI Filtering（菜单过滤参数选择）"对话框，选中"Structural"复选框，单击"OK"按钮确定。

2．定义单元类型

在进行有限元分析时，首先应根据分析问题的几何结构、分析类型和所分析的问题精度要求等，选定适合具体分析的单元类型。本例中选用复合单元 Combination 40。

（1）从主菜单中选择 Main Menu：Preprocessor＞Element Type＞Add/Edit/Delete 命令，将打开"Element Type（单元类型）"对话框。

（2）单击"OK"按钮，将打开"Library of Element Type（单元类型库）"对话框，如图 7-82 所示。

（3）在左边的列表框中选择 Combination 选项，选择复合单元类型。

（4）在右边的列表框中选择 Combination 40 选项，选择复合单元 Combination 40。

（5）单击"OK"按钮，将 Combination 40 单元添加，并关闭单元类型库对话框，同时返回到第（1）步打开的"单元类型"对话框，如图 7-83 所示。

（6）在对话框中单击"Options…"按钮，打开如图 7-84 所示的"COMBIN40 element type options（单元选项设置）"对话框，对"Combination 40"单元进行设置，使其可

用于计算模型中的问题。

图7-82　"单元类型库"对话框　　　　　图7-83　"单元类型"对话框

图7-84　单元属性设置

（7）在 Element degree(s) of freedom K3（单元自由度）下拉列表框中选择 UY 选项。

（8）单击"OK"按钮，接受选项，关闭单元选项设置对话框，返回到（前）如图 7-83 所示的单元类型对话框。

（9）单击"Close"按钮，关闭单元类型对话框，结束单元类型的添加。

3．定义实常数

本实例中选用复合单元 Combination 40，需要设置其实常数。

（1）从主菜单中选择 Main Menu：Preprocessor＞Real Constants＞Add/Edit/Delete 命令，打开如图 7-85 所示的"Real Constants（实常数）"对话框。

（2）单击 Add 按钮，打开如图 7-86 所示的"Element Type for Real Constants（实常数单元类型）"对话框，要求选择欲定义实常数的单元类型。

（3）本例中定义了一种单元类型，在已定义的单元类型列表中选择"Type 1 Combination 40"，将为复合单元 Combination 40 类型定义实常数。

（4）单击"OK"按钮确定，关闭选择单元类型对话框，打开该单元类型"Real Constant Set（实常数集）"对话框，如图 7-87 所示。

（5）在"Real Constant Set No.（编号）"文本框中输入 1，设置第一组实常数。

（6）在 K1（刚度）文本框中输入 30。

（7）在 C（阻尼）文本框中输入 3.52636。

图7-85　设置实常数　　　　　　　　　　图7-86　选择单元类型

（8）在 M（质量）文本框中输入.02590673。

（9）单击"Apply"按钮，进行第 2、3、4组的实常数设置，其与第 1组只在 C（阻尼）处有区别，分别为 1.76318、.352636、0。

（10）单击"OK"按钮，关闭实常数集对话框，返回到实常数设置对话框，显示已经定义了 4 组实常数，如图 7-88 所示。

图7-87　为"Combination40"设置实常数　　　　图7-88　已经定义的实常数

（11）单击"Close"按钮，关闭实常数对话框。

4．定义材料属性

本例中不涉及应力应变的计算，采用的单元是复合单元，不用设置材料属性。

5．建立弹簧、质量、阻尼振动系统模型

（1）定义两个节点 1 和 8。

1）从主菜单中选择 Main Menu：Preprocessor > Modeling > Create > Nodes > In Active CS …命令。

2）在"Node number"文本框中输入1，单击"Apply"按钮，如图 7-89 所示。

3）在"Node number"文本框中输入8，单击"OK"按钮。

（2）定义其他节点2～7。

1）从主菜单中选择 Main Menu： Preprocessor > Modeling > Create > Nodes > Fill between nds …命令。

2）在文本框中输入1,8，单击"OK"按钮，如图7-90所示。

图7-89　定义一个节点　　　　　　　　　　　　图7-90　选择节点

3）在打开的"Create Nodes Between 2 Nodes"对话框中，单击"OK"按钮，如图7-91所示。

（3）定义一个单元。

1）从主菜单中选择 Main Menu：Preprocessor > Modeling > Create > Elements > AutoNumbered > ThruNodes…命令。

2）在文本框中输入1,2，用节点1和节点2创建一个单元，单击"OK"按钮，如图7-92所示。

图7-91　填充节点　　　　　　　　　　　　　图7-92　创建一个单元

（4）创建其他单元。

1）从主菜单中选择 Main Menu：Preprocessor > Modeling > Copy > Elements > AutoNumbered…命令。

2）在文本框中输入1，选择第一个单元，单击"OK"按钮，如图7-93所示。

3）在打开的对话框中，"Total number of copies"文本框中输入4，"Node number increment"文本框中输入2，"Real constant no.incr"文本框中输入1，单击"OK"按钮，如图7-94所示。

图7-93　选择单元　　　　　　图7-94　复制单元控制

7.4.3　进行瞬态动力分析设置、定义边界条件并求解

在进行瞬态动力分析中，建立有限元模型后，就需要进行瞬态动力分析设置、施加边界条件、进行求解。

（1）从主菜单中选择 Main Menu：Solution > Analysis Type > New Analysis，打开"New Analysis"对话框，如图7-95所示。

（2）设置主自由度。从主菜单中选择 Main Menu：Solution > Master DOFs > User Selected > Define 激活"Min,Max,Inc"选项，在文本框中输入"1,7,2"，单击"OK"按钮，如图7-96所示。在"1st degree of freedom"下拉列表框中选择UY，单击"OK"按钮，如图7-97所示。

（3）从主菜单中选择 Main Menu：Solution > Load Step Opts > Time/Frequenc > Time Time Step，打开"Time and Time Step Options"窗口，如图7-98所示。

（4）在"Time step size"处输入1e-3；在"Stepped or ramped b.c"处单击"stepped"按钮，单击"OK"按钮。

（5）从主菜单中选择 Main Menu：Solution > Load Step Opts > Output Ctrls > Solu Printout，结果如图7-99所示。

（6）打开"Solution Printout Controls"对话框，在"Item for printout control"下拉列表框中选择"Nodal DOF solu"选项，在"Print Frequency"单选框中选择"Every Nth substp"项，在"Value of N"文本框中输入1，单击"OK"按钮。

（7）从主菜单中选择 Main Menu：Solution > Load Step Opts > Output Ctrls >

DB/Results File命令。

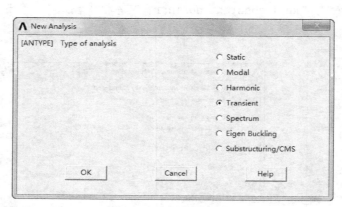

图7-95　选择分析类型

图7-96　选择节点

图7-97　设置主自由度

图7-98　"Time and Time Step Options"窗口

（8）打开数据输出控制对话框，在"Item to be ontrolled"下拉列表框中选择"Nodal DOF solu"选项，在"File write Frequency"单选框中选择"Every Nth substp"项，在"Value of N"文本框中输入1，单击"OK"按钮，如图7-100所示。

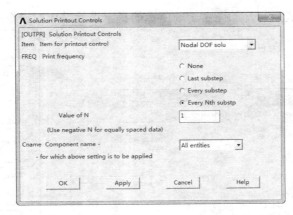

图7-99 "Solution Printout Controls" 窗口

（9）从主菜单中选择 Main Menu：Solution ＞ Define Loads ＞ Apply ＞ Structural ＞ Displacement ＞ On Nodes 命令，打开节点选择对话框，要求选择欲施加位移约束的节点。

（10）激活 "Min, Max, Inc" 选项，在文本框中输入 2, 8, 2，单击 "OK" 按钮，如图 7-101 所示。

图7-100 数据输出控制　　　　　　　　图7-101 选取节点

（11）打开 "Apply U, ROT on Nodes" 对话框，在 "DOFS to be constrained" 滚动框中，选择 "UY"（单击一次使其高亮度显示，确保其他选项未被高亮度显示）。单击 "OK" 按钮，如图 7-102 所示。

（12）从主菜单中选择 Main Menu：Solution ＞ Define Loads ＞ Apply ＞ Structure ＞ Force/Moment ＞ On Nodes 命令。打开 "Apply F/M on Nodes" 拾取窗口。

（13）激活 "Min, Max, Inc" 选项，在文本框中输入 1, 7, 2，单击 "OK" 按钮，如图 7-103 所示。

（14）在 "Direction of force/mom" 下拉列表框中选择 FY，在 "Force/moment value" 文本框中输入30，单击 "OK" 按钮，如图 7-104 所示。

（15）从主菜单中选择 Main Menu：Solution ＞ Solve ＞ Current LS 命令，打开一个确认对话框和状态列表，如图 7-105 所示，要求查看列出的求解选项。

（16）查看列表中的信息确认无误后，单击 "OK" 按钮，开始求解。

（17）求解完成后打开如图 7-106 所示的提示求解结束对话框。

图7-102　施加位移约束对话框　　　　　图7-103　选择节点

图7-104　输入力的值　　　　　图7-105　求解当前载荷步确认对话框

图7-106　提示求解完成

（18）单击"Close"按钮，关闭提示求解结束对话框。

（19）从主菜单中选择 Main Menu：Solution ＞ Load Step Opts ＞ Time/Frequenc ＞ Time - Time Step 命令，打开"Time and Time Step Options"窗口，如图 7-107 所示。

（20）在"Time at end of load step"处输入 95e-3，单击"OK"按钮，如图 7-107 所示。

（21）从主菜单中选择 Main Menu：Solution ＞Define Loads ＞ Apply ＞ Structure ＞ Force/Moment ＞ On Nodes，打开"Apply F/M on Nodes"拾取窗口。

（22）激活"Min, Max, Inc"选项，在文本框中输入 1, 7, 2，单击"OK"按钮。

（23）在"Direction of force/mom"下拉列表框中选择 FY，在"Force/moment value"文本框中输入 0，单击"OK"按钮，如图 7-108 所示。

（24）从主菜单中选择 Main Menu：Solution ＞ Solve ＞ Current LS 命令。

（25）打开一个确认对话框和状态列表，要求查看列出的求解选项。

（26）查看列表中的信息确认无误后，单击"OK"按钮，开始求解。

（27）解完成后提示求解结束对话框，单击"Close"按钮，关闭提示求解结束对话框。

图7-107　时间控制对话框

图7-108　输入力的值

7.4.4　查看结果

1. POST26 观察结果（节点 1、3、5、7 的位移时间历程结果）的曲线

（1）从主菜单中选择 Main Menu：TimeHist Postpro，打开"Time-History Variables"对话框，如图 7-109 所示。

图7-109　时间历程结果控制

（2）单击"+"，打开"Add Time-History Variable"对话框，如图7-110所示。

（3）通过单击选择Nodal Solution > DOF Solution > Y-component of displacement，单击"OK"按钮，打开"Nodal for Data"拾取对话框，如图7-111所示。

（4）在文本框中输入1，单击"OK"按钮。

（5）用同样的方法选择节点3、5、7，结果如图7-112所示。

图7-110　选择显示内容

图7-111　选择1号节点

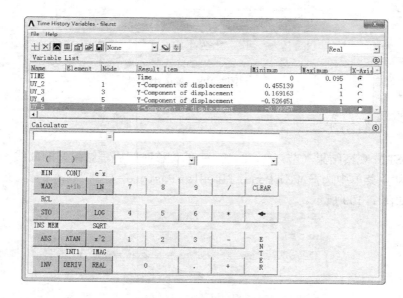

图7-112　添加的时间变量

（6）在列表框中选择添加的所有变量，如图7-113所示。

（7）单击"▲"图标，在图形窗口中就会出现该变量随时间的变化曲线，如图7-114所示。

2. POST26观察结果列表显示

在"Time-History Variables"对话框中，单击"▣"图标，进行列表显示，会出现变量与频率的列表，如图7-115所示。

图7-113　选择变量

图7-114　变量随时间的变化曲线

图7-115　变量与频率的列表

7.4.5 命令流方式

命令流执行方式这里不再详细介绍，读者可参见电子文档。

7.5 响应谱分析实例——平板结构

谱分析是模态分析的扩展，用于计算结构对地震及其他随机激励的响应。在进行下述设计时要用到谱分析：

◆ 建筑物框架及桥梁。
◆ 太空船部件。
◆ 飞机部件。

谱分析的一种代替方法是进行瞬态分析，但是瞬态分析很难应用于地震等随时间无规律变化载荷的分析。在瞬态分析中，为了捕捉载荷，时间步长必须取得很小，因而费时且昂贵。

谱分析的关键问题包括以下几方面：

◆ 频谱的定义。
◆ 响应谱如何用于计算结构对激励的响应。
◆ 参与系数。
◆ 模态系数。
◆ 模态组合。

本节通过对平板进行谱分析，来介绍 ANSYS 的谱分析过程。

7.5.1 分析问题

平板结构的 4 个顶点简支，结构和载荷如图 7-116 和图 7-117 所示。

图7-116 平板结构

图7-117 载荷

弹性模量：$E = 200 \times 10^9 \text{ N/m2}$
泊松比：$\mu = 0.3$
密度：7800kg/m^3
厚度：$t = 1.0 \text{ m}$
宽度：$l = 10 \text{ m}$
载荷：$PSD = 10^6 \text{ (N/m}^2)^2 \text{ /Hz}$
Damping：$\delta = 2\%$

7.5.2 建立模型

建立模型包括设定分析作业名和标题、定义单元类型和实常数、定义材料属性、建立几何模型、划分有限元网格。

前处理

（1）定义工作文件名：Utility Menu > File > Change Jobname，在弹出的"ChangeJobname"对话框，在"Enter new jobname"文本框中输入"Example"，并将"New Log and error files"复选框选为"yes"，单击"OK"按钮。

（2）定义工作标题：Utility Menu > File > ChangeTitle，输入文字"DYNAMIC LOAD EFFECT ON SIMPLY-SUPPORTED THICK SQUARE PLATE"，如图7-118所示，单击"OK"按钮。

（3）定义单元类型：Main Menu > Preprocessor > Element Type > Add/Edit/Delete，弹出"Element Types"对话框，如图7-119所示，单击"Add"按钮，弹出"Library of Element Types"对话框，在左面滚动栏中选择"Structural"及其下的"Shell"，在右面的滚动栏中选择"8node 281"，如图7-120所示，单击"OK"按钮，回到图7-129所示的"Element Types"对话框。

图7-118 定义工作标题　　　　图7-119 "Element Types"对话框

（4）定义材料性质：Main Menu > Preprocessor > Material Props > Material Models，弹出"Define Material Model Behavior"对话框，如图7-121所示。

图7-120 "Library of Element Types"对话框

（5）在"Material Models Available"栏目中连续单击Favorites > Linear Static > Density，弹出"Density for Material Number 1"对话框，如图7-122所示，在"DENS"后输入8000，单击"OK"按钮。

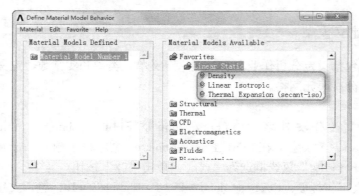

图7-121　"Define Material Model Behavior"对话框

图7-122　"Density for Material Number 1"对话框

（6）在"Material Models Available"栏目中连续单击 Favorites > Linear Static > Linear Isotropic，弹出"Linear Isotropic Properties for Material Number 1"对话框，如图 7-123 所示，在"EX"后输入 2E+11，在"NUXY"后输入 0.3，单击"OK"按钮。

图7-123　"Linear Isotropic Properties for Material Number 1"对话框

（7）在"Material Models Available"栏目中连续单击 Favorites > Linear Static > Thermal Expansion（Secant-iso），弹出"Thermal Expansion Secant Coefficient for Material Number 1"对话框，如图 7-124 所示，在"ALPX"后输入 1e-6，单击"OK"按钮。最后在"Define Material Model Behavior"对话框中，完成后的对话框如图 7-125 所示。选择菜单路径 Material > Exit，退出材料定义窗口。

（8）定义厚度：Main Menu > Preprocessor > Sections > Shell > Lay-up > Add / Edit，输入"Thickness"为 1，单击"Integration Pts"为 5，如图 7-126 所示。单击"OK"按钮。

（9）创建节点：Main Menu > Preprocessor > Modeling > Create > Nodes > In Active CS，弹出"Create Nodes in Active Coordinate System"对话框。在"NODE Node number"

后面的输入栏中输入 1，在"X，Y，Z Location in active CS"后面的输入栏中分别输入 0，0，0，如图 7-127 所示，单击"Apply"按钮。

图7-124 "Thermal Expansion Secant Coefficient for Material Number 1"对话框

图7-125 "Define Material Model Behavior"对话框

图7-126 "Create and Modify Shell Sections"对话框

图7-127 生成第一个节点

（10）在 Create Nodes in Active Coordinate System 对话框中，在"NODE Node number"

331

后面的输入栏中输入 9，在 "X, Y, Z Location in active CS" 后面的输入栏中分别输入 0，10，0，单击 "OK" 按钮。

（11）打开节点编号显示控制：Utility Menu > PlotCtrls > Numbering，弹出 "Plot Numbering Controls" 对话框，单击 "NODE Node numbers" 后面的选项使其显示为 On，如图 7-128 所示，单击 "OK" 按钮。

（12）选择菜单路径：Utility Menu > PlotCtrls > Window Controls > Window Options，弹出 "Window Options" 对话框，在 [/TRIAD] Location of triad 后面的下拉列表中选择 "Not shown"，如图 7-129 所示，单击 "OK" 按钮关闭该对话框。

图7-128　打开节点编号显示控制　　　　图7-129　窗口显示控制对话框

（13）插入新节点：Main Menu > Preprocessor > Modeling > Create > Nodes > Fill between Nds，弹出 "Fill between Nds" 拾取菜单，如图 7-130 所示。用鼠标在屏幕上单击拾取编号为 1 和 9 的两个节点，单击 "OK" 按钮，弹出 "Create Nodes Between 2 Nodes" 对话框。单击 "OK" 按钮接受默认设置，如图 7-131 所示。

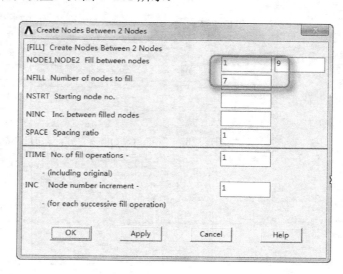

图7-130　Fill between Nds拾取菜单　　　图7-131　在两节点之间创建节点对话框

（14）复制节点组：Main Menu > Preprocessor > Modeling > Copy > Nodes > Copy，

弹出"Copy nodes"拾取菜单，如图 7-132 所示，单击上面的"Box"选项，然后在屏幕上框选编号为 1～9 的节点（即现在的所有节点），单击"OK"按钮。

（15）弹出"Copy nodes"对话框，如图 7-133 所示，在"ITIME Total number of copies"后面输入 5，在"DX X-offset in active CS"后面输入 2.5，在"INC Node number increment"后面输入 40，单击"OK"按钮，屏幕显示如图 7-134 所示。

图7-132　Copy nodes拾取菜单

图7-133　Copy nodes对话框

图7-134　第一次复制节点后显示

（16）创建节点：Main Menu ＞ Preprocessor ＞ Modeling ＞ Create ＞ Nodes ＞ In Active CS，弹出"Create Nodes in Active Coordinate System"对话框。在"NODE Node number"后面的输入栏中输入 21，在"X, Y, Z Location in active CS"后面的输入栏中分别输入1.25，0，0，如图 7-135 所示，单击"Apply"按钮。

（17）在"Create Nodes in Active Coordinate System"对话框中，在"NODE Node number"后面的输入栏中输入 29，在"X, Y, Z Location in active CS"后面的输入栏中分别输入 1.25，10，0，单击"OK"按钮。

图7-135 生成第一个节点

（18）插入新节点：Main Menu ＞ Preprocessor ＞ Modeling ＞ Create ＞ Nodes ＞ Fill between Nds，弹出"Fill between Nds"拾取菜单。用鼠标在屏幕上单击拾取编号为 21 和 29 的两个节点，单击"OK"按钮，弹出"Create Nodes Between 2 Nodes"对话框。在"NFILL Number of nodes to fill"后面输入 3，单击"OK"按钮接受其余默认设置，如图 7-136 所示。

（19）复制节点组：Main Menu ＞ Preprocessor ＞ Modeling ＞ Copy ＞ Nodes ＞ Copy，弹出"Copy nodes"拾取菜单，单击上面的 Box 选项，然后在屏幕上框选编号为 21～29 的节点，单击"OK"按钮。弹出"Copy nodes"对话框，如图 7-137 所示，在"ITIME Total number of copies"后面输入 4，在"DX X-offset in active CS"后面输入 2.5，在"INC Node number increment"后面输入 40，单击"OK"按钮，屏幕显示如图 7-138 所示。

图7-136 在两节点之间创建节点对话框

图7-137 "Copy nodes"对话框

（20）创建单元：Main Menu ＞ Preprocessor ＞ Modeling ＞ Create ＞ Elements ＞ User Numbered ＞ Thru Nodes 命令，弹出"Create Elems User-Num"对话框，如图 7-139 所示，单击"OK"按钮接受默认选项。弹出"Elements from Nodes"拾取菜单，用鼠标在屏幕上依次拾取编号为 1, 41, 43, 3, 21, 42, 23, 2 的节点，单击"OK"按钮，屏幕显示如图 7-140 所示。

注意

创建单元时一定要注意选择节点的顺序，先依次选择 4 个边节点，然后依次选择 4 个中节点。

9	29	49	69	89	109	129	149	169
8		48		88		128		168
7	27	47	67	87	107	127	147	167
6		46		86		126		166
5	25	45	65	85	105	125	145	165
4		44		84		124		164
3	23	43	63	83	103	123	143	163
2		42		82		122		162
1	21	41	61	81	101	121	141	161

图7-138　第二次复制节点后显示

图7-139　"Create Elems User-Num"对话框

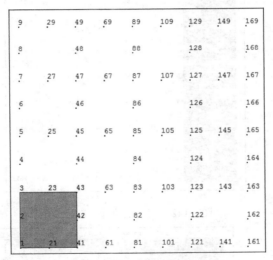

图7-140　创建第一个单元

（21）复制单元：Main Menu ＞ Preprocessor ＞ Modeling ＞ Copy ＞ Elements ＞ Auto Numbered，弹出"Copy Element Auto-num"拾取菜单，用鼠标在屏幕上单击拾取刚创建的单元，单击"OK"按钮，弹出"Copy Elements（Automatically-Numbered）"对话框，如图 7-141 所示，在"ITIME Total number of copies"后面输入 4，在"NINC Node number increment"后面输入 2，单击"OK"按钮，屏幕显示如图 7-142 所示。

（22）复制单元：Main Menu ＞ Preprocessor ＞ Modeling ＞ Copy ＞ Elements ＞ Auto Numbered，弹出"Copy Element Auto-num"拾取菜单，用鼠标在屏幕上单击拾取屏幕上的所有单元（共 4 个），单击"OK"按钮，弹出"Copy Elements（Automatically-Numbered）"对话框，在"ITIME Total number of copies"后面输入 4，在"NINC Node number increment"后面输入 40，单击"OK"按钮，屏幕显示如图 7-143 所示。

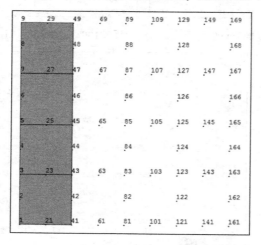

图7-141　Copy Elements（Automatically-Numbered）对话框

图7-142　第一次单元复制后显示

图 7-143　第二次复制单元显示

7.5.3 定义边界条件并求解

1．模态分析

（1）设定分析类型。Main Menu > Solution > Unabridged Menu > Analysis Type > New Analysis 命令，弹出"New Analysis"对话框，如图 7-144 所示，在"[ANTYPE] Type of analysis"后面单击"Modal"项，单击"OK"按钮。

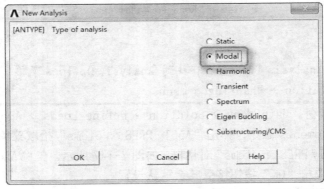

图7-144　设置分析类型

（2）设定分析选项。Main Menu > Solution > Analysis Type > Analysis Options，弹出如图 7-145 所示的"Modal Analysis"对话框，在"[MODOPT] Mode extraction method"后面单击 Reduced 项，在"[MXPAND] Expand mode shapes"后面单击 Yes 项，在"NMODE No. of modes to expand"后面输入 16，单击"OK"按钮接受其余默认设置。

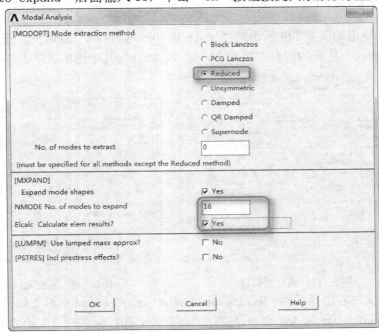

图7-145　Modal Analysis对话框

（3）弹出"Reduced Modal Analysis"对话框，如图 7-146 所示，单击"OK"按钮接受默认设置。

图7-146 "Reduced Modal Analysis"对话框

💡 **注意**

如果没有在 Analysis Type 下没有找到 Analysis Options 菜单，可以单击菜单路径：Main Menu > Solution > Unabridged menu。

（4）施加载荷。Main Menu > Solution > Define Loads > Apply > Structural > Pressure > On Elements 命令，弹出"Apply PRES on elems"拾取菜单。单击"Pick All"按钮，弹出"Apply PRES on elems"对话框，如图 7-147 所示。在"VALUE Load PRES value"后面输入-1E6，单击"OK"按钮接受其余默认设置。

（5）定义面内约束。Main Menu > Solution > Define Loads > Apply > Structural > Displacement > On Nodes 命令，弹出"Apply U,ROT on Nodes"拾取菜单。单击"Pick All"按钮，弹出如图 7-148 所示的"Apply U,ROT on Nodes"对话框，在"Lab2 DOFs to be constrained"后面的列表中单击"UX、UY、ROTZ"几个选项，单击"OK"按钮。

（6）定义面内约束。Main Menu > Solution > Define Loads > Apply > Structural > Displacement > On Nodes 命令，弹出"Apply U,ROT on Nodes"拾取菜单。单击"Pick All"按钮，弹出如图 7-148 所示的"Apply U,ROT on Nodes"对话框，在"Lab2 DOFs to be constrained"后面的列表中单击"UX、UY、ROTZ"几个选项，单击"OK"按钮。

图7-147 施加面载荷

图7-148 施加面内约束

（7）定义左右边界条件。Main Menu > Solution > Define Loads > Apply > Structural > Displacement > On Nodes 命令，弹出"Apply U,ROT on Nodes"拾取菜单。用鼠标在屏幕上单击拾取左边和右边的节点（左边节点编号为 1，2，3，4，5，6，7，8，9；右边节点编号为 161，162，163，164，165，166，167，168，169），单击"OK"按钮，弹出如图 7-149 所示的"Apply U,ROT on Nodes"对话框，在"Lab2 DOFs to be constrained"

后面的列表中单击 UZ、ROTX 两个选项，单击"OK"按钮。

图7-149　定义左右边界条件

（8）定义上下边界条件。Main Menu ＞ Solution ＞ Define Loads ＞ Apply ＞ Structural ＞ Displacement ＞ On Nodes 命令，弹出"Apply U,ROT on Nodes"拾取菜单。用鼠标在屏幕上单击拾取上边界和下边界的节点（上边界节点编号为：9，29，49，69，89，109，129，149，169；下边界节点编号为：1，21，41，61，81，101，121，141，161），单击"OK"按钮，弹出如图 7-150 所示的"Apply U,ROT on Nodes"对话框，在"Lab2 DOFs to be constrained"后面的列表中单击"UZ、ROTY"两个选项，单击"OK"按钮。

（9）选择主节点（左右界限）。Utility Menu ＞ Select ＞ Entities，弹出"Select Entities"工具条，如图 7-151 所示，在第一个下拉列表中选择 Nodes，在第二个下拉列表中选择"By Location"，在下面单击"X coordinates"，在 Min，Max 后面输入 0.1，9.9，在下面选择"From Full"，单击"OK"按钮。

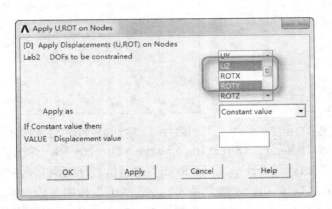

图7-150　定义上下边界条件　　　　　　图7-151　选择左右界限

（10）选择主节点（上下界限）。Utility Menu ＞ Select ＞ Entities，弹出"Select Entities"工具条，如图 7-152 所示，在第一个下拉列表中选择"Nodes"，在第二个下拉列表中选择"By Location"，在下面单击"Y coordinates"，在"Min，Max"后面输入 0.1，9.9，在下面选择"Reselect"，单击"OK"按钮。

（11）显示刚才选择的节点。Utility Menu ＞ Plot ＞ Nodes，屏幕显示如图 7-153 所示。

（12）定义主自由度。Main Menu ＞ Solution ＞ Master DOFs ＞ User Selected ＞ Define，弹出"Define Master DOFs"拾取菜单，单击"Pick All"按钮，弹出"Define Master DOFs"对话框，如图 7-154 所示，在"Lab1 1st degree of freedom"后面的下拉列表中选择 UZ，

单击"OK"按钮。

图7-152　选择上下界限

图7-153　选择的节点

（13）选择所有节点。Utility Menu > Select > Everything，然后执行 Utility Menu > Plot > Replot 路径，此时的屏幕显示如图 7-155 所示。

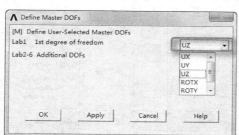

图7-154　定义主自由度

图7-155　施加载荷约束之后的节点模型

（14）模态分析求解。Main Menu > Solution > Solve > Current LS，弹出 "/STATUS Command" 信息提示窗口和 "Solve Current Load Step" 对话框，仔细浏览信息提示窗口中的信息，如果无误则单击 File > Close 将其关闭。单击 "OK" 按钮开始求解。当静力求解结束时，屏幕上会弹出 "Solution is done" 提示框，单击 "Close" 按钮关闭它。

（15）定义比例参数。Utility Menu > Parameters > Get Scalar Data，弹出 "Get Scalar Data" 对话框，在 "Type of data to be retrieved" 后面第一个列表中单击 "Result data"，在第二个列表中单击 "Modal results"，如图 7-156 所示，单击 "OK" 按钮。

（16）弹出另外一个 "Get Modal Results" 对话框，如图 7-157 所示，在 "Name of parameter to be defined" 后面输入 F，在 "Mode number N" 后面输入 1，在 "Modal data to retrieved" 后面的列表中选择 "Frequency FREQ"，单击 "OK" 按钮。

（17）查看比例参数。Utility Menu > Parameters > Scalar Parameters，弹出 "Scalar Parameters" 对话框，如图 7-158 所示。

（18）退出求解器。Main Menu > Finish。

图7-156 Get Scalar Data对话框

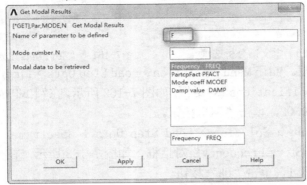

图7-157 "Get Model Results"对话框

2. 谱分析

(1) 定义谱分析。Main Menu > Solution > Analysis Type > New Analysis，如图7-159 所示的"New Analysis"对话框，在"Type of analysis"后面单击"Spectrum"项，单击"OK"按钮。

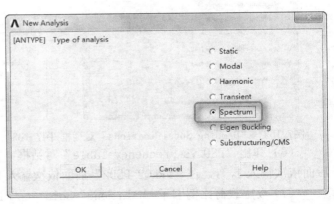

图7-158 "Scalar Parameters"对话框　　图7-159 定义新的分析类型（谱分析）

(2) 设定谱分析选项。Main Menu > Solution > Analysis Type > Analysis Options，弹出"Spectrum Analysis"对话框，如图7-160 所示，在"Sptype Type of spectrum"后面选择 P.S.D，在"NMODE No. of modes for solu"后面输入2，在"Elcalc Calculate elem stresses"后面单击使其显示为 On，单击"OK"按钮。

(3) 设置 PSD 分析。Main Menu > Solution > Load Step Opts > Spectrum > PSD > Settings，弹出"Settings for PSD Analysis"对话框，在"[PSDUNIT] Type of response spct"后面的下拉列表中选择"Pressure spct"，在"Table number"后面输入 1，如图

7-161 所示，单击"OK"按钮。

图7-160　定义谱分析选项

图7-161　"Settings for PSD Analysis"对话框

（4）定义阻尼。Main Menu > Solution > Load Step Opts > Time/Frequenc > Damping，弹出"Damping Specifications"对话框，如图 7-162 所示，在"[DMPRAT] Constant damping ratio"后面输入 0.02，单击"OK"按钮。

（5）Main Menu > Solution > Load Step Opts > Spectrum > PSD > PSD vs Freq，弹出"Table for PSD vs Frequency"对话框，如图 7-163 所示，在"Table number to be defined"后面输入 1，单击"OK"按钮。

图7-162　"Damping Specifications"对话框　图7-163　"Table for PSD vs Frequency"对话框

（6）弹出"PSD vs Frequency Table"对话框，如图 7-164 所示，在"FREQ1,PSD1"后面依次输入 1，1，在"FREQ2,PSD2"后面依次输入 80，1，单击"OK"按钮。

（7）设定载荷比例因子。Main Menu > Solution > Define Loads > Apply > Load Vector > For PSD，弹出"Apply Load Vector for Power Spectral Density"对话框，如图 7-165 所示，在"FACT Scale factor"后面输入 1，单击"OK"按钮。弹出警告提示框，如图 7-166 所示，单击"Close"按钮。

（8）计算参与因子。Main Menu > Solution > Load Step Opts > Spectrum > PSD > Calculate PF，弹出"Calculate Participation Factors"对话框，如图 7-167 所示，在"TBLNO Table no. of PSD table"后面输入 1，在"Excit Base or nodal excitation"后面的下拉列表中选择"Nodal excitation"，单击"OK"按钮。弹出"Solution is done"对话框，如图 7-168 所示，单击"Close"按钮关闭它。

图7-164　"PSD vs Frequency Table"对话框

图7-165　"Apply Load Vector for Power Spectral Density"对话框

图7-166　警告提示框

图7-167　"Calculate Participation Factors"对话框

图7-168　参与因子计算完毕

（9）设置结果输出。Main Menu > Solution > Load Step Opts > Spectrum > PSD > Calc Controls，弹出"PSD Calculation Controls"对话框，如图 7-169 所示，在"Displacement solution（DISP）"后面的下拉列表中选择"Relative to base"，单击

"OK"按钮接受其余默认选项。

图7-169　"PSD Calculation Controls"对话框

（10）设置合并模态。Main Menu > Solution > Load Step Opts > Spectrum > PSD > Mode Combine，弹出"PSD Combination Method"对话框，如图7-170所示，单击"OK"按钮接受默认设置。

图7-170　"PSD Combination Method"对话框

（11）谱分析求解。Main Menu > Solution > Solve > Current LS，弹出"/STATUS Command"信息提示窗口和"Solve Current Load Step"对话框。仔细浏览信息提示窗口中的信息，如果无误则单击 File > Close 关闭之。单击"OK"按钮开始求解。当求解结束时，屏幕上会弹出"Solution is done"提示框，单击"Close"关闭它。

（12）退出求解器。Main Menu > Finish。

7.5.4　查看结果

1. POST1 后处理

（1）读入子步结果。Main Menu > General Postproc > Read Results > By Pick，弹出"Result File"对话框，如图7-171所示，单击 Set 为17的项，单击"Read"按钮，单击"Close"按钮。

（2）设置视角系数。Utility Menu > PlotCtrls > View Settings > Viewing Direction，弹出"Viewing Direction"对话框，如图7-172所示，在"WN Window number"后面的下拉列表中选择"Window 1，在[/VIEW] View direction"后面依次输入2，3，4，单击"OK"按钮。

（3）绘图显示。Main Menu > General Postproc > Plot Results > Contour Plot > Nodal Solu，弹出"Contour Nodal Solution Data"对话框，如图7-173所示，在"Nodal Solution"中选择"DOF Solution"，然后选择"Z-Component of displacement"，单击"OK"按钮接受其余默认设置，屏幕显示如图7-174所示。

（4）列表显示。Main Menu > General Postproc > List Results > Nodal Solution，弹出"List Nodal Solution"对话框，如图7-175所示，在"Nodal Solution"中选择

"DOF solution"，然后选择"Z-Component of displacement"，单击"OK"按钮，屏幕会弹出列表显示框。

图7-171　"Result File"对话框　　　　图7-172　"Viewing Direction"对话框

图7-173　"Contour Nodal Solution Data"对话框

图7-174　Z向位移云图显示

图7-175　List Nodal Solution对话框

（5）退出后处理器。Main Menu ＞ Finish。

2．谐响应分析

（1）定义求解类型。Main Menu ＞ Solution ＞ Analysis Type ＞ New Analysis。New Analysis 对话框出现，选择"Harmonic"选项，如图 7-176 所示，单击"OK"按钮。

（2）设置求解选项。Main Menu ＞ Solution ＞ Analysis Type ＞ Analysis Options，弹出"Harmonic Analysis"对话框，在"[HROPT] Solution method"后面的列表中选择"Mode Superpos' n"，在"[HROUT] DOF printout format"后面的下拉列表中选择"Amplitud+phase"，如图 7-177 所示，单击"OK"按钮。

（3）弹出"Mode Sup Harmonic Analysis"对话框，如图 7-178 所示，单击"OK"按钮接受默认设置。

图7-176　定义分析类型为谐响应分析

图7-177　"Harmonic Analysis"对话框

图7-178　"Mode Sup Harmonic Analysis"对话框

（4）设置载荷。Main Menu > Solution > Load Step Opts > Time/Frequenc > Freq and Substps，弹出"Harmonic Frequency and Substep Options"对话框，在"[HARFRQ] Harmonic freq range"后面依次输入1和80，在"[NSUBST] Number of substep"，后面输入10，在"[KBC] Stepped or ramped b.c." 后面单击"Stepped"选项，如图7-179所示，单击"OK"按钮。

图7-179　Harmonic Frequency and Substep Options对话框

（5）设置阻尼。Main Menu > Solution > Load Step Opts > Time/Frequenc > Damping，弹出"Damping Specifications"对话框，在"[DMPRAT] Constant damping ratio"后面输入0.02，如图7-180所示，单击"OK"按钮。

（6）谐响应分析求解。Main Menu > Solution > Solve > Current LS，弹出"/STATUS Command"信息提示栏和"Solve Current Load Step"对话框。浏览信息提示栏中的信息，如果无误则单击File > Close关闭之。单击"Solve Current Load Step"对话框的"OK"按钮，开始求解。

（7）退出求解器。Main Menu > Finish。

3. POST26 后处理

（1）进入时间历程后处理。Main Menu > TimeHist PostPro，弹出如图 7-181 所示的"Spectrum Usage"对话框，单击"OK"按钮接受默认设置，弹出如图 7-182 所示的"Time History Variables "对话框，里面已有默认变量时间（TIME）。

（2）读入结果。单击 Time History Variables 对话框 File > Open Results，弹出读取结果对话框，如图 7-183 所示，在相应的路径下选择"spectrum.rfrq"文件，单击

"打开"按钮，接着弹出如图7-184所示的对话框，选择模型数据文件"example14-3.db"。弹出如图7-181所示的"Spectrum Usage"对话框，单击"OK"按钮接受默认设置。回到"Time History Variables"对话框，注意看到，此时的默认变量已经由 TIME 变为 FREQ。

图7-180　"Damping Specifications"对话框　　　图7-181　"Spectrum Usage"对话框

图7-182　"Time History Variables"对话框(1)

💡 注意

在读取结果时，"响应的路径"是指工作文件存放的地址，读取的文件后缀名是 rfrq，文件名是工作名（Jobname）。

（3）定义位移变量 UZ。在 Time History Variables 对话框中单击左上角的 ⊞ 按钮，弹出"Add Time-History Variables"对话框，连续单击 Nodal Solution > DOF Solution > Z-Component of displacement，如图 7-185 所示，在"Variable Name"后面输入"UZ_2"，单击"OK"按钮。

（4）弹出"Node for Data"拾取菜单，如图 7-186 所示，在拾取菜单的空白处输入

85，单击"OK"按钮。返回到"Time History Variables"对话框，不过此时变量列表里面多了一项 UZ_2 变量，如图 7-187 所示。

图7-183　读取结果

图7-184　读取模型数据文件

图7-185 "Add Time-History Variables"对话框　　　　图7-186 Node for Data拾取菜单

（5）绘制位移频率曲线。在"Time History Variables "对话框中单击第三个按钮"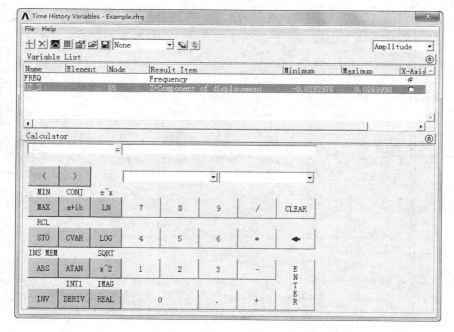"，屏幕显示如图 7-188 所示。

图7-187 "Time History Variables "对话框(2)

图7-188 位移频率关系图

7.5.5 命令流方式

命令流执行方式这里不再详细介绍，读者可参见电子文档。

第 **8** 章

热分析

本章介绍热分析。热分析用于计算一个系统或部件的温度分布及其他热物理参数，如热量的获取或损失、热梯度、热流密度（热通量）等。热分析在许多工程应用（如内燃机、涡轮机、换热器、管路系统、电子元件等）中扮演着重要角色。

学 习 要 点

- 热分析介绍
- 稳态热分析实例
- 瞬态热分析实例
- 热辐射分析实例

8.1 热分析介绍

8.1.1 热分析的类型

◆ 稳态传热：系统的温度场不随时间变化。

◆ 瞬态传热：系统的温度场随时间明显变化。

◆ 耦合分析：指在有限元分析的过程中考虑了两种或者多种工程学科（物理场）的交叉作用和相互影响（耦合）。例如，压电分析考虑了结构和电场的相互作用：它主要解决由于所施加的位移载荷引起的电压分布问题，反之亦然。其他的耦合场分析还有热-应力耦合分析、热-电耦合分析、流体-结构耦合分析、磁-热耦合分析和磁-结构耦合分析等。

8.1.2 热分析的基本过程

1. 建模

确定 jobname、title、unit；进入 PREP7 前处理，定义单元类型，设定单元选项；定义单元实常数；定义材料热性能参数，对于稳态传热，一般只需定义导热系数，它可以是恒定的，也可以随温度变化；创建几何模型并划分网格。

2. 施加载荷计算

（1）定义分析类型。确定进行新的热分析，还是继续上一次分析，如增加边界条件等。

（2）施加载荷。可以直接在实体模型或单元模型上施加5种载荷(边界条件)。

◆ 恒定的温度：通常作为自由度约束施加于温度已知的边界上。

◆ 热流率：热流率作为节点集中载荷，主要用于线单元模型中(通常线单元模型不能施加对流或热流密度载荷)，如果输入的值为正，则代表热流流入节点，即单元获取热量。如果温度与热流率同时施加在一节点上，则 ANSYS 读取温度值进行计算。

◆ 对流：对流边界条件作为面载施加于实体的外表面，计算与流体的热交换，它仅可施加于实体和壳模型上，对于线模型，可以通过对流线单元 LINK34 考虑对流。

◆ 热流密度：热流密度也是一种面载。当通过单位面积的热流率已知或通过 FLOTRAN CFD 计算得到时，可以在模型相应的外表面施加热流密度。如果输入的值为正，代表热流流入单元。热流密度也仅适用于实体和壳单元。热流密度与对流可以施加在同一外表面，但 ANSYS 仅读取最后施加的面载进行计算。

◆ 生热率：生热率作为体载施加于单元上，可以模拟化学反应生热或电流生热。它的单位是单位体积的热流率。

（3）确定载荷步选项。对于一个热分析，可以确定普通选项、非线性选项以及输出控制。

◆ 普通选项：时间选项考虑，对于稳态热分析时间选项并没有实际的物理意义，但它提供了一个方便的设置载荷步和载荷子步的方法。每载荷步中子步的数量或时间步大小，对于非线性分析，每一载荷步需要多个子步。递进或阶越选项：如果定义阶越（stepped）选项，载荷值在这个载荷步内保持不变；如果为递进（ramped）选项，则载荷值由上一载荷步值到本载荷步值随每一子步线性变化。

◆ 非线性选项：非线性选项的迭代次数设置每一子步允许的最多的迭代次数。默认值为 25，对大数热分析问题足够。自动时间步长考虑，对于非线性问题可以自动设定子步间载荷的增长，保证求解的稳定性和准确性。收敛误差可根据温度、热流率等检验热分析的收敛性。求解结束选项：确定如果在规定的迭代次数内，达不到收敛，ANSYS可以停止求解或到下一载荷步继续求解。线性搜索可使 ANSYS 用 Newton-Raphson 方法进行线性搜索。预测矫正可激活每一子步第一次迭代对自由度求解的预测矫正。

◆ 输出控制：控制打印输出可将任何结果数据输出到*.out 文件中。控制结果文件控制*.rth 的内容。

（4）确定分析选项。

选择求解器：可选择求解器中的一个进行求解。

（5）求解。

3. 后处理

ANSYS 将热分析的结果写入*.rth 文件中，它包含如下数据：

◆ 基本数据：节点温度。

◆ 导出数据：节点及单元的热流密度、节点及单元的热梯度、单元热流率、节点的反作用热流率及其他。

可以通过如下 3 种方式查看结果：

◆ 彩色云图显示。

◆ 矢量图显示。

◆ 列表显示。

8.2 稳态热分析的实例——换热管

本实例确定一个换热器中带管板结构的换热管的温度分布和应力分布。

8.2.1 分析问题

如图 8-1 所示，某单程换热器的其中一根换热管和与其相连的两端管板结构，壳程介质为热蒸汽，管程介质为液体操作介质，换热管材料为不锈钢，热膨胀系数为 16.56×10^{-6}(1/℃)，泊松比为 0.3，弹性模量为 1.72×10^5MPa，热导率为 15.1W/(m·℃)；管板材料也为不锈钢，热膨胀系数为 17.79×10^{-6}(1/℃)，泊松比为 0.3，弹性模量为 1.73×10^5MPa，热导率为 15.1 W/(m·℃)。壳程蒸汽温度为 250℃，对流换热系数为 3000W/(m^2·℃)，壳程压力为 8.1MPa；管程液体温度 200℃，对流换热系数为 426W/(m^2·℃)，管程压力为 5.7MPa。

换热管内径 0.01295m，外径 0.01905m，管板厚度 0.05m，换热管长度为 0.5m，部分管板长和宽均为 0.013m。

本实例为了说明计算过程以及看清楚结构的实际情况，只取了一段换热管及其两端的管板结构，实际换热器的换热管要比本实例中的长的多，但是分析的方法是相同的。

图8-1　换热管及管板结构

根据结构的对称性，分析时取 1/4 建立有限元模型进行研究即可。

8.2.2　建立模型

1. 定义工作文件名及文件标题

（1）定义工作文件名。执行菜单栏中的 Utility Menu ＞ File ＞ Change Jobname 命令，弹出"Change Jobname"对话框，如图 8-2 所示。在弹出的对话框中输入文件名"Pipe_thermal"，单击"OK"按钮。

图8-2　"Change Jobname"对话框

（2）定义工作标题。执行菜单栏中的 Utility Menu ＞ File ＞ Change Title 命令，弹出"Change Title"对话框。在弹出的对话框中输入"Temperature Distribution in heat-exchange pipe"，如图 8-3 所示，单击"OK"按钮。

图8-3　"Change Title"对话框

（3）关闭坐标符号的显示。执行菜单栏中的 Utility Menu ＞ PlotCtrls ＞ Window Controls ＞ Window Options 命令，弹出"Window Options"对话框。在 Location of triad 下拉列表中选择"Not Shown"选项，单击"OK"按钮。

2. 定义单元类型及材料属性

（1）定义单元类型。执行主菜单中的 Main Menu ＞ Preprocessor ＞ Element Type ＞ Add/Edit/Delete 命令，弹出"Element Type"对话框。单击"Add"按钮，弹出"Library of Element Type"对话框。在左右列表中分别选择"Thermal Solid"和"Brick 20node 90"选项，如图 8-4 所示，单击"OK"按钮。

（2）设置材料属性。执行主菜单中的 Main Menu ＞ Preprocessor ＞ Material Props

> Material Models 命令，出现如图 8-5 所示的 "Define Material Model Behavior（定义材料属性）" 对话框。

图8-4　"Library of Element Type" 对话框

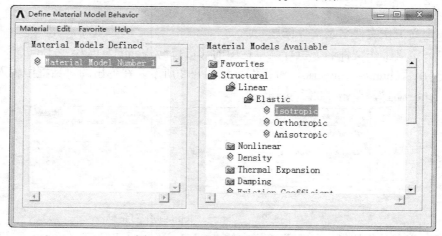

图8-5　"定义材料属性" 对话框

在 Material Model Available 下面的选项连续单击 Structural > Linear > Elastic > Isotropic，出现 "Linear Isotropic Properties for Material Number 1" 对话框，如图 8-6 所示，在 "EX" 后面输入 "1.73E11"，在 "PRXY" 后面输入 "0.3"，单击 "OK" 按钮；然后再次连续单击 Structural > Thermal Expansion > Secant Coefficient > Isotropic 命令，出现如图 8-7 所示的对话框，在 "ALPX" 后面输入 "17.79E-6"，单击 "OK" 按钮；然后再次连续单击 Thermal >

图8-6　"定义弹性模量泊松比" 对话框

Conductivity > Isotropic 命令，弹出 "Conductivity for Material Number 1" 对话框，如图 8-8 所示。在 "KXX" 文本框中输入 "15.1"，单击 "OK" 按钮，这样就完成了对材料 1（设定为管板材料）属性的设置。

图8-7 定义热膨胀系数对话框

图8-8 定义热导率对话框

回到"定义材料属性"对话框，鼠标单击 Material > New Model，出现"Define Material ID"对话框，输入框中显示数字 2，单击"OK"按钮。按照上面的方法完成对材料 2（设定为换热管材料）的设置。材料 2 的参数如下：EX 为 1.72E11、PRXY 为 0.3、ALPX 为 16.56E-6、KXX 为 15.1。

选择菜单 Material > Exit，退出"Define Material Model Behavior"对话框。

3. 建立几何模型

（1）显示工作平面。执行菜单栏中的 Utility Menu > WorkPlane > Display Working Plane 命令。

（2）创建 1/4 换热管。执行菜单栏中的 Utility Menu > WorkPlane > Offset WP by Increments 命令，弹出"Offset WP"对话框，如图 8-9 所示。在"XY，YZ，ZX Angles"对话框一栏输入"0,0,90"，单击"OK"按钮。执行主菜单中的 Main Menu > Preprocessor > Modeling > Create > Volumes > Cylinder > Partial Cylinder，弹出"Partial Cylinder"对话框，如图 8-10 所示，输入图示的数据，然后单击"OK"按钮，生成 1/4 换热管几何模型。

（3）生成管板部分模型。执行主菜单中的 Main Menu > Preprocessor > Modeling

> Create > Volumes > Block > By Dimensions 命令，弹出"Create Block by Dimensions"
对话框，如图 8-11 所示。

图8-9 "Offset WP"对话框

图8-10 "Partial Cylinder"对话框

图8-11 "Create Block by Dimensions"对话框

输入如图所示的数据，单击"OK"按钮，生成左端管板几何模型。执行主菜单中的
Main Menu > Preprocessor > Modeling > Copy > Volumes，弹出"Copy Volumes"对
话框，如图 8-12 所示。用鼠标拾取刚刚生成的管板左端部分模型，弹出另一个"Copy
Volumes"对话框，如图 8-13 所示。在"DX"一栏中输入"0.45"，单击"OK"按钮，生
成的结果如图 8-14 所示。

（4）体布尔操作。执行主菜单中的 Main Menu > Preprocessor > Modeling > Operate
> Booleans > Overlap > Volumes 命令，弹出"Overlap Volumes"对话框，单击"Pick
All"按钮。

（5）打开体编号控制。执行菜单栏中的 Utility Menu > PlotCtrls > Numbering

命令,弹出"Plot Numbering Controls"对话框,如图8-15所示。选择"Volume numbers"复选框,单击"OK"按钮。

图8-12 "Copy Volumes"拾取框 　　　　图8-13 "Copy Volumes"对话框

图8-14 生成的换热管和两端管板部分

图8-15 "Plot Numbering Controls"对话框

(6)删除多余的体。执行主菜单中的 Main Menu > Preprocessor > Modeling > Delete > Volume and Below 命令,弹出"Delete Volume and Below"对话框,鼠标左键拾取编号为4和5的体,生成的结果如图8-16所示。

图8-16 生成的换热管和管板部分的几何模型

4. 生成有限元模型

(1)打开线、面编号控制。执行菜单栏中的 Utility Menu > PlotCtrls > Numbering

命令，弹出如图 8-15 所示的对话框，选择 "Line numbers" 和 "Area numbers" 复选框，单击 "OK" 按钮。

（2）打开 MeshTool 工具栏，划分网格。执行主菜单中的 Main Menu ＞ Preprocessor ＞ Meshing ＞ MeshTool 命令，弹出 "MeshTool" 工具栏，如图 8-17 所示，利用这个工具栏就可以对几何模型进行划分网格操作。

（3）单击 "MeshTool" 工具栏右上角的 "Set" 按钮，弹出如图 8-18 所示的 "Meshing Attributes" 对话框，MAT 一栏中数字是 1，表示给第一种材料（本例中为管板部分）划分网格，这样就可以把材料一的属性赋予管板部分。单击 "Meshing Attributes" 对话框的 "OK" 按钮，关闭此对话框。

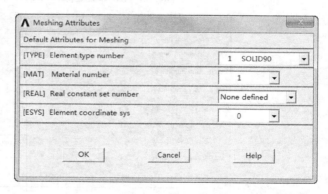

图8-17 "MeshTool" 工具栏　　　图8-18 "Meshing Attributes" 对话框

（4）单击 "MeshTool" 工具栏 Size Controls 下面的 Lines 后面的 "Set" 按钮，弹出 "Element Size on Picked Lines" 对话框，如图 8-19 所示，用鼠标右键局部放大模型左端管板部分结构，鼠标拾取编号为 14、15、18、19 的线，单击 "Element Size on Picked Lines" 对话框的 "OK" 按钮，弹出如图 8-20 所示的对话框。

（5）在 "Element Sizes On Picked Lines" 对话框中，在 "NDIV" 一栏中输入 "10"，即把所选择的线划分为 10 份，单击 "Apply" 按钮，又弹出图 8-19 的 "Element Size on Picked Lines" 对话框，拾取编号为 65、66、67、68 的线，单击 "OK" 按钮，再次弹出图 8-20 的 "Element Sizes On Picked Lines" 对话框，在 "NDIV" 一栏输入 "5"，单击 "Apply" 按钮，再次弹出图 8-19 的 "Element Size on Picked Lines" 对话框，拾取编号为 4、55 的线，单击 "OK" 按钮，弹出图 8-20 的 "Element Sizes On Picked Lines" 对话框，在 "NDIV" 一栏输入 "20"，单击 "Apply" 按钮，再次弹出图 8-19 的 "Element

Size on Picked Lines"对话框，拾取编号为22、23、24、51、53的线，单击"OK"按钮，弹出图8-20的"Element Sizes On Picked Lines"对话框，在"NDIV"一栏输入"20"，单击"OK"按钮。

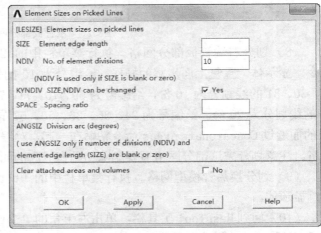

图8-19　"Element Size on Picked Lines"　图8-20　"Element Sizes On Picked Lines"对话框
　　　　对话框

　　（6）执行主菜单中的 Main Menu > Preprocessor > Meshing > Concatenate > Areas，弹出"Concatenate Areas"对话框，如图8-21所示。鼠标拾取编号为10、12的面，单击"OK"按钮。重新回到"MeshTool"工具栏，如图8-17所示，在"Shape"一栏中选择"Hex"和"Mapped"单选框，然后单击"Mesh"按钮，弹出如图8-22所示的"Mesh Volumes"对话框，鼠标拾取编号为9的体，单击"OK"按钮。网格划分后的结果如图8-23所示。

　　（7）删除粘贴在一起的面10和12。执行主菜单中的 Main Menu > Preprocessor > Meshing > Concatenate > Del Concats > Areas 命令，粘贴在一起的面自然分开。

图8-21　"Concatenate Areas"对话框　　　　图8-22　"Mesh Volumes"对话框

图8-23　左管板部分网格

（8）划分右端管板部分网格。执行菜单栏中的 Utility Menu > Plot > Volumes 命令，显示体。重复上面步骤的操作，给编号为 10 的体进行网格划分。给编号为 26、27、30、31 的线划分为 10 份，给编号为 69、70、71、72 的线划分为 5 份，给编号为 5、58 的线划分为 20 份。给编号为 34、35、36、56、57 的线划分为 20 份，将编号为 16、18 的面通过 Concatenate Areas 命令粘贴在一起，对编号为 10（即右端管板部分）划分网格。注意划分完这部分网格后要删除粘贴在一起的面 16 和 18。

（9）划分换热管模型网格。执行菜单栏中的 Utility Menu > Plot > Volumes 命令，显示体。

（10）回到 MeshTool 工具栏，单击右上角的"Set"，弹出"Meshing Attributes"对话框，在 MAT 一栏的下拉菜单中选择 2，如图 8-24 所示，表示给第二种材料划分网格，把第二种材料的参数赋予其本身。

（11）选择编号为 6、7、8 的体。执行：Utility Menu > Select > Entities，弹出"Select Entities"对话框，按图 8-25 所示进行设置，单击"OK"按钮，弹出"Select Entities"拾取框，鼠标拾取编号为 7、8、9 的体，单击"Select Entities"拾取框的"OK"按钮。执行菜单栏中的 Utility Menu > Select > Entities 命令，弹出"Select Entities"对话框，按图 8-26a 所示进行设置，然后单击"Apply"按钮，再按图 8-26b 所示进行设置，单击"OK"按钮。参照前面的方法，把编号为 42、43、49、50 的线分为 20 份，把编号为 1、3、6、8、52、54、59、60 的线分为 4 份，把编号为 61、62、63、64 的线划分为 80 份，划分这三个体，划分完毕后的有限元模型如图 8-27 所示。

图8-24　"Meshing Attributes"对话框　　图8-25　"Select Entities"对话框

（12）进行 Merge 以及压缩编号。执行菜单栏中的 Utility Menu > Select > Everything 命令，然后执行主菜单中的 Main Menu > Preprocessor > Numbering Ctrls

> Merge Items 命令，弹出 "Merge coincident or Equivalently Defined Items" 对话框，如图 8-28 所示，在 Label 一栏的下拉菜单中选择 "ALL" 选项，单击 "OK" 按钮。执行主菜单中的 Main Menu > Preprocessor > Numbering Ctrls > Compress Numbers，弹出 "Compress Numbers" 对话框，如图 8-29 所示，在 Label 一栏的下拉菜单中选择 "ALL" 选项，单击 "OK" 按钮。

a)   b)

图8-26 "Select Entities" 对话框

图8-27 网格划分完毕的有限元模型

（13）关闭 "MeshTool" 工具栏。单击 "MeshTool" 工具栏上的 "Close" 关闭即可。

（14）选择所有并保存网格结果。执行菜单栏中的 Utility Menu > Select > Everything 命令，然后执行菜单栏中的 Utility Menu > File > Save as 命令，出现一个对话框，在 "Save Database to" 下面的输入栏中输入 Pipe_thermal_Mesh.db，单击 "OK" 按钮。

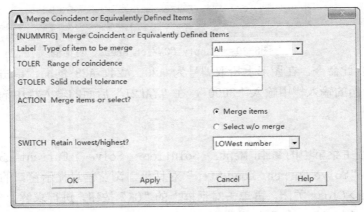

图8-28 "Merge coincident or Equivalently Defined Items" 对话框

图8-29 "Compress Numbers" 对话框

8.2.3 定义边界条件并求解

1. 加载

（1）施加管程对流载荷。执行主菜单中的 Main Menu > Solution > Define Loads > Apply > Thermal > Convection > On Areas 命令，弹出一个拾取框，在图形窗口上拾取编号为 A23、A1、A7、A17、A8、A2、A27 的面，单击"OK"按钮，出现"Apply CONV on areas"对话框，如图 8-30 所示，在"VAL1"后面的输入栏中输入"426"，在"VAL2I"后面的输入栏中输入"200"，单击"OK"按钮。

图8-30 "Apply CONV on areas" 对话框

（2）重复此命令，在图形上拾取编号为 A20、A24、A28 的面，单击"OK"按钮，在"VAL1"后面的输入栏中输入"3000"，在"VAL2I"后面的输入栏中输入"250"，单击"OK"按钮。

2. 求解

（1）执行主菜单中的 Main Menu > Solution > Solve > Current LS，弹出一个信息提示窗口和"Solve Current Load Step"对话框，浏览信息提示窗口的内容，如果无误就单击 File > Close 关闭，再单击对话框上的"OK"按钮，进行求解。当求解结束后，会出现"Solution is done"的提示窗口，关闭就可以了。

（2）保存结果文件。执行菜单栏中的 Utility Menu > File > Save as，弹出一个

对话框,在"Save Database to"下面的输入栏中输入"Pipe_thermal_Result.db",单击"OK"按钮。

8.2.4 查看结果

1. 绘制温度分布云图

(1)执行主菜单中的 Main Menu > General Postproc > Plot Results > Contour Plot > Nodal Solu 命令,弹出"Contour Nodal Solution Data"对话框,如图 8-31 所示。

(2)鼠标选择 Nodal Solution > DOF Solution > Nodal Temperature,单击"OK"按钮,生成的结果如图 8-32 所示。

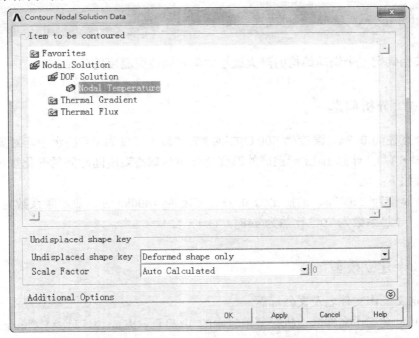

图8-31 "Contour Nodal Solution Data"对话框

图8-32 生成的温度云图

2. 绘制热梯度分布云图

(1)执行主菜单中的 Main Menu > General Postproc > Plot Results > Contour Plot > Nodal Solu 命令,弹出"Contour Nodal Solution Data"对话框。

(2)鼠标选择 Nodal Solution > Thermal Gradient > Thermal Gradient vector sum,单击"OK"按钮,生成的结果图如图 8-33 所示。

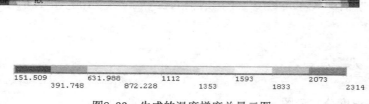

151.509　　　631.988　　　　1112　　　　　1593　　　　　　2073
　　　391.748　　　872.228　　　　　1353　　　　　1833　　　　　2314

图8-33　生成的温度梯度总量云图

8.2.5　命令流方式

命令流执行方式这里不再详细介绍，读者可参见电子文档。

8.3　瞬态热分析实例——钢球淬火

本实例确定一个钢球结构的淬火过程中随时间改变温度的分布。

8.3.1　分析问题

一个直径为 0.2m，温度为 500℃的钢球突然放入温度为 0℃的水中，对流传热系数 650W/（m^2·℃），计算 1min 后钢球的温度场分布和球心温度随时间的变化规律。钢球材料性能参如下：

弹性模量为 220GPa、泊松比为 0.28、密度为 7800kg/m^3、热膨胀系数为 $1.3×10^{-6}$（1/℃）、导热系数为 70、比热为 448J/（kg·℃）。

8.3.2　建立模型

1. 定义工作文件名及文件标题

（1）定义工作文件名。执行菜单栏中的 Utility Menu > File > Change Jobname 命令，弹出"Change Jobname"对话框。在弹出的对话框中输入文件名"Ball_thermal"，单击"OK"按钮。

（2）定义工作标题。执行菜单栏中的 Utility Menu > File > Change Title 命令，弹出"Change Title"对话框。在弹出的对话框中输入"Cooling of a steel ball"，单击"OK"按钮。

（3）关闭坐标符号的显示。执行菜单栏中的 Utility Menu > PlotCtrls > Window Controls > Window Options 命令，弹出"Window Options"对话框。在"Location of triad"下拉列表中选择"Not Shown"选项，单击"OK"按钮。

2. 定义单元类型及材料属性

（1）定义单元类型及单元特性。执行主菜单中的 Main Menu > Preprocessor > Element Type > Add/Edit/Delete 命令，弹出"Element Types"对话框，如图 8-34 所示。

图8-34 "Element Types"对话框

单击"Add"按钮，弹出"Library of Element Type"对话框，如图 8-35 所示。在左右列表中分别选择"Thermal Solid"和"Quad 4node 55"选项，单击"OK"按钮。

图8-35 "Library of Element Type"对话框

单击"Options"按钮，弹出如图 8-36 所示的"PLANE55 element type options"对话框，在 K3 一栏后的下拉列表中选择"Axisymmetric"选项，单击"OK"按钮，然后单击"Element Type"对话框的"Close"按钮，关闭对话框。

图8-36 "PLANE55 element type options"对话框

（2）设置材料属性。执行主菜单中的 Main Menu > Preprocessor > Material Props > Material Models 命令，弹出"Define Material Model Behavior"对话框，如图 8-37 所示。

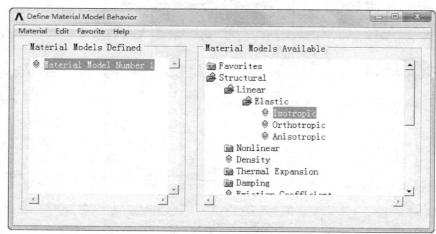

图8-37　"Define Material Model Behavior"对话框

在"Material Model Available"下面的选项连续单击 Structural > Linear > Elastic > Isotropic，出现"Linear Isotropic Properties for Material 1"对话框，如图 8-38 所示，在"EX"后面输入"2.2E11"，在"PRXY"后面输入"0.28"，单击"OK"按钮；然后再次连续单击 Structural > Density，出现"Density for Material Number 1"对话框，如图 8-39 所示，在"DENS"一栏中输入"7800"，单击"OK"按钮；再连续单击 Structural > Thermal Expansion > Secant Coefficient > Isotropic，出现如图 8-40 所示的对话框，在"ALPX"后面输入"1.3E-6"，单击"OK"按钮；然后再次连续单击 Thermal > Conductivity > Isotropic 命令，弹出"Conductivity for Material Number 1"对话框，如图 8-41 所示。在"KXX"文本框中输入"70"，单击"OK"按钮；最后连续单击 Thermal > Specific Heat，出现如图 8-42 所示的"Specific Heat for Material Number 1"对话框，在 C 输入栏输入 448，单击"OK"按钮。最后再次回到图 8-37 所示的对话框，选择"Material"下拉菜单中的"Exit"命令，关闭该对话框。

图8-38　"Isotropic Material Properties"对话框　图8-39　"Density for Material Number 1"对话框

图8-40 "定义热膨胀系数"对话框   图8-41 "定义导热系数"对话框

3. 建立几何模型，并且划分网格，生成有限元模型

(1)建立 1/4 圆面。执行主菜单中的 Main Menu > Preprocessor > Modeling > Create > Areas > Circle > By Dimensions 命令，弹出"Circular Area by Dimensions"对话框，按图 8-43 所示输入数据，单击"OK"按钮。

图8-42 定义比热对话框   图8-43 "Circular Area by Dimensions"对话框

(2)划分网格。执行主菜单中的 Main Menu > Preprocessor > Meshing > Size Cntrls > ManualSize > Lines > All Lines 命令，弹出"Element Sizes on All Selected Lines"对话框，如图 8-44 所示，在"NDIV"一栏中输入"20"，单击"OK"按钮。

图8-44 "Element Sizes on All Selected Lines"对话框

执行 Main Menu > Preprocessor > Meshing > Mesh > Areas > Free 命令，出现

Mesh Areas 拾取框，鼠标选取该面，单击"OK"按钮。

（3）执行菜单栏中的 Utility Menu > Plot > Elements 命令，显示窗口显示生成的有限元模型，如图 8-45 所示。

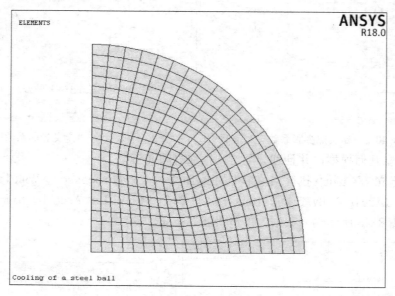

图8-45　网格划分结果显示

8.3.3　定义边界条件并求解

1. 设定分析类型

（1）执行主菜单中的 Main Menu > Solution > Analysis Type > New Analysis 命令，出现"New Analysis"对话框，如图 8-46 所示，选择"Transient"单选按钮，单击"OK"按钮。

（2）然后弹出"Transient Analysis"对话框，如图 8-47 所示，单击"OK"按钮关闭即可。

图8-46　"设定分析类型"对话框　　　　图8-47　"Transient Analysis"对话框

2. 设定载荷步、载荷子步

执行主菜单中的 Main Menu > Solution > Load Step Opts > Time/Frequenc > Time-Time Step 命令，弹出"Time and Time Step Options"对话框，按照图 8-48 所示输入数据，单击"OK"按钮。

图8-48　"Time and Time Step Options"对话框

3. 输出控制

执行主菜单中的 Main Menu > Solution > Load Step Opts > Output Ctrls > DB/Results File，弹出"Controls for Database and Results File Writing"对话框，参照图 8-49 所示进行设置，然后单击"OK"按钮。

4. 打开线编号

（1）执行主菜单中的 Main Menu > PlotCtrls > Numbering，在打开的对话框中选择"Line numbers"复选框，单击"OK"按钮。

（2）执行菜单栏中的 Utility Menu > Select > Entities 命令，弹出"Select Entities"对话框，在第一个下拉选框中选择"Lines"选项，在第 2 个下拉选框中选择"By Num/Pick"选项，然后单击"OK"按钮，出现 Select Lines 的拾取框，在拾取框输入栏里输入 1，单击"OK"按钮。

5. 施加温度载荷

（1）执行主菜单中的 Main Menu > Solution > Define Loads > Apply > Thermal > Temperature > Uniform Temp 命令，弹出"Uniform Temperature"对话框，如图 8-50 所示，在输入栏里输入 500，单击"OK"按钮。

（2）执行菜单栏中的 Utility Menu > Select > Entities 命令，弹出"Select Entities"对话框，在第一个下拉选框中选择"Lines"选项，在第 2 个下拉选框中选择

"By Num/Pick"选项，然后单击"OK"按钮，出现Select Lines的拾取框，鼠标拾取编号为1的线，单击"OK"按钮。

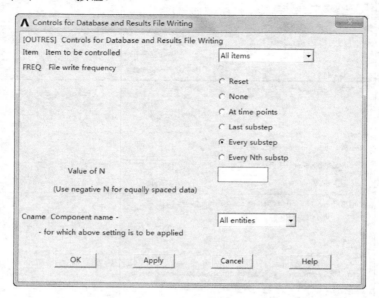

图8-49　"Controls for Database and Results File Writing"对话框

图8-50　"Uniform Temperature"对话框

（3）执行菜单栏中的Utility Menu＞Select＞Entities命令，再次弹出"Select Entities"对话框，按照图8-51所示进行设置，然后单击"OK"按钮。

6．给钢球外壁施加对流及温度载荷

（1）执行主菜单中的Main Menu＞Solution＞Define Loads＞Apply＞Thermal＞Convection＞On Nodes命令，出现Apply CONV on Nodes拾取框，单击"Pick All"按钮，出现"Apply CONV on Nodes"对话框，按图8-52所示进行设置，在VALI Film coefficient输入栏中输入650，在VAL2I Bulk temperature输入栏中输入0，单击"OK"按钮。

（2）执行菜单栏中的Utility Menu＞Select＞Everything命令。

7．保存模型

执行菜单栏中的Utility Menu＞File＞Save as命令，弹出"Save Database"对话框，在"Save Database to"输入栏中输入Ball_thermal.db，保存求解结果，单击"OK"按钮。

8．求解计算

（1）执行主菜单中的Main Menu＞Solution＞Solve＞Current LS命令，弹出一个信息提示窗口和"Solve Current Load Step"对话框，浏览信息提示窗口的内容，如果无误就单击File＞Close关闭，再单击对话框上的"OK"按钮，进行求解。

（2）当求解结束后，会出现 Solution is done 的提示窗口，关闭就可以了。

图8-51　"Select Entities" 对话框　　　图8-52　"Apply CONV on nodes" 对话框

8.3.4　查看结果

1. 温度场分布

执行主菜单中的 Main Menu > General Postproc > Plot Results > Contour Plot > Nodal Solu 命令，弹出 "Contour Nodal Solution Data" 对话框。

选择 Nodal Solution > DOF Solution > Nodal Temperature，单击 "OK" 按钮，计算结果的温度场分布云图如图 8-53 所示。

图8-53　温度场分布云图

2. 生成动画。

执行菜单栏中的 Utility Menu > PlotCtrls > Animate > Over Time 命令，弹出
"Animate Over Time"对话框，按照图 8-54 所示进行设置，单击"OK"按钮，可以得
到整个淬火过程钢球温度分布变化的动态显示。

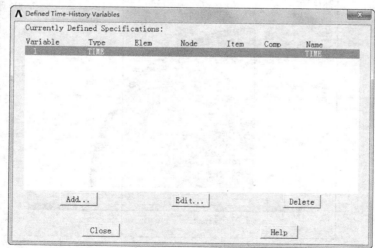

图8-54 "Animate Over Time"对话框

3. 时间历程后处理器

执行主菜单中的 Main Menu > TimeHist Postpro 命令，弹出"Time History
Variables-Ball_thermal.rth"对话框，直接单击右上角的关闭符号关闭即可。

定义分析变量。执行菜单栏中的 Utility Menu > Plot > Elements 命令显示单元。
执行主菜单中的 Main Menu > TimeHist Postpro > Define Variables 命令，弹出 Define
Time-History Variables 列表框，如图 8-55 所示。

图8-55 "Define Time-History Variables"列表框

单击"Add"按钮，弹出"Add Time-History Variables"对话框，如图8-56所示，在对话框中选择"Nodal DOF result"选项，单击"OK"按钮，弹出"Define Nodal Data"对话框，在图形窗口拾取钢球模型中心节点，即两条边线相交的点（节点编号为 22），单击"OK"按钮，弹出"Define Nodal Data"对话框，如图8-57所示，单击"OK"按钮，然后再单击"Close"按钮关闭图8-55所示的列表框。

图8-56 "Add Time-History Variables"对话框

图8-57 "Define Nodal Data"对话框

4. 图形输出设置

执行菜单栏中的 Utility Menu > PlotCtrls > Style > Graphs > Modify Axes，出现"Axes Modifications for Graph Plots"对话框。定义坐标轴名称，参照图8-58进行设置，然后单击"OK"按钮。

设定曲线图得网格线。执行菜单栏中的 Utility Menu > PlotCtrls > Style > Graphs > Modify Grid，出现"Grid Modifications for Graph Plots"对话框，如图8-59所示，在 Type of Grid 后面的选择栏中选择"X and Y Lines"选项，单击"OK"按钮。

5. 观察载荷-位移历程曲线

执行主菜单中的 Main Menu > TimeHist Postpro > Graph Variables，出现"Graph Time-History Variables"对话框，如图8-60所示，在NVAR1后面的数图框里输入2，单击"OK"按钮。

钢球球心的温度-时间历程曲线出现在图形窗口上，如图8-61所示。

退出ANSYS。执行菜单栏中的 Utility Menu > File > Exit 命令，弹出"Exitfrom ANSYS"对话框，选择"Quit-No Save"单选框，单击"OK"按钮关闭ANSYS。

图8-58　"Axes Modifications for Graph Plots" 对话框

图8-59　"Grid Modifications for Graph Plots"
对话框

图8-60　"Graph Time-History Variables"
对话框

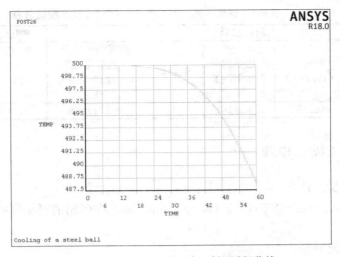

图8-61　钢球球心的温度-时间历程曲线

8.3.5　命令流方式

命令流执行方式这里不再详细介绍，读者可参见电子文档。

8.4　热辐射分析实例——长方体形坯料空冷过程分析

8.4.1　问题描述

一长方形的钢坯料，环境温度为 T_E，钢坯料温度为 T_B，计算 3.7h 后钢坯料的温度分布，几何模型图如图 8-62 所示，有限元模型如图 8-63 所示，材料参数、几何尺寸、边界条件见表 8-1，分析时，温度采用 K，其他单位采用英制单制。

8.4.2　问题分析

本例采用三维 8 节点 SOLID70 六面体热分析单元，结合表面效应单元 SURF152，进行瞬态热辐射的有限元分析。

图8-62　几何模型图

图8-63　有限元模型图

表8-1 钢坯料的材料参数、几何尺寸及温度载荷表

材料参数					几何参数		温度载荷	
传热系数 BTU/s·ft·K	密度/ (lb/ft3)	比热容 Btu/lb·K	辐射率	斯忒藩－波耳兹曼常数 Btu/hr·ft2·K	a /ft	b /ft	T_E /K	T_B /K
10000	487.5	0.11	1	0.1712e-8	1	0.6	530	2000

8.4.3 GUI 操作步骤

1. 定义分析文件名

选择 Utility Menu > File > Change Jobname，在弹出的对话框中输入 Exercise，单击"OK"按钮。

2. 定义单元类型

（1）选择热分析实体单元。选择 Main Menu > Preprocessor > Element Type > Add/Edit/Delete，单击对话框 ADD，选择 Thermal Solid，Brick 8node 70，8 节点三维六面体单元，单击"OK"按钮。

（2）选择表面效应单元。选择 Main Menu > Preprocessor > Element Type > Add/Edit/Delete， 单击对话框 ADD，选择 Surface Effect，3D thermal 152 单元，如图 8-64 所示，单击"OK"按钮。选中 Type 2 SURF152 单元，弹出如图 8-65 所示的对话框，在 K4 中选择 Exclude，在 K5 中选择 Include 1 node，在 K9 中选择 Real const FORMF，单击"OK"按钮。

图8-64 单元类型选择对话框

3. 定义实常数

选择 Main Menu > Preprocessor > Real Constants > Add/Edit/Delete，在弹出的对话框中选择 Type 2 SURF152 单元，弹出如图 8-66 所示的对话框，在 Real Constant Set No. 中输入 2，在 FORMF 中输入 1，在 SBCONST 中输入 1.712e-9，单击"OK"按钮。

4. 定义材料属性

（1）定义钢坯料材料属性。

1）定义热传导系数。选择 Main Menu > Preprocessor > Material Props > Material Mode，单击对话框右侧的 Thermal > Conductivity > Isotropic，在弹出的对话框中输入导热系数 KXX10000，单击"OK"按钮。

2）定义材料的比热容。选择对话框右侧的 Thermal > Specific Heat，在弹出的对

话框 C 中输入比热容 0.11，单击"OK"按钮。

图8-65   单元分析选项更改对话框

图8-66   实常数定义对话框

3）定义材料的密度。选择 Main Menu > Preprocessor > Material Props > Material Models，默认材料编号 1，单击对话框右侧的 Thermal，单击 Density，在框中输入 487.5，单击"OK"按钮。

（2）定义表面效应热辐射参数。单击对话框 Material > New Model，在弹出的对话框单击"OK"按钮，选中材料模型 2，单击对话框右侧的 Thermal > Emissivity，在弹出的对话框 EMIS 中输入 1，单击"OK"按钮。

5. 建立几何模型

选择 Main Menu > Preprocessor > Modeling > Create > Volumes > Block > By Dimensions，在弹出的对话框中 X1、X2、Y1、Y2、Z1、Z2 中分别输入 0、2、0、2、0、4，建立三维几何模型。

6. 设定网格密度

选择 Main Menu > Preprocessor > Meshing > Size Contrls > ManualSize > Global > Size，在 NDIV 框中输入 1，单击"OK"按钮。

7. 划分网格

选择 Main Menu > Preprocessor > Meshing > Mesh > Volumes > Mapped > 4 to 6 sides，选择 Pick All。

8. 建立表面效应单元

（1）设置单元属性。选择 Main Menu > Preprocessor > Modeling > Create > Elements > Element Attributes，弹出如图 8-67 所示的对话框，在弹出的对话框中的 TYPE、MAT、REAL 选择 2，单击"OK"按钮。

（2）建立空间辐射节点。选择 Main Menu > Preprocessor > Modeling > Create > Nodes > In Active CS，在弹出的对话框中的 NODE 和 X，Y，Z，THXY，THYZ，THZX 中输入 100 和 5，5，5，0，0，0，单击"OK"按钮。

（3）建立表面效应单元。选择 Main Menu > Preprocessor > Modeling > Create > Elements > Surf/Contact > Surf Effect > General Surface > Extra Node，在弹出的对话框中单击 Min、Max、Inc，输入 1、8、1，后按 Enter 键，单击"OK"按钮，在弹出的对话框中单击 Min，Max，Inc，输入 100 后按 Enter 键，单击"OK"按钮，完成以上操作，所建立的有限元模型如图 8-68 所示。

9. 施加温度载荷

（1）施加空间温度载荷。选择 Main Menu > Solution > Define Loads > Apply > Thermal > Temperature > on Nodes，选择 100 号节点，弹出的如图 8-69 所示的对话框，在 Lab2 中选择 TEMP，在 VALUE 中输入 530，单击"OK"按钮。

（2）施加钢坯料温度载荷。选择 Main Menu > Solution > Define Loads > Apply > Thermal > Temperature > Uniform Temperature，在弹出的对话框中输入 2000，如图 8-70 所示，单击"OK"按钮。

图8-67　单元属性设置对话框

图8-68　有限元模型图

10. 设置求解选项

（1）选择 Main Menu > Solution > Analysis Type > New Analysis，在弹出的对

话框中选择 Transient，单击"OK"按钮，在弹出的对话框单击"OK"按钮，关闭对话框。

图8-69　空间温度载荷施加对话框

图8-70　钢坯料温度载荷施加对话框

（2）选择 Main Menu > Solution > Load Step Opts > Solution Ctrl，弹出如图 8-71 所示对话框，在 SOLCONTROL 中设置为 OFF。

（3）选择 Main Menu > Solution > Load Step Opts > Time/Frequenc > Time-Time Step，弹出如图 8-72 所示的对话框，在 TIME 中输入 3.7，DELTIM 中输入 0.005，在 KBC 中选择 Stepped，在 AUTOTS 中设置为 ON，单击"OK"按钮。

图8-71　非线性求解控制设置对话框

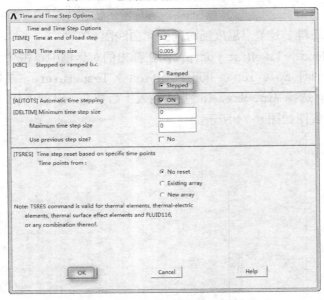
图8-72　求解控制设置对话框

（4）选择 Main Menu > Solution > Analysis Type > Solution Controls，在弹出的对话框中，在 Frequency 选择 Write every substep，单击"OK"按钮。

11. 存盘

选择 Utility Menu > Select > Everything，单击"ANSYS Toolbar SAVE_DB"。

12. 求解

选择 Main Menu > Solution > Solve > Current LS，进行计算。

13. 显式温度场分布云图

选择 Utility Menu > PlotCtrls > Window Controls > Window Options，在弹出的对话框中，在 INFO 中选择 Legend ON，单击"OK"按钮。选择 Main Menu > General Postproc > Read Results > Last Set，读最后一个子步的分析结果，选择 Main Menu > General Postproc > Plot Results > Contour Plot > Nodal Solu，选择 Temperature TEMP，如图 8-73 所示。

图8-73　温度场分布云图

14. 显示钢坯料 1 号节点温度随时间变化曲线图

选择 Main Menu > TimeHist Postpro，在弹出的对话框中单击 ┴ 图标，在弹出的对话框中，单击 Nodal Solution > DOF Solution > Temperature，单击"OK"按钮。在弹出的对话框中，选择 Min、Max、Inc 后，输入 1 后按 Enter 键确认，单击"OK"按钮，单击 ▲ 图标，曲线图如图 8-74 所示。

图8-74　钢坯料1号节点温度随时间变化曲线图

15. 退出 ANSYS

单击 ANSYS Toolbar 中的"QUIT",选择"Quit No Save!"后单击"OK"按钮。

8.4.4 命令流方式

命令流执行方式这里不再详细介绍,读者可参见电子文档。

第 **9** 章

参数化与自适应网格划分

本章介绍高级分析技巧。ANSYS 除了基本的分析功能外，还有许多高级的分析功能，本章介绍的这些功能包括：参数化设计语言、自适应网格划分等。

- 自适应网格划分
- 自适应网格划分实例
- 参数化设计语言
- 参数化设计语言实例

9.1 自适应网格划分

　　程序自动估计网格划分误差，并将自动细化网格以减少因为网格划分带来的误差，这一自动估计网格划分误差并细化网格的过程就叫作自适应网格划分。

　　ANSYS 程序提供了近似的技术自动估计特定分析类型中因为网格划分带来的误差。通过这种误差估计，程序可以确定网格是否足够细。如果不够的话，程序将自动细化网格以减少误差。这一自动估计网格划分误差并细化网格的过程就叫作自适应网格划分，然后通过一系列的求解过程使得误差低于用户指定的数值（或直到用户指定的最大求解次数），如图 9-1 所示为选择自适应能改进有应力集中的模型。

图9-1　选择自适应能改进有应力集中的模型

9.1.1　自适应网格的条件

　　自适应网格划分必须要具有一定的先决条件，这些先决条件是：

　　◆ ANSYS 软件中包含一个预先写好的宏 ADAPT.MAC，完成自适应网格划分的功能。用户的模型在使用这个宏之前必须满足一些特定的条件（在一些情况下，不满足要求的模型也可以用修正的过程完成自适应网格划分，下面还要讨论）。这些要求包括：

　　◆ 标准的 ADAPT 过程只适用于单次求解的线性静力结构分析和线性稳态热分析。

　　◆ 模型最好使用一种材料类型，因为误差计算是根据应力平均结点进行的，在不同材料过渡位置往往不能进行计算，而且单元的能量误差是受材料弹性模量影响的。因此，在两个相邻单元应力连续的情况下，其能量误差可能由于材料特性不同而不一样。在模型中同样应该避免壳厚突变，这也可能造成在应力平均上发生问题。

　　◆ 模型必须使用支持误差计算的单元类型。

　　◆ 模型必须是可以划分网格的，即模型中不能有引起网格划分出错的部分。

9.1.2　自适应网格过程

　　1. 自适应网格划分步骤

◆ 像其他线性静力分析或稳态热分析一样，先进入前处理器，然后指定单元类型。实参和材料特性要满足上面提到的条件。

◆ 用实体建模过程建立模型，用可以划分网格的面或体建模，不需指定单元大小也不用划分网格，ADAPT 宏会自动划分网格。

◆ 在 PREP7 中或在 SOLUTION 中指定分析类型、分析选项、载荷和载荷步选项。在一个载荷步中仅施加实体模型载荷和惯性载荷（加速度、角加速度和角速度）。

◆ 如果在 PREP7 中，退出前处理器[FINISH]。

用下列方法激活自适应求解。

Command：ADAPT

注意

可以在热或结构分析中使用 ADAPT 宏，但不能在一次自适应分析中同时进行这两种不同类型的计算。在自适应网格划分的迭代过程中，单元的大小将作调整以减小或增加单元能量误差，直到误差满足指定的数值（或指定的最大求解次数）为止。

当自适应网格计算收敛时，程序自动将单元形状检查并打开[SHPP, ON]。然后返回 SOLUTION 或初始状态，这取决于激活 ADAPT 的状态。接下来可以进入 POST1，用标准操作进行后处理。

2．修改基本过程

如果用户清楚某个部分网格划分的误差相对影响较小时（如应力水平较低且变化较小），可以将这些区域从自适应网格划分中排除以加快分析速度。同样，用户也许想将接近应力奇异点的部分（如集中载荷）排除掉。选择逻辑操作可以解决这类问题。

如果选择了一个关键点集，ADAPT 宏仍将包含所有的关键点（在选择的和未选择的关键点都做网格改动），除非将 ADAPT 命令中 KYKPS 设为 1。

如果选择了一个面或体集，ADAPT 宏将只在选择的区域调整网格大小，此时必须在激活 ADAPT 宏之前在 PREP7 中对整个模型进行网格划分。

3．用户子程序定制 ADAPT 宏

标准的 ADAPT 宏并不能满足特定的分析需要。例如，用户可能想同时对面和体进行网格划分，这在标准宏当中是不可以的。对于这种或其他一些类似情况，可以对 ADAPT 宏进行修改使之适用于特定的分析。ANSYS 程序用宏这种方式完成自适应网格划分，本身就使得用户可以对其进行相应的修改以适应不同的要求。方便的是，用户不用总是通过修改 ADAPT 代码的方式来定制宏。宏的 3 个部分可以用用户子程序的方法来修改，这个方法将 ADAPT 宏和用户文件分开，用户可以生成子程序由 ADAPT 宏来调用。这 3 个部分是：网格划分命令序列、边界条件命令序列和求解命令序列。相应的用户子程序名为 ADAPTMSH. MAC、ADAPTBC. MAC 和 ADAPTSOL. MAC。这 3 个子程序的功能：生成用户网格划分子程序（ADAPTMSH. MAC）、生成用户边界条件子程序（ADAPTBC. MAC）、生成用户求解子程序（ADAPTSOL. MAC）

4．定制 ADAPT 宏(UADAPT. MAC)

有些情况下用户需要修改 ADAPT 宏但不能通过单独的用户子程序的方式，那么就需要直接修改 ADAPT 宏的主体。但是，因为某些原因，不推荐直接对 ADAPT 宏进行修改（例如，别的用户和你同时使用一个软件，在调用 ADAPT 宏时会发现宏被修改了）。因此，在 ANSYS 安装中支持一个宏的复制文件 UADAPT.MAC，便于用户修改。

如果对 UADAPT.MAC 文件进行了修改，建议对修改后的文件取一个新的文件名。然后在调用时输入这个文件名。要知道的是，如果新文件名是一个"unknown command"，ANSYS 将搜索上级目录，然后是登录的目录，最后是工作目录，直到找到这个宏为止。如果修改的宏只能为一个用户使用，那么存储的位置应在用户登录目录的层次之下（不能等于或高于这个目录层次）。这样，存储的低层次的文件可以通过*USE 命令来调用。

5．自适应网格划分的一些说明

下面的建议可能有助于自适应网格划分的使用。

◆ 不需指定初始网格大小，但指定大小可能有利于自适应收敛。如果指定了关键点网格大小，ADAPT 宏在第一次循环时使用这个值，然后在随后的循环中进行调整。

◆ 如果定义了线分段数或大小比例，ADAPT 宏将在每次循环中都使用这个数值而不作改变。如果没有定义任何形式的网格份数，在初始网格划分时将使用默认的网格大小。

◆ 映射网格划分适用于 2D 实体和 3D 壳单元，但面的映射划分效果不明显。

◆ 映射网格划分适用于 3D 实体。对体进行映射划分比自由划分效果要好得多。

◆ 总体上说，在自适应网格中有中间结点的单元比线性单元要好。

◆ 不要用集中载荷或尖角等引起奇异性的结构，因为此时 ADAPT 在这些奇异点处能量值将不收敛。如果模型中有集中载荷时，将其用施加在一个小面上的压力等效（或通过选择将奇异部分排除在自适应网格划分之外）。

◆ 在许多情况下，用一系列相对小的区域替代少数几个大的区域将得到更好的网格划分。

◆ 如果最大响应位置已知或事先可以推测，就在附近放置一个关键点。

◆ 如果是在交互方式下运行 ADAPT，而 ANSYS 在没有提示出错信息时突然退出，可以在 Jobname.ADPT 文件中查看自适应网格划分部分以确定出错原因。同样，在批处理方式下运行 ADAPT 时，可以看 Jobname.ADPT 确定出错原因。

◆ 如果模型中有些区域有过度的扭曲时，在网格划分中就会出错。在这种情况下，用 KESIZE 命令中的 SIZE 域指定扭曲区域附近关键点的最大单元长度。同时，ADAPT 命令中的 FACMX 将设为 1，阻止过度扭曲部分单元大小增加。

◆ 应当存储结果文件（Jobname.RST 或 Jobname.RTH）。在 ADAPT 运行过程中程序如果发生中断，结果文件中将保存 ADAPT 过程已完成求解的内容。

◆ 在自适应网格运行之前应输入 SAVE 命令。在程序出错中断时，可以用 Jobname.db 重新启动计算。

9.2 自适应网格划分实例——平板受热

本节将通过一个实例来说明自适应网格划分的具体过程。

📖9.2.1 问题描述

求解结构，在承受热载荷时 E 点的温度。几何尺寸和材料特性等参数如图 9-2 所示。
分析过程：

图9-2 几何尺寸及材料参数

📖9.2.2 建立模型

1. 设定分析作业名

（1）从实用菜单中选择 Utility Menu：File > Change Jobname 命令，将打开"Change Jobname（修改文件名）"对话框，如图 9-3 所示。

图9-3 "修改文件名"对话框

（2）在"Enter new jobname（输入新的文件名）"文本框中输入文字"example9-4"，为本分析实例的数据库文件名。

（3）单击"OK"按钮，完成文件名的修改。

2. 设定分析标题

（1）从实用菜单中选择 Utility Menu：File > Change Title 命令，将打开"Change Title（修改标题）"对话框，如图 9-4 所示。

（2）在"Enter new title（输入新标题）"文本框中输入文字"STRESS CONCENTRATION

AT A HOLE IN A PLATE",为本分析实例的标题名。

图9-4 "修改标题"对话框

（3）单击"OK"按钮，完成对标题名的指定。

（4）从实用菜单中选择 Utility Menu：Plot > Replot 命令，指定的标题"STRESS CONCENTRATION AT A HOLE IN A PLATE"将显示在图形窗口的左下角。

3．定义单元类型

（1）从主菜单中选择 Main Menu：Preprocessor > Element Type > Add/Edit/Delete 命令，将打开"Element Type（单元类型）"对话框。

（2）单击"OK"按钮，将打开"Library of Element Type（单元类型库）"，如图 9-5 所示。

图9-5 "单元类型库"对话框

（3）在左边的列表框中选择"thermal Solid"选项，选择实体单元类型。

（4）在右边的列表框中选择"Quad 4node 55"选项，选择四节点矩形板单元 PLANE55。

（5）单击"OK"按钮，将 PLANE55 单元添加，并关闭单元类型对话框，同时返回到第（1）步打开的单元类型对话框，如图 9-6 所示。

（6）单击"Close"按钮，关闭单元类型对话框，结束单元类型的添加。

4．定义材料属性

（1）从主菜单中选择 Main Menu：Preprocessor > Material Props > Material Model 命令，将打开"Define Material Model Behavior（定义材料模型属性）"窗口，如图 9-7 所示。

（2）依次单击 Thermal > Conductivity > Isotropic，展开材料属性的树形结构。将打开 1 号材料的弹性模量和泊松比对话框，如图 9-8 所示。

（3）在对话框的"KXX"文本框中输入弹性模量 52.0。

（4）单击"OK"按钮，关闭对话框，并返回到"定义材料模型属性"窗口，在此窗口的左边一栏出现刚刚定义的参考号为 1 的材料属性。

（5）在"Define Material Model Behavior"窗口中，从菜单选择 Material > Exit

命令，或者单击右上角的"X"按钮，退出定义材料模型属性窗口，完成对材料模型属性的定义。

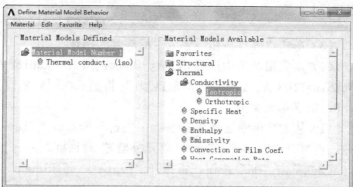

图9-6 "单元类型"对话框   图9-7 "定义材料模型属性"窗口

5. 建立模型

（1）定义关键点1、2、3、4、5。

1）从主菜单中选择Main Menu：Preprocessor＞Modeling＞Create＞Keypoints＞In Active CS …命令。

2）在"Keypoint number"文本框中输入1，X=0，Y=0，单击"Apply"按钮，如图9-9所示。

图9-8 线性各向同性材料的弹性模量和泊松比   图9-9 定义一个关键点

3）在"Keypoint number"文本框中输入2，X=0.6，Y=0，单击"Apply"按钮。

4）在"Keypoint number"文本框中输入3，X=0.6，Y=1.0，单击"Apply"按钮。

5）在"Keypoint number"文本框中输入4，X=0，Y=1.0，单击"Apply"按钮。

6）在"Keypoint number"文本框中输入5，X=0.6，Y=0.2，单击"OK"按钮。

（2）将点连结成线。

1）从主菜单中选择Main Menu：Preprocessor＞Modeling＞Create＞Lines＞Lines＞Straight Line命令 。

2）分别拾取如图的关键点1和2，2和5，5和3，3和4，4和1，然后单击"OK"

按钮，如图 9-10 所示。

3）创建线的结果如图 9-11 所示。

图9-10 创建线

图9-11 创建线的结果

（3）用当前定义的所有线创建一个面。

1）从主菜单中选择 Main Menu：Preprocessor ＞ Modeling ＞ Create ＞ Areas ＞ Arbitrary ＞ By Lines 命令。

2）选择线 1、2、3、4、5，单击"OK"按钮，如图 9-12 所示。

（4）定义分析类型。

1）从主菜单中选择 Main Menu：Preprocessor ＞ Loads ＞ Analysis Type ＞ New Analysis 命令。

2）选择 Steady-State，单击"OK"按钮，如图 9-13 所示。

图9-12 选择线

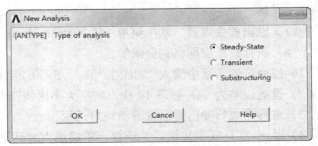

图9-13 选择分析类型

9.2.3 定义边界条件并求解

1. 施加载荷

（1）定义关键点温度。

1）从主菜单中选择 Main Menu：Preprocessor ＞ Loads ＞ Define Loads ＞ Apply ＞ Thermal ＞ Temperature ＞ On Keypoints 命令。

2）在选择关键点对话框中输入 1,2 选择 1,2 号关键点，单击"OK"按钮，如图 9-14 所示。

3）在打开的对话框中，在"DOFs to be constrained"列表框中选择"TEMP"，在"Load TEMP value"输入框中输入"100"，设置"Apply TEMP to nodes"为"Yes"，单击"OK"按钮，如图 9-15 所示。

图9-14　选择关键点　　　　　　　　图9-15　施加温度载荷

（2）在线上施加对流载荷。

1）从主菜单中选择 Main Menu：Preprocessor ＞ Loads ＞ Define Loads ＞ Apply ＞ thermal ＞ convection ＞ On Lines。

2）在选择线对话框中输入 2,3,4 选择 2,3,4 号线，单击"OK"按钮，如图 9-16 所示。

3）在施加对流对话框中，设置"Film coefficient"的值为 750，设置"Bulk temperature"的值为 0，如图 9-17 所示。

2. 求解

（1）退出前处理器。从主菜单中选择 Main Menu：Finish。

（2）进行自适应网格划分求解。

1）在命令输入框中输入"ADAPT, 10, ,5, 0.2, 1"。

2）设置误差为 5%，循环 10 次，网格大小比例在 0.2～1 之间 LOOPS（循环）。

3）求解完成后弹出提示求解结束对话框。

4）单击"Close"按钮，关闭提示求解结束对话框。

5）自适应划分的网格如图 9-18 所示。

图9-16 选择线

图9-17 设置对流载荷

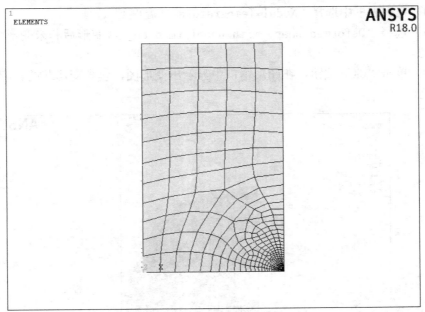

图9-18 自适应网格

9.2.4 查看结果

（1）从主菜单中选择 Main Menu：General Postproc > Plot Result > Contour Plot > Nodal Solu 命令，打开"Contour Nodal Solution Data（等值线显示节点解数据）"对话框，如图 9-19 所示。

（2）在"Item to be contoured（等值线显示结果项）"域中选择"DOF solution（自由度解）"选项。

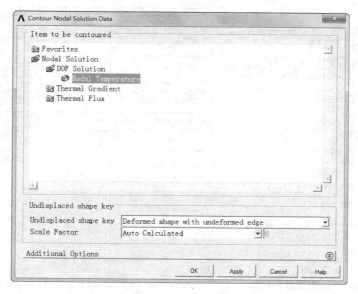

图9-19 "等值线显示节点解数据"对话框

（3）在列表框中选择"Nodal Temperature （温度）"选项。

（4）选择"Deformed shape with undeformed edge（变形后和未变形轮廓线）"单选按钮。

（5）单击"OK"按钮，在图形窗口中显示出变形图，包含变形前的轮廓线，如图9-20所示。

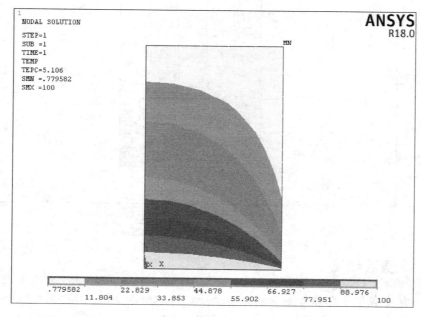

图9-20 温度结果

图 9-20 中下方的色谱表明不同的颜色对应的数值（带符号）。

📖9.2.5 命令流

本实例的命令流如下:

```
/FILNAME, example9-4, 0
!设定分析作业名
/TITLE, stress concentration of a plate with a hole
!设定分析标题
! /REPLOT
/PREP7
!*
ET, 1, PLANE55
! 定义单元类型
!*
!*
MPTEMP,,,,,,,,,
MPTEMP, 1, 0
MPDATA, KXX, 1, , 52.0
! 定义材料属性
K, 1, , , ,
K, 2, 0.6, , ,
K, 3, 0.6, 1, ,
K, 4, 0, 1, ,
K, 5, 0.6, 0.2, ,
LSTR,          1,          2
LSTR,          2,          5
LSTR,          5,          3
LSTR,          3,          4
LSTR,          4,          1
FLST, 2, 5, 4
FITEM, 2, 1
FITEM, 2, 2
FITEM, 2, 3
FITEM, 2, 4
FITEM, 2, 5
AL, P51X
! SAVE,  example9-2, db,
!*
ANTYPE, 0
! 建立模型
FLST, 2, 2, 3, ORDE, 2
FITEM, 2, 1
FITEM, 2, -2
!*
```

```
/GO
DK, P51X, , 100, , 1, TEMP, , , , , ,
FLST, 2, 3, 4, ORDE, 2
FITEM, 2, 2
FITEM, 2, -4
/GO
FLST, 2, 3, 4, ORDE, 2
FITEM, 2, 2
FITEM, 2, -4
/GO
!*
SFL, P51X, HFLUX, ,
FLST, 2, 1, 4, ORDE, 1
FITEM, 2, 2
FLST, 2, 1, 4, ORDE, 1
FITEM, 2, 2
/GO
FLST, 2, 3, 4, ORDE, 2
FITEM, 2, 2
FITEM, 2, -4
/GO
FLST, 2, 3, 4, ORDE, 2
FITEM, 2, 2
FITEM, 2, -4
/GO
!*
SFL, P51X, CONV, 750, , 0,
! 施加载荷
FINISH
adapt, 10, , 5, 0.2, 1
! 求解
/POST1
! /EFACE, 1
!*
! PLNSOL, TEMP, , 2,
! 查看结果
```

9.3 参数化设计语言

　　参数设计语言用建立智能分析的手段为用户提供了自动完成了定义模型及其载荷、求解和解释结果的功能。

9.3.1 参数化设计语言介绍

进行有限元分析的标准过程包括：定义模型及其载荷、求解和解释结果，如果求解结果表明有必要修改设计，那么就必须改变模型的几何形状并重复上述步骤，特别当模型较复杂或修改较多时，这个过程可能很烦琐和费时。

ANSYS 参数设计语言（APDL）用建立智能分析的手段为用户提供了自动完成上述循环的功能，也就是说程序的输入可设定为根据指定的函数、变量以及选出的分析标准做决定。APDL 允许复杂的数据输入，使用户实际上对任何设计或分析属性有控制权，如尺寸、材料、载荷、约束位置和网格密度等。APDL 扩展了传统有限元分析范围之外的能力，并扩充了更高级运算，包括灵敏度研究、零件库参数化建模、设计参数及设计优化。

9.3.2 参数化设计语言的功能

所有全局控制特性、允许按需求改变该程序以满足特定的建模和分析需要。通过精心计划，能创建一个高度完善的控制方案。该方案将在特定的应用范围内使程序发挥最大效率。下面具体介绍一下 APDL 的成分和功能。

1. 参数

APDL 允许用户通过指定或程序计算给变量（参数）赋值，在 ANSYS 运行中的任一时刻都能定义参数。另外，可将参数保存在一个文件中供以后的 ANSYS 运行过程或其他运行和报告使用。参数性能提供了对程序进行控制和简化数据输入的有效方法。

参数可以定义成常数值，也可以用参数表达式的当前值定义，甚至可以是一个字符串。例如，用户可以用命令 PI=3.14159 定义参数 PI，这个参数一旦定义，在此之后，任何的参数域若使用 PI，本程序就会用值 3.14159 替代。通过条件检测也能定义常数参数。例如，命令 A=B＜5.7 表示如果 B 小于 5.7 程序就把 B 的当前值赋给 A，否则，A 就等于 5.7。

2. 数组参数

工程分析所需要和所产生的数据类型，有时用表格形式表示更易理解。ANSYS 数组参数的功能使这类数据的处理很便利。

有 3 种类型的数组参数。第一类由简单整理成表格形式的离散数据组成。第二类就是通常所说的表式数组参数表，也是由整理成表格形式的数据组成，然而，这种参数类型允许在两个指定的表格项间进行线性插值。另外，表式数组参数可以用非整数数值作为行和列的下标，这些特性使表式数组参数表成为数据输入和结果处理的有力工具。第三类数组参数是字符串，由文字组成。

使用数组参数能简化数据输入。例如，随时间变化的力函数可用表式数组，这样数据点输入最少，ANSYS 程序能计算出未定义时间点的力值。数据输入方面的应用还有（但不仅限于）响应频谱曲线、应力-应变曲线和材料温度曲线。

3. 表达式和函数

另一个与数组参数有关的特性是向量和矩阵运算的能力。向量运算（用于列向量）包括加、减、点积、矢积及许多其他运算；矩阵运算包括矩阵乘法、转置计算及联立方程求解。在 ANSYS 运行中任何时刻数组参数（以及其他参数）能以 FOTRAN 实数的形式写入文件，写出的文件可用于 ANSYS 的其他应用及计算报告的编写。

4. 分支和循环

智能分析需要一个决定作用的框架，利用分支和循环性把这个框架提供给 ANSYS 程序，循环使用户避免了冗长的命令重复，而分支为用户提供了控制程序全局和指导程序完成分析的能力。

分支利用传统的 FORTRAN GO 和 IF 语句引导程序按非连续顺序读取命令，GO 命令批示程序转到用户标定的输入行，IF 命令是条件转移语言，只有当满足给定的条件时，该命令才批示程序转到另一行。ELSE 语句也有效，它批示程序根据现行的条件执行几个动作中的一个，IF 命令可以包含用户指定的或 ANSYS 计算出的参数做评估条件。最简单的分析命令：GO 指引程序转到特定的标记而不执行中间部分的命令。最常见的分支结构为 IF——THEN——ELSE，使用*IF、*ELSE IF 和*ENDIF。

分支命令能引导程序根据实际模型或分析做决定，该命令允许带参数，且允许部分输入值随计算出的某些量值改变。

循环通过典型的 DO 循环指令实现，这个指令表示程序重复一串命令，循环的次数由计算器或其他循环的控制器来控制，控制器完全根据给定条件的状态决定程序是继续循环还是退出循环。

5. 重复功能和缩写

重复功能通过去除命令串中不必要的重复简化命令输入，在一个输入序列中输入重复命令*REPEAT 时，程序立即将前面的命令重复执行指定的次数。被重复的命令执行起来就像输入的一样，每重复一次，命令变量就会增加。这些功能可大大简化程序模型构造，在模型开发中可以用重复功能产生节点、关键点、线段、边界条件及其他模型属性。

缩写能用于简化命令输入，一旦一个缩写定义好，就能在命令输入流的任何地方使用。

6. 宏

宏是一系列保存在一个文件中并能在任何时间在 ANSYS 运行中执行的 ANSYS 命令集。宏文件可用系统编辑器或从 ANSYS 程序内部建立，它可以包括 APDL 特性的任何内容，像参数、重复功能、分支等。

在 ANSYS 内部建立宏时，指定复制程序命令集到一个特定的文件，当宏被建立时它们自动地存贮在目录中，在此后，数据输入过程的任意时刻，都能批示程序使用宏文件的命令序列。

在分析中，宏可被重复任意多次并可嵌套多达 10 层。一个分析中使用宏的数目没有限制，每个宏同样能用于其他分析。常用的宏可成组地放入宏库文件，并能单独在任何 ANSYS 中运行使用。宏最显而易见的用法之一是简化重复的数据输入。例如，模型表面的几个洞建立网格需要相同的建网格命令，很典型地，建模中对每个洞都必须重复建立网格所必需的一串命令，而用户可以建立一个网格命令的宏，当每个洞要建网格时用户可以批示程序使用宏文件。其他类型的应用也是免去重复的命令输入。

在宏内普遍使用的一个 APDL 特性（而且可以用于任何读入 ANSYS 的文件）是*MSG命令，该命令允许将参数和用户提供的信息写入用户可控制的有格式的输出文件，这些信息可以是一个简单的注释、一个警告、一个错误信息，甚至是一个致命的错误信息（后面两项可能想起运行中止），这就允许用户在 ANSYS 内部创建特定的报告或产生可用外部程序读出的有格式的输出文件。

宏带参数是宏更复杂的应用，并且功能也更强，这一功能允许在分析内部建立输入子程序。宏可被看作用户定义的命令。当输入一个 ANSYS 程序不认识的命令名时，在目录结构中将建立一个检查序列，如果发现了相同名字的宏，那么，它将被执行。用户可指定宏文件的路径名，为使宏能用于任何 ANSYS 运行中，可以把常用的宏成组放入单独的目录中。

ANSYS 程序提供了几个预先写好的宏，如自适应网格划分宏命令、动画宏命令等。

7. 用户子程序

虽然不能严格地把用户子程序考虑为 APDL 的一部分，但是用户子程序功能允许用户在程序内部扩充专用算法，从而增加了程序的灵活性。ANSYS 程序的开放式结构允许用户写个 FORTRAN 子程序并把它与 ANSYS 代码程序连接在一起。可用的用户子程序包括：

◆ 用户定义的命令，增强 ANSYS 能力。
◆ 用户构造的单元，一旦定义好就可以同其他 ANSYS 单元一样使用。
◆ 替换 100 层复合壳和实体单元（SHELL99 和 SOLID46）的失效准则。
◆ 用户自定义蠕变和材料膨胀方程。
◆ 定义塑性材料行为准则等。

9.4 参数化设计语言实例——悬臂梁

本节将通过一个梁的实例来介绍参数设计语言的使用。

9.4.1 分析问题

假设梁如图 9-21 所示，在有限元模型中，规划长度小于 0.5 时，分割为 5 个元素，0.5～1 时分割为 10 个元素，1～1.5 分割为 15 个元素。

建立模型包括设定分析作业名和标题、定义单元类型和实常数、定义材料属性、建立几何模型、划分有限元网格。

图9-21　用参数化设计语言进行网格划分

9.4.2 建立模型

1. 设定分析作业名和标题

在进行一个新的有限元分析时，通常需要修改数据库名，并在图形输出窗口中定义一个标题来说明当前进行的工作内容。另外，对于不同的分析范畴（结构分析、热分析、流体分析、电磁场分析等），ANSYS 所用的主菜单的内容不尽相同，为此，需要在分析开始时选定分析内容的范畴，以便 ANSYS 显示出与其相对应的菜单选项。

（1）从实用菜单中选择 Utility Menu：File > Change Jobname 命令，将打开"Change Jobname（修改文件名）"对话框，如图 9-22 所示。

图9-22 "修改文件名"对话框

（2）在"Enter new jobname（输入新的文件名）"文本框中输入文字"example9-2"，为本分析实例的数据库文件名。

（3）单击"OK"按钮，完成文件名的修改。

（4）从实用菜单中选择 Utility Menu：File > Change Title 命令，将打开"Change Title（修改标题）"对话框，如图 9-23 所示。

（5）在"Enter new title（输入新标题）"文本框中输入文字"the use of APDL on beam"，为本分析实例的标题名。

（6）单击"OK"按钮，完成对标题名的指定。

（7）从实用菜单中选择 Utility Menu：Plot > Replot 命令，指定的标题"the use of APDL on beam"将显示在图形窗口的左下角。

（8）从主菜单中选择 Main Menu：Preference 命令，将打开"Preference of GUI Filtering（菜单过滤参数选择）"对话框，选中"Structural"复选框，单击"OK"按钮确定。

2. 定义参数

从实用菜单中选择 Utility Menu：Parameters > Scalar Parameters…命令，定义参数，如图 9-24 所示。

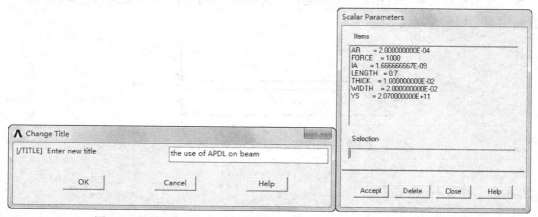

图9-23 "修改标题"对话框　　　　　　　　　图9-24 定义参数

3．定义单元类型

选用 Beam3 单元作为分析的有限单元类型。

在命令窗口输入以下程序段：

```
ET, 1, BEAM3
```

4．定义实常数

本实例中选用 Beam 3 单元，需要设置实常数。在命令窗口输入以下程序段：

```
R, 1, AR, IA, THICK, , , ,
```

5．定义材料属性

考虑惯性力的静力分析中必须定义材料的弹性模量和密度。具体步骤如下：

（1）从主菜单中选择 Main Menu：Preprocessor＞Material Props＞Materia Model 命令，将打开"Define Material Model Behavior（定义材料模型属性）"窗口，如图 9-25 所示。

图9-25　"定义材料模型属性"窗口

（2）依次单击 Structural ＞ Linear ＞ Elastic ＞ Isotropic，展开材料属性的树形结构。将打开 1 号材料的弹性模量 EX 和泊松比 PRXY 的定义对话框，如图 9-26 所示。

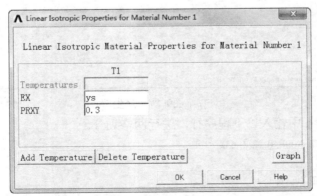

图9-26　线性各向同性材料的弹性模量和泊松比的定义对话框

（3）在对话框的 EX 文本框中输入弹性模量 ys，在 PRXY 文本框中输入泊松比 0.3。

（4）单击"OK"按钮，关闭对话框，并返回到定义材料模型属性窗口，在此窗口的左边一栏出现刚刚定义的参考号为 1 的材料属性。

（5）在"Define Material Model Behavior"窗口中，从菜单选择 Material > Exit 命令，或者单击右上角的"X"按钮，退出定义材料模型属性窗口，完成对材料模型属性的定义。

6. 创建模型并划分网格

（1）在命令窗口输入以下程序段：

```
N, 1, 0, 0
*IF, LENGTH, LE, 0. 5, THEN
N, 6, LENGTH
   *ELSEIF, LENGTH, LE, 1, THEN
N, 11, LENGTH
   *ELSEIF, LENGTH, LE, 1. 5, THEN
N, 16, LENGTH
*ENDIF
FILL
```

（2）得到如图 9-27 所示的结果，本例中的 LENGTH=0. 7，所以产生了 11 个节点，可以划分 10 个单元。

图9-27　产生节点

（3）在命令行中输入以下程序行，进行网格划分。

```
*GET, FNODE, NODE, 0, NUM, MAX
E, 1, 2
*REPEAT, FNODE-1, 1, 1
FINISH
```

结果如图 9-28 所示。

图9-28　划分网格

9.4.3　定义边界条件并求解

1. 定义边界条件

（1）从主菜单中选择 Main Menu：Solution > Define Loads > Apply > Structural > Displacement > on Nodes 命令，打开"节点选择"对话框，要求选择欲施加位移约束的节点。

（2）选择第一个节点（节点号为1），单击"OK"按钮，打开"Apply U, Rot on Nodes（在节点上施加位移约束）"对话框，如图9-29所示。

（3）选择"ALL DOF"所有方向位移约束，如图9-30所示。

图9-29　节点选择对话框

图9-30　施加位移约束对话框

（4）单击"OK"按钮，ANSYS在选定节点上施加指定的位移约束，如图9-31所示。

图9-31　施加的位移约束

（5）从主菜单中选择 Main Menu：Solution＞Define Loads＞Apply＞Structural ＞Force／Moment＞on Nodes 命令，打开节点选择对话框，要求选择欲施加位移约束的节点。

（6）选择第11个节点（节点号为11），单击"OK"按钮，打开"Apply F／M on Nodes（在节点上施加力载荷）"对话框，在数值"Value"一栏中输入"-Force"，在"Direction of force/mom"一栏中选择"FY"，如图9-32所示。

（7）单击"OK"按钮，ANSYS在选定节点上施加指定的力约束，如图9-33所示。

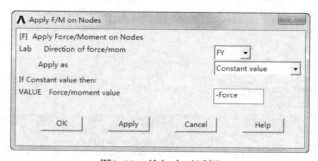

图9-32　施加力对话框

2．求解

（1）从主菜单中选择 Main Menu：Solution＞Solve＞Current LS 命令，打开一个确认对话框和状态列表，要求查看列出的求解选项。

（2）查看列表中的信息确认无误后，单击"OK"按钮，开始求解。

（3）求解完成后打开提示求解结束对话框。

（4）单击"Close"按钮，关闭提示求解对话框。

图9-33　施加的力载荷

9.4.4　命令流

本实例的命令流如下：

```
/FILNAME,example9-2,0
/TITLE,the use of APDL on beam
/REPLOT
/PREP7
AR=2E-4
FORCE=1000
IA=1.66666666667E-9
LENGTH=0.7
THICK=1E-2
WIDTH=2E-2
YS=2.07E11
! 定义单元类型
ET,1,BEAM3
! 定义实常数
R,1,AR,IA,THICK, , , ,
! 定义材料属性
MP,EX,1,YS
MP,PRXY,1,0.3
! 创建模型
N,1,0,0
*IF,LENGTH,LE,0.5,THEN
```

```
N, 6, LENGTH
*ELSEIF, LENGTH, LE, 1, THEN
N, 11, LENGTH
*ELSEIF, LENGTH, LE, 1.5, THEN
N, 16, LENGTH
*ENDIF
FILL
! 划分网格
*GET, FNODE, NODE, 0, NUM, MAX
E, 1, 2
*REPEAT, FNODE-1, 1, 1
FINISH
!定义边界条件
/SOLU
FLST, 2, 1, 1, ORDE, 1
FITEM, 2, 1
D, P51X, , , , , , ALL, , , , ,
FLST, 2, 1, 1, ORDE, 1
FITEM, 2, 11
F, P51X, FY, -FORCE
! 求解
SOLVE
FINISH
```

第 10 章

子模型和单元的生与死

本章继续介绍高级分析技巧，主要介绍有关子模型以及单元生和死等局部功能的高级分析。

学 习 要 点

- 子模型
- 单元的生和死
- 单元的生和死实例

10.1 子模型

在问题分析中，如果用户关心的区域，网格太疏不能得到满意的结果，而对于这些区域之外的部分，网格密度已经足够了，这时候要用到子模型。

📖 10.1.1 子模型介绍

子模型是得到模型部分区域中更加精确解的有限单元技术。在有限元分析中往往出现这种情况，即对于用户关心的区域，如应力集中区域，网格太疏不能得到满意的结果，而对于这些区域之外的部分，网格密度已经足够了，如图10-1所示。

图10-1　轮毂和轮辐的子模型

📖 10.1.2 子模型方法

要得到这些区域的较精确的解，可以采取两种办法：一是用较细的网格重新划分并分析整个模型；二是只在关心的区域细化网格并对其分析。显而易见，方法一太耗费时间，方法二即为子模型技术。

子模型方法又称为切割边界位移法或特定边界位移法。切割边界就是子模型从整个较粗糙的模型分割开的边界。整体模型切割边界的计算位移值即为子模型的边界条件。

子模型基于圣维南原理，即如果实际分布载荷被等效载荷代替以后，应力和应变只在载荷施加的位置附近有改变。这说明只有在载荷集中位置才有应力集中效应，如果子模型的位置远离应力集中位置，则子模型内就可以得到较精确的结果。

ANSYS 程序并不限制子模型分析必须为结构（应力）分析。子模型也可以有效地应用于其他分析中。如在电磁分析中，可以用子模型计算感兴趣区域的电磁力。

除了能求得模型某部分的精确解以外，子模型技术还有几个优点：

◆ 它减少甚至取消有限元实体模型中所需的复杂的传递区域。

◆ 它使用户可以在感兴趣的区域就不同的设计（如不同的圆角半径）进行分析。

◆ 它帮助用户证明网格划分是否足够细。

使用子模型的一些限制如下：

◆ 只对体单元和壳单元有效。

◆ 子模型的原理要求切割边界应远离应力集中区域。用户必须验证是否满足这个要求。

10.1.3 子模型过程

1. 生成并分析较粗糙的模型

第一个步骤是对整体建模并分析（注意为了方便区分这个原始模型，将其称为粗糙模型，但这并不表示模型的网格划分必须是粗糙的，而是说模型的网格划分相对子模型的网格是较粗糙的）。

分析类型可以是静态或瞬态的，下面列出了其他的一些要记住的方面。

◆ 文件名。粗糙模型和子模型应该使用不同的文件名。这样就可以保证文件不被覆盖。而且在切割边界插值时可以方便地指出粗糙模型的文件。

◆ 单元类型。子模型技术只能使用块单元和壳单元。分析模型中可以有其他单元类型（如梁单元作为加强筋），但切割边界只能经过块和壳单元。

一种特殊的子模型技术，称为壳到体子模型技术，允许用户用壳单元建立粗糙模型而用三维块单元建立子模型。

◆ 建模。在很多情况下，粗糙模型不需要包含局部的细节如圆角等，如图 10-2 所示。但是，有限元网格必须细化到足以得到较合理的位移解。这一点很重要，因为子模型的结果是根据切割边界的位移解插值得到的。

◆ 文件。结果文件（Jobname.RST、Jobname.RMG 等）和数据库文件（Jobname.DB，包含几何模型）在粗糙模型分析中是需要的。在生成子模型前应存储数据库文件。

实际模型   有限元模型

图10-2　粗糙模型可以不包括一些细节部分

2. 生成子模型

子模型是完全依靠粗糙模型的。因此在初始分析后的第一步就是在初始状态清除数据库（另一种方法是退出并重新进入 ANSYS）。

同时，应记住用另外的文件名以防止粗糙模型文件被覆盖。

然后进入 PREP7 并建立子模型。应该记住下列几点：

◆ 使用与粗糙模型中同样的单元类型。同时应指定相同的单元实参（如壳厚）和材料特性。

◆ 子模型的位置（相对全局坐标原点）应与粗糙模型的相应部分相同，如图 10-3 所示。

◆ 指定合适的结点旋转位移。切割边界结点的旋转角在插值步骤写入结点文件时不应改变（见第三步：生成切割边界插值）。

图10-3　叠加在粗糙模型上的子模型

注意

结点旋转角会因为施加结点约束、传递线上约束或面上约束等操作而改变，同样也会为更加明显的操作如 NROTAT 和 NMODIF 等改变。

◆ 粗糙模型中结点旋转角的出现或默认并不影响子模型。

◆ 子模型的载荷和边界条件将在后面两步中施加。

3. 生成切割边界插值

本步是子模型的关键步骤。用户定义切割边界的结点，ANSYS 程序用粗糙模型结果插值方法计算这些点上的自由度数值（位移等）。对于子模型切割边界上的所有结点，程序用粗糙模型网格中相应的单元确定自由度数值，然后这些数值用单元形状功能插值到切割边界上。如图 10-4 所示为子模型切割边界示意图。

图10-4　子模型切割边界

在切割边界插值中有下面几步操作：

（1）指定子模型切割边界的结点并将其写入一个文件（默认为 Jobname.NODE）中。

可以在 PREP7 中选择切割边界的结点。

在这里讨论一下温度插值的问题。在包含特性随温度变化的材料的分析中，或热应力耦合分析中，粗糙模型和子模型中的温度分布是相同的。在这种情况下，必须将粗糙模型的温度插值到子模型中的所有结点上。要完成这步操作，要选择子模型中所有结点并写入另外一个文件中，使用 NWRITE,Filename,Ext。记住必须另外指定一个文件名，否则切割边界结点文件将被覆盖，第 7 步中说明了关于温度插值的命令。

（2）重新选择所有结点并将数据库存入 Jobname.DB 中，然后退出 PREP7。必须将数据库写入文件，因为在后面子模型分析中要使用到。

（3）要进行切割边界插值（和温度插值），数据库中必须包含粗糙模型的几何特征。

（4）进入 POST1，即通用处理器。插值只有在 POST1 中进行。

（5）指向粗糙模型结果文件。

（6）读入结果文件中相应的数据。

（7）开始切割边界插值。

默认状态下，CBDOF 命令假定切割边界结点在文件 Jobname.NODE 中。ANSYS 程序将计算切割边界的 DOF 数值并用 D 命令的形式写入文件 Jobname.CBDO 中。

用下面方法做温度插值，但要保证文件包含所有子模型结点。

温度插值以 BF 命令的格式写入文件 Jobname.BFIN 中。

（8）所有的插值任务完成，退出 POST1[FINISH]并读入子模型数据库。

4．分析子模型

指定分析类型和分析选项，加入插值的 DOF 数值（和温度数值），施加其他的载荷和边界条件，指定载荷步选项，并对子模型求解。

（1）进入求解器。

（2）定义分析类型（一般为静态）和分析选项。

要施加切割边界自由度约束，读入 CBDOF 命令生成的由 D 命令组成的文件。

要施加温度插值，读入 BFINT 命令生成的由 BF 命令组成的文件。

如果数据有实部和虚部，先读入实部数据文件，指定自由度约束数值和（/或）结点体载荷是否计算，然后读入虚部数据文件。

注意

在执行 DCUM 和 BFCUM 命令时要先将其初始状态设为初始值。

重要的一点是要将粗糙模型上所有载荷和边界条件复制到子模型上。比如对称边界条件、面力、惯性载荷（如重量）、集中力等，如图 10-5 所示。

（3）指定载荷步选项（如输出控制）并开始计算。

（4）在求解完成后，退出 SOLUTION。[FINISH]子模型的数据流向（无温度插值）如图 10-6 所示。

5．验证切割边界和应力集中位置的距离是否足够

最后一步是验证子模型切割边界是否远离应力集中部分。可以通过比较切割边界上的结果（应力、磁通密度等）与粗糙模型相应位置的结果是否一致来验证。如果结果符合得

很好，证明切割边界的选取是正确的。如果不符合，就要重新定义离感兴趣部

图10-5　子模型的载荷

图10-6　子模型分析（无温度插值）的数据流向

分更远一些的切割边界重新生成和计算子模型。

一个比较结果的有效方法是使用云图显示和路径显示，如图 10-7 所示。

图10-7　比较结果时的云图显示

10.2　单元的生和死

如果模型中加入（或删除）材料，模型中相应的单元就"存在"（或"消亡"）。单元生死选项就用于在这种情况下杀死或重新激活选择的单元。

10.2.1　单元的生和死介绍

单元生死选项主要用于钻孔（如开矿和挖通道等）、建筑物施工过程（如桥的建筑过程）、顺序组装（如分层的计算机芯片组装）和另外一些用户可以根据单元位置来方便的激活和不激活它们的应用中。单元生死功能只适用于 ANSYS/Multiphysics、ANSYS/Mechanical 和 ANSYS/Structural 产品。单元生死功能只适用于具有生与死的能力单元，见表 10-1。

表10-1　单元具有生与死的能力

BEAM188	LINK180	PLANE183	REINF265	SOLID231	SOLID87
BEAM189	LINK31	PLANE230	SHELL131	SOLID232	SOLID90
COMBI214	LINK33	PLANE233	SHELL132	SOLID236	SOLID96
COMBIN14	LINK34	PLANE238	SHELL157	SOLID237	SOLID97
CONTA171	LINK68	PLANE25	SHELL181	SOLID239	SOLID98
CONTA172	MASS21	PLANE35	SHELL208	SOLID240	SOLSH190
CONTA173	MASS71	PLANE53	SHELL209	SOLID272	SURF151
CONTA174	MATRIX27	PLANE55	SHELL281	SOLID273	SURF152
CONTA175	MPC184	PLANE75	SHELL41	SOLID278	SURF153
CONTA176	PIPE288	PLANE77	SOLID122	SOLID279	SURF154
CONTA177	PIPE289	PLANE78	SOLID123	SOLID285	SURF159
ELBOW290	PLANE121	PLANE83	SOLID185	SOLID5	TARGE169
FOLLW201	PLANE13	REINF263	SOLID186	SOLID65	TARGE170
LINK11	PLANE182	REINF264	SOLID187	SOLID70	

在一些情况下，单元的生死状态可以根据 ANSYS 的计算数值决定，如温度、应力、应变等。可以用 ETABLE 命令和 ESEL 命令来确定选择的单元的相关数据，也可以改变单元的状态（溶和、固结、俘获等）。本过程对于由相变引起的模型效应（如焊接过程中原不生效的熔融材料变为生效的模型体的一部分）、失效扩展和另外一些分析过程中的单元变化是有效的。

10.2.2　单元的生和死方法

要激活"单元死"的效果，ANSYS 程序并不是将"杀死"的单元从模型中删除，而是将其刚度（或传导，或其他分析特性）矩阵乘以一个很小的因子[ESTIF]。因子默认值为 1.0E-6，可以赋为其他数值。死单元的单元载荷将为 0，从而不对载荷向量生效（但仍然在单元载荷的列表中出现）。同样，死单元的质量、阻尼、比热和其他类似效果也设为 0 值。死单元的质量和能量将不包括在模型求解结果中。单元的应变在"杀死"的同时也将设为 0。

与上面的过程相似，如果单元"出生"，并不是将其加到模型中，而是重新激活它们。用户必须在 PREP7 中生成所有单元，包括后面要被激活的单元。在求解器中不能生成新的单元。要"加入"一个单元，先杀死它，然后在合适的载荷步中重新激活它。

当一个单元被重新激活时，其刚度、质量、单元载荷等将恢复其原始的数值。重新激活的单元没有应变记录（也无热量存储等）。但是，初应变以实参形式输入（如 LINK1 单元）的不为单元生死选项所影响。而且，除非是打开了大变形选项[NLGEOM, ON]，一些单元类型将以它们以前的几何特性恢复（大变形效果有时用来得到合理的结果）。单元在被激活后第一个求解过程中如果其承受热量体载荷同样可以有热应变[等于 a*(T-TREF)]。

📖 10.2.3 单元的生和死步骤

可以在大多数静态和非线性瞬态分析中使用单元生死，其基本过程与相应的分析过程是一致的。对于其他分析来说，这一过程主要包括以下几步：

1. 建模

在 PREP7 中，生成所有单元，包括那些只有在以后载荷步中才激活的单元。在 PREP7 外不能生成新的单元。

2. 施加载荷并求解

（1）定义第一个载荷步。在第一个载荷步中，用户必须选择分析类型和所有的分析选项。

在结构分析中，大变形效果应打开。

对于所有单元生死应用，在第一个载荷步中应设置牛顿-拉夫森选项，因为程序不能预知 EKILL 命令出现在后面的载荷步中。

（2）杀死[EKILL] 所有要加入到后续载荷步中的单元。

单元在载荷步的第一个子步被杀死（或激活），然后在整个载荷步中保持该状态。要注意保证使用默认的矩阵缩减因子不会引起一些问题。有些情况下要考虑用严格的缩减因子。

不与任何激活的单元相连的结点将"漂移"，或具有浮动的自由度数值。在一些情况下，用户可能想约束不被激活的自由度（D、CP 等）以减少要求解的方程的数目，并防止出现位置错误。约束非激活自由度，在重新激活的单元要有特定的温度等时很有影响，因为在重新激活单元时要删除这些人为的约束。同时要删除非激活自由度的结点载荷（也就是不与任意激活的单元相连的结点）。同样，必须在重新激活的自由度上施加新的结点载荷。

（3）后继载荷步。在后继载荷步中，可以随意杀死或重新激活单元。如上面提到的，要正确地施加和删除约束和结点载荷。

3. 查看结果

对于大多数部分来说，在对包含不激活或重新激活的单元操作时应按照标准的过程来做。但是必须清楚的是，"杀死"的单元仍在模型中，尽管对刚度（传导）矩阵的贡献可以忽略。因此，它们将包括在单元显示、输出列表等操作中。例如，不激活的单元在结点结果平均时将"污染"结果。整个不激活单元的输出应当被忽略，因为很多项带来的效果都很小。建议在单元显示和其他后处理操作前用选择功能将不激活的单元选出选择集。

4．使用 ANSYS 结果控制单元生死

在许多时候，用户并不清楚杀死和重新激活单元的确切位置。例如，用户要在热分析中"杀死"熔融的单元（在模型中移去溶化的材料），事先不会知道这些单元的位置，用户必须根据 ANSYS 计算出的温度确定这些单元。当决定杀死或重新激活单元依靠 ANSYS 计算结果时（如温度、应力、应变等），用户可以使用命令识别并选择关键单元。

用户可以杀死或重新激活选择的单元（也可以用 ANSYS APDL 语言编写宏以完成这些操作）。

进一步对杀死或重新激活单元的说明：

◆ 不活动的自由度上不能施加约束方程（CE、CEINTF 等）。不活动的自由度在结点不与活动的单元相连时出现。

◆ 可以通过先杀死然后重新激活单元的方法做应力松弛（如退火）操作。

◆ 在非线性分析中，注意不要因为杀死或重新激活单元引起奇异性（如结构分析中的尖角）或刚度突变，这样会使得收敛困难。

◆ 在有单元生死的分析中打开 FULL 牛顿–拉夫森方法的适应下选项将得到好的结果。

◆ 可以通过一个参数值来指示单元生死状态。该参数可以用于 APDL 逻辑分支（*IF等），或其他要控制单元生死的应用场合中。

◆ 可能想通过改变材料特性来杀死或重新激活单元[MPCHG]。但是，在这个过程中要特别小心。软件保护系统和限制使得"杀死"的单元在求解器中改变材料特性时将不生效（单元集中载荷不能自动删除；应变、质量、比热等也不能删除）。不当的使用 MPCHG 命令将带来许多问题。例如，如果将单元的刚度缩减到近于 0，而保留其质量，在有加速度和惯性载荷的问题中将产生奇异性。

◆ 一个 MPCHG 的应用是在建立模型时涉及"出生"单元的应变历程的情况下。使用 MPCHG 可以得到单元在变形的结点构造中的初始应变。

◆ 在单元生死中不能用多载荷步求解[LSWRITE]，因为不激活或重新激活的单元状态将不写入载荷步文件中。有多个载荷步的生死单元分析应该用一系列的 SOLVE 命令来做。

10.3 单元的生和死实例——等截面杆

本节将通过一个具体的实例来说明单元生死应用实例。

📖10.3.1　分析问题

问题描述：

等截面杆两端固定，承受均匀的温度载荷时将其中间 1/3 段移去。过程是将其应变自由化并移去均匀温度。分析其热应力和应变情况。材料特性和几何模型参数如图 10-8 所示。

图10-8　材料特性和几何模型参数

分析过程：

建立模型包括设定分析作业名和标题、定义单元类型和实常数、定义材料属性、建立几何模型、划分有限元网格。

📖10.3.2　建立模型

1. 设定分析作业名和标题

在进行一个新的有限元分析时，通常需要修改数据库名，并在图形输出窗口中定义一个标题来说明当前进行的工作内容。另外，对于不同的分析范畴（结构分析、热分析、流体分析、电磁场分析等），ANSYS 所用的主菜单的内容不尽相同，为此，需要在分析开始时选定分析内容的范畴，以便 ANSYS 显示出与其相对应的菜单选项。

（1）从实用菜单中选择 Utility Menu：File > Change Jobname 命令，将打开"Change Jobname（修改文件名）"对话框，如图 10-9 所示。

图10-9　"修改文件名"对话框

（2）在"Enter new jobname（输入新的文件名）"文本框中输入文字"example10-3"，

416

为本分析实例的数据库文件名。

（3）单击"OK"按钮，完成文件名的修改。

从实用菜单中选择 Utility Menu：File＞Change Title 命令，将打开"Change Title（修改标题）"对话框，如图 10-10 所示。

（4）在"Enter new title（输入新标题）"文本框中输入文字"ELEMENT BIRTH/DEATH IN A FIXED BAR"，为本分析实例的标题名。

图10-10　　"修改标题"对话框

（5）单击"OK"按钮，完成对标题名的指定。

（6）从实用菜单中选择 Utility Menu：Plot＞Replot 命令，指定的标题"ELEMENT BIRTH/DEATH IN A FIXED BAR"将显示在图形窗口的左下角。

2. 定义单元类型

在进行有限元分析时，首先应根据分析问题的几何结构、分析类型和所分析的问题精度要求等，选定适合具体分析的单元类型。本例中选用二节点单元 3D LINK 180。

（1）从主菜单中选择 Main Menu：Preprocessor＞Element Type＞Add/Edit/Delete 命令，将打开"Element Type（单元类型）"对话框。

（2）单击"Add…"按钮，将打开"Library of Element Type（单元类型库）"对话框，如图 10-11 所示。

（3）在左边的列表框中选择"Structural Link"选项，选择实体单元类型。

（4）在右边的列表框中选择"3D LINK 180"选项，选择二节点单元 LINK 180。

图10-11　　"单元类型库"对话框

（5）单击"OK"按钮，将 LINK 180 单元添加，并关闭"单元类型"对话框，同时返回到第（1）步打开的单元类型对话框，如图 10-12 所示。

（6）单击"Close"按钮，关闭"单元类型"对话框，结束单元类型的添加。

3. 定义实常数

要在实例中选用 3D LINK 180 单元，需要设置其面积实常数。

（1）从主菜单中选择 Main Menu：Preprocessor＞Real Constants＞Add/Edit/Delete 命令，打开如图 10-13 所示的"Real Constants（实常数）"对话框。

（2）单击"Add…"按钮，打开如图 10-14 所示的"Element Type for Real Constants（实常数单元类型）"对话框，要求选择欲定义实常数的单元类型。

图10-12　"单元类型"对话框　　图10-13　设置实常数　　图10-14　选择单元类型

（3）在已定义的单元类型列表中选择"Type 1 LINK 180"，将为 LINK 180 单元类型定义实常数。

（4）单击"OK"按钮确定，关闭选择单元类型对话框，打开该单元类型"Real Constant Set（实常数集）"对话框，如图 10-15 所示。

图10-15　为Shell 63设置实常数

（5）在"AREA（面积）"文本框中输入 1.0。

（6）单击"OK"按钮，关闭实常数集对话框，返回到实常数设置对话框，如图 10-16 所示，显示已经定义了一组实常数。

（7）单击"Close"按钮，关闭单元类型对话框，结束单元类型的添加。

4．定义材料属性

热膨胀静力分析中必须定义材料的弹性模量、膨胀系数和参考温度。具体步骤如下：

（1）从主菜单中选择 Main Menu：Preprocessor＞Material Props＞Material Model 命令，将打开"Define Material Model Behavior（定义材料模型属性）"窗口，如图 10-17 所示。

（2）依次单击 Structural＞Linear＞Elastic＞Isotropic，展开材料属性的树形结构。将打开 1 号材料的弹性模量 EX 和泊松比 PRXY 的定义对话框，如图 10-18 所示。

（3）在对话框的 EX 文本框中输入弹性模量 30E6。

图10-16　已经定义的实常数　　　　图10-17　"定义材料模型属性"窗口

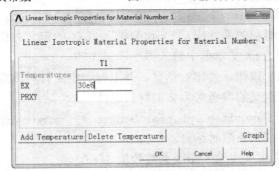

图10-18　线性各向同性材料的弹性模量和泊松比定义的对话框

（4）单击"OK"按钮，关闭对话框，并返回到定义材料模型属性窗口，在此窗口的左边一栏出现刚刚定义的参考号为1的材料属性。

（5）依次单击 Favorites > Linear Static > Thermal Expansion(secant-iso)，打开定义材料膨胀系数对话框，如图10-19所示。

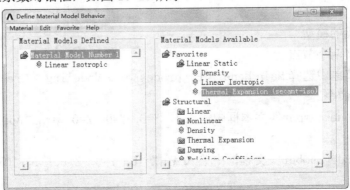

图10-19　"定义材料膨胀系数"对话框

（6）在 ALPX 文本框中输入膨胀系数数值.00005，如图10-20所示。

（7）单击"OK"按钮，关闭对话框，并返回到定义材料模型属性窗口，在此窗口的左边一栏参考号为1的材料属性下方出现膨胀系数项。

（8）在"Define Material Model Behavior"窗口中，从菜单选择 Material > New Model 命令，定义材料模型2窗口，如图10-21所示。

图10-20　输入膨胀系数

图10-21　材料模型2

（9）依次单击 Structural > Linear > Elastic > Isotropic，展开材料属性的树形结构。将打开 1 号材料的弹性模量 EX 和泊松比 PRXY 的定义对话框。

（10）在对话框的 EX 文本框中输入弹性模量 30E6。

（11）单击"OK"按钮，关闭对话框，并返回到定义材料模型属性窗口，在此窗口的左边一栏出现刚刚定义的参考号为 2 的材料属性。

（12）依次单击 Favorites > Linear Static > Thermal Expansion(secant-iso)命令，打开定义材料膨胀系数对话框。

（13）在 ALPX 文本框中输入膨胀系数数值.00005。

（14）在"Reference temperature"文本框中输入参考温度 100。

（15）单击"OK"按钮，关闭对话框，并返回到定义材料模型属性窗口，在此窗口的左边一栏参考号为 2 的材料属性下方出现膨胀系数项。

（16）在"Define Material Model Behavior"窗口中，从菜单选择 Material > Exit 命令，或者单击右上角的 X 按钮，退出定义材料模型属性窗口，完成对材料模型属性的定义。

5. 建立梁的模型

（1）定义两个节点。

1）从主菜单中选择 Main Menu：Preprocessor > Modeling > Create > nodes > In Active CS …命令。

2）在"Node number"文本框中输入 1，X=0，Y=0，Z=0，单击"Apply"按钮，如图 10-22 所示。

3）在"Node number"文本框中输入 4，X=10，Y=0，Z=0，单击"OK"。创建第 1 和第 4 节点。

4）从主菜单中选择 Main Menu：Preprocessor > Modeling > Create > nodes > Fill between Nds 命令，选择节点 1 和 4，单击"OK"按钮，再单击"OK"按钮。

（2）创建一个单元。

1）从主菜单中选择 Main Menu：Preprocessor > Modeling > Create > Elements > Auto numbered > Thru Nodes…。

2）ANSYS 会提示选择创建单元的节点，选择 1、2 号节点，

图10-22 创建节点

3）单击"OK"按钮，如图 10-23 所示。

（3）沿 X 轴方向复制单元。

1）从主菜单中选择 Main Menu：Preprocessor > Modeling > Copy > Elements > auto numbered 命令。

2）选择刚刚建立的单元，单击"OK"按钮。

3）ANSYS 会提示复制的数量和偏移的坐标，在 Number of copies 文本框中输入 3，在"Nodes number increment"文本框中输入 1，单击"OK"按钮，如图 10-24 所示。

图10-23 选择节点

图10-24 沿X轴方向复制单元

所得结果如图 10-25 所示。

6．定义边界条件、定义单元的生和死及求解

（1）从主菜单中选择 Main Menu：Solution > Analysis Type > New Analysis 命令，打开"New Analysis"设置对话框，要求选择分析的种类，选择"Static"，单击"OK"按钮，如图 10-26 所示。

（2）从主菜单中选择 Main Menu：Solution > Define Loads > Apply > Structural > Displacement > on Nodes 命令。

（3）打开节点选择对话框，要求选择欲施加位移约束的节点，选择节点1、4号节点，单击"OK"按钮，如图 10-27 所示。

（4）打开约束种类的对话框，在列表框中选择"All DOF"，单击"OK"按钮，如

图 10-28 所示。

图10-25　创建单元的结果

（5）从主菜单中选择 Main Menu：Solution > Define Loads > Settings > Reference Temp 命令。

（6）在打开的对话框中输入 0，单击"OK"按钮，如图 10-29 所示。

图10-26　选择模态分析　　　　　　　　　　　　图10-27　选择节点

（7）从主菜单中选择 Main Menu：Solution > Define Loads > Apply > Structural > Temperature > Uniform Temp 命令。

（8）在打开的对话框中输入 100，单击"OK"按钮，如图 10-30 所示。

（9）从主菜单中选择 Main Menu：Solution > Analysis Type > New Analysis 命令，单击"static"单选按钮。

（10）从主菜单中选择 Main Menu：Solution > unabridged Menu > Analysis Type

> Analysis Options 命令。

图10-28　选择约束的种类　　　　　　图10-29　参考温度

图10-30　稳态温度

（11）在"Newton-Raphson option"下拉列表框中选择"Full N-R"，单击"OK"按钮，如图 10-31 所示。

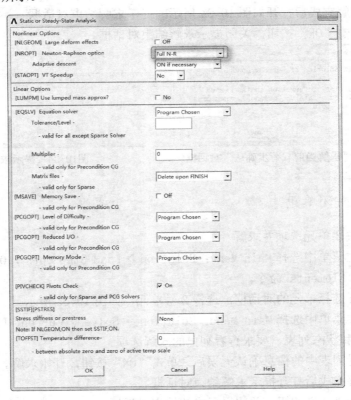

图10-31　选择求解方法

（12）从主菜单中选择 Main Menu：Solution > Load Step Opts > Output Ctrls > Solu Printout 命令。

（13）在"Item for printout control"下拉列表框中选择"Basic quantities"，在"Print frequency"列表框中选择"Every substep"，单击"OK"按钮，如图10-32所示。

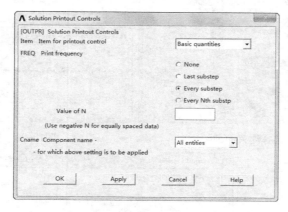

图10-32 输出控制

（14）从主菜单中选择 Main Menu：Solution > Solve > Current LS 命令，打开一个确认对话框和状态列表，如图10-33所示，要求查看列出的求解选项。

（15）查看列表中的信息确认无误后，单击"OK"按钮，开始求解。

（16）求解完成后打开如图10-34所示的提示求解结束对话框。

（17）单击"OK"按钮，关闭提示求解结束对话框。

图10-33 "求解当前载荷步确认"对话框

图10-34 提示求解完成

10.3.3 关闭单元

1. 设置关闭单元选项并求解

（1）从主菜单中选择 Main Menu：Solution > Load Step Opts > Other > Birth & Death > Kill Elements 命令。

（2）打开选择单元的对话框，选择2号单元，如图10-35所示。

（3）从主菜单中选择 Main Menu：Solution > Solve > Current LS 命令，打开一个确认对话框和状态列表，要求查看列出的求解选项。

（4）查看列表中的信息确认无误后，单击"OK"按钮，开始求解。

（5）求解完成后打开提示求解结束对话框。

（6）单击"OK"按钮，关闭提示求解结束对话框。

（7）从主菜单中选择 Main Menu：Solution > Load Step Opts > Other > Birth & Death > Activate Elements 命令。

（8）打开选择单元的对话框，同样选择 2 号单元。

（9）从主菜单中选择 Main Menu：Solution ＞ Load Step Opts ＞ Other ＞ Change Mat Props ＞ Change Mat Num 命令。

图10-35 选择单元

图10-36 改变材料

（10）在"New material number"文本框中输入 2，在"Element no. to be modified"文本框中输入 2，单击"OK"按钮，如图 10-36 所示。

（11）从主菜单中选择 Main Menu：Solution ＞ Solve ＞ Current LS 命令，打开一个确认对话框和状态列表，要求查看列出的求解选项。

（12）查看列表中的信息确认无误后，单击"OK"按钮，开始求解。

（13）求解完成后打开提示求解结束对话框。

（14）单击"OK"按钮，关闭提示求解结束对话框。

（15）从主菜单中选择 Main Menu：Solution ＞ Define Loads ＞ Apply ＞ Structural ＞ Temperature ＞ Uniform Temp 命令。

（16）在打开的对话框中输入 0，单击"OK"按钮。

（17）从主菜单中选择 Main Menu：Solution ＞ Solve ＞ Current LS 命令，打开一个确认对话框和状态列表，要求查看列出的求解选项。

（18）查看列表中的信息确认无误后，单击"OK"按钮，开始求解。

（19）求解完成后打开提示求解结束对话框。

（20）单击"OK"按钮，关闭提示求解结束对话框。

2．查看结果（略）

📖10.3.4 命令流方式

本实例的命令流如下：

```
!设定分析作业名
/FILNAME,example10-3,0
```

```
!设定标题
/TITLE,ELEMENT BIRTH/DEATH IN A FIXED BAR
! Replot
/REPLOT
!定义单元类型
/PREP7
ET, 1, LINK180
!定义实常数
R, 1, 1.0, ,
!定义材料属性
MPTEMP,,,,,,,,
MPTEMP, 1, 0
MPDATA, EX, 1, , 30E6
MPDATA, PRXY, 1, ,
MPTEMP,,,,,,,,
MPTEMP, 1, 0
UIMP, 1, REFT, , ,
MPDATA, ALPX, 1, , . 00005
MPTEMP,,,,,,,,
MPTEMP, 1, 0
MPDATA, EX, 2, , 30e6
MPDATA, PRXY, 2, ,
MPTEMP,,,,,,,,
MPTEMP, 1, 0
UIMP, 2, REFT, , ,
MPDATA, ALPX, 2, , . 00005
MPTEMP,,,,,,,,
MPTEMP, 1, 0
UIMP, 2, REFT, , , 100
MPDE, ALPX, 2
MPDATA, ALPX, 2, , 5E-005
!定义两个节点
N, 1, , , , , , ,
N, 4, 10, , , , , ,
FILL, 1, 4, 2, , , 1, 1, 1,
! 创建一个单元
FLST, 2, 2, 1
FITEM, 2, 1
FITEM, 2, 2
E, P51X
!沿 X 轴方向复制单元
FLST, 4, 1, 2, ORDE, 1
FITEM, 4, 1
EGEN, 3, 1, P51X, , , , , , , , , ,
```

```
!定义边界条件、定义单元的生和死及求解
FINISH
/SOL
ANTYPE, 0
FLST, 2, 2, 1, ORDE, 2
FITEM, 2, 1
FITEM, 2, 4
/GO
D, P51X, , , , , , ALL, , , , ,
TREF, 0,
TUNIF, 100,
ANTYPE, 0
NLGEOM, 0
NROPT, FULL, ,
STAOPT, DEFA
LUMPM, 0
EQSLV, , , 0, , DELE
MSAVE, 0
PCGOPT, 0, , AUTO, , , AUTO
PIVCHECK, 1
SSTIF
PSTRES
TOFFST, 0,
OUTPR, BASIC, ALL,
/STATUS, SOLU
SOLVE
EKILL,          2
/STATUS, SOLU
SOLVE
EALIVE,          2
EKILL,          2
/STATUS, SOLU
SOLVE
MPCHG, 2, 2,
/STATUS, SOLU
SOLVE
TUNIF, 0,
/STATUS, SOLU
SOLVE
FINISH
! /EXIT, ALL
```